环境法典型案例教程

赵英杰　范俊荣　主　编
荆　珍　杨　勇　副主编

中国林业出版社

内容简介

本教材共分 8 章,从学法用法的角度出发,通过对典型案例焦点问题的分析,以案释法,将法律条文、法理与实际案例相结合,通过总结案例典型意义,帮助读者理解法条的适用及法律制度背后的法治精神。

本教材在保证内容的完整性、系统性、理论性的同时,又尽量兼顾应用性、启发性、指导性,既适合作为法学专业本科生、研究生教学用书,又可作为环保工作者和环境爱好者的参考用书。

图书在版编目(CIP)数据

环境法典型案例教程 / 赵英杰,范俊荣主编. — 北京:中国林业出版社,2022.6
ISBN 978-7-5219-1648-5

Ⅰ.①环… Ⅱ.①赵…②范… Ⅲ.①环境保护法-案例-中国-高等学校-教材 Ⅳ.①D922.685

中国版本图书馆 CIP 数据核字(2022)第 064991 号

中国林业出版社教育分社

策划编辑:高红岩　　责任编辑:高红岩　王奕丹　　责任校对:苏　梅
电话:(010)83143554　　传真:(010)83143516

出版发行	中国林业出版社(100009　北京市西城区刘海胡同 7 号)
	E-mail:jiaocaipublic@163.com　电话:(010)83143500
	http://www.forestry.gov.cn/lycb.html
印　刷	北京中科印刷有限公司
版　次	2022 年 6 月第 1 版
印　次	2022 年 6 月第 1 次印刷
开　本	787mm×1092mm　1/16
印　张	12.75
字　数	295 千字
定　价	38.00 元

未经许可,不得以任何方式复制或抄袭本书之部分或全部内容。

版权所有　侵权必究

前 言

党的十八大以来，以习近平同志为核心的党中央把生态文明建设作为统筹推进"五位一体"总体布局和协调推进"四个全面"战略布局的重要内容，提出了"生态兴则文明兴""绿水青山就是金山银山""用最严格制度最严密法治保护生态环境"等一系列新思想、新理念、新观点，成为环境法治发展的指导方针和根本遵循。自2014年《中华人民共和国环境保护法》修订后，伴随着我国环境司法专门化的快速发展，环境司法实践逐渐成熟，环境法典型案例不断涌现。本教材从学法用法的角度出发，通过对典型案例焦点问题的分析，以案释法，将法律条文、法理与实际案例相结合，通过总结案例典型意义，帮助学生理解法条的适用及法律制度背后的法治精神。

从案例来源看，本教材选取中华人民共和国最高人民法院和各省高级人民法院的典型环境法案例进行以案说法，吸收了近十几年来我国环境资源法制建设的丰富经验与国内外环境资源法学研究的先进理论研究成果。教材章节依照我国环境资源法制建设的发展方向和环境资源法学研究的前沿领域而设计。全书共有8章，从阐释法律规定的需要出发，目的是为了凸显典型案例的指导作用；从知识点覆盖面来看，本教材体现了环境保护法学理论体系的完整性，注重法律规定与实际案例的结合，锻炼学生运用环境与资源保护法学基本理论解决实际问题的能力；从实用性上来说，本教材选取的是真实案例，具有一定的真实性、指导性和示范性特点，对于学生具有较强的参考借鉴价值。本教材以知识要点、案例评析以及拓展思考等为基本分析框架，首先介绍每个案例所主要涉及的知识点，并梳理案情，进而对案例所涉及的重点问题进行剖析并总结其典型意义，最后提出对案例的拓展思考。

本教材编写分工如下：赵英杰、杨勇编写第一章、第三章、第六章，范俊荣、谷昕编写第二章、第五章、第七章，荆珍编写第四章、第八章。赵英杰负责全书框架结构的策划和统稿审定。感谢东北林业大学环境法研究生张欣悦、黄强胜、李方兵、翟雨嘉、李新宇、侯光明、周立新、田崇峥、高士杰、高亚男等同学。

由于编者水平所限，本教材还存在一些需要改进之处，恳请使用本教材的广大师生朋友批评指正。

赵英杰

2021年12月30日

本教材属于东北林业大学校级规划教材一般项目资助。

黑龙江省普通高校人文社会科学重点研究基地黑龙江省生态法治研究中心成果。

中央高校基本科研业务费专项基金项目《生物安全视角下野生动物保护法律对策研究》(2572020DZ04),《林业生物安全法律规制研究》(2572020DZ05)的阶段性成果。

目 录

前 言

第一章 环境与资源保护法概述 …………………………………………………………… 1
  一、主要知识点 …………………………………………………………………………… 1
    (一)环境与资源保护法的概念 ……………………………………………………… 1
    (二)环境法的特征 …………………………………………………………………… 2
    (三)环境与资源保护法的目的 ……………………………………………………… 3
    (四)环境与资源保护法的作用 ……………………………………………………… 4
  二、拓展阅读 ……………………………………………………………………………… 4

第二章 环境与资源保护法的基本原则 ………………………………………………… 6
  第一节 预防原则 ………………………………………………………………………… 6
    一、主要知识点 ………………………………………………………………………… 6
      (一)预防原则概述 …………………………………………………………………… 6
      (二)预防原则的依据 ………………………………………………………………… 6
      (三)预防原则的适用 ………………………………………………………………… 7
    二、典型案例分析 ……………………………………………………………………… 7
      (一)中国生物多样性保护与绿色发展基金会诉秦皇岛方圆包装玻璃有限公司
          大气污染责任民事公益诉讼案 ………………………………………………… 7
      (二)中华环保联合会诉德州晶华集团振华有限公司大气环境污染责任纠纷案 …… 8
    三、拓展阅读 …………………………………………………………………………… 9
  第二节 协调发展原则 …………………………………………………………………… 9
    一、主要知识点 ………………………………………………………………………… 9
      (一)协调发展原则概述 ……………………………………………………………… 9
      (二)协调发展原则的依据 …………………………………………………………… 9
      (三)协调发展原则的适用 …………………………………………………………… 10
    二、典型案例分析 ……………………………………………………………………… 10
      (一)北京市朝阳区自然之友环境研究所、中华环保联合会与中国石油天然气
          股份有限公司、中国石油天然气股份有限公司吉林油田分公司环境污染
          公益诉讼案 ……………………………………………………………………… 10
      (二)江苏省人民政府诉安徽海德化工科技有限公司生态环境损害赔偿案 ……… 11

三、拓展阅读 ·· 12

第三节　公众参与原则 ·· 12
一、主要知识点 ·· 12
（一）公众参与原则概述 ·· 12
（二）公众参与原则的理论 ·· 13
（三）公众参与原则的适用 ·· 13
二、典型案例分析 ·· 13
（一）常州德科化学有限公司诉原江苏省环境保护厅、原中华人民共和国
　　　环境保护部及光大常高新环保能源（常州）有限公司环境评价许可案 ········ 13
（二）夏春官等4人诉东台市环境保护局环评行政许可案 ····························· 14
三、拓展阅读 ··· 15

第四节　损害者负担原则 ·· 15
一、主要知识点 ·· 15
（一）损害者负担原则概述 ·· 15
（二）损害者负担原则的理论依据 ·· 15
（三）损害者负担原则的适用 ·· 16
二、典型案例分析 ·· 16
（一）山东省生态环境厅诉山东金诚重油化工有限公司、山东弘聚新能源
　　　有限公司生态环境损害赔偿诉讼案 ··· 16
（二）中国生物多样性保护与绿色发展基金会诉云南泽昌钛业有限公司
　　　环境污染责任民事公益诉讼案 ·· 18
三、拓展阅读 ··· 19

第三章　环境与资源保护法的基本制度 ··· 20

第一节　综合性环境法律制度 ··· 20
一、主要知识点 ·· 20
（一）背景 ·· 20
（二）概念 ·· 20
（三）意义 ·· 21
二、典型案例评析 ·· 21
（一）宜宾县溪鸣河水力发电有限责任公司诉沐川县人民政府信息公开案 ····· 21
（二）中国生物多样性保护与绿色发展基金会诉深圳市速美环保有限公司、
　　　浙江淘宝网络有限公司大气污染责任纠纷案 ·· 22
（三）贵州省人民政府、息烽诚诚劳务有限公司、贵阳开磷化肥有限公司
　　　生态环境损害赔偿协议司法确认案 ··· 23
三、拓展阅读 ··· 24

第二节　环境标准制度 ··· 25

- 一、主要知识点 25
  - (一)概念 25
  - (二)强制性环境标准 25
  - (三)推荐性环境标准 26
  - (四)其他环境标准 26
- 二、典型案例评析 26
  - (一)沈海俊诉机械工业第一设计研究院噪声污染责任纠纷案 26
  - (二)李劲诉华润置地(重庆)有限公司环境污染责任纠纷案 27
  - (三)上海鑫晶山建材开发有限公司诉上海金山区环境保护局环境行政处罚 28
- 三、拓展阅读 29

第三节 环境影响评价制度 30
- 一、主要知识点 30
  - (一)概念 30
  - (二)环境影响评价的对象 30
- 二、典型案例评析 31
  - (一)卢红等204人诉杭州市萧山区环境保护局环保行政许可案 31
  - (二)某能源公司诉某科技公司3000吨生物液体燃料项目编制项目环境影响
        报告表未通过评审要求解除《技术咨询合同》并赔偿损失案 32
  - (三)湖北省天门市人民检察院诉拖市镇政府不依法履行职责行政公益诉讼案 33
- 三、拓展阅读 35

第四节 环境税费制度 35
- 一、主要知识点 35
  - (一)概念 35
  - (二)我国的环境保护税制 36
- 二、典型案例评析 37
  - (一)江西省赣州市环境保护税行政公益诉讼案 37
  - (二)重庆市人民政府、重庆两江志愿服务发展中心诉重庆藏金阁物业管理
        有限公司、重庆首旭环保科技有限公司生态环境损害赔偿诉讼案 38
  - (三)陕西省志丹县水土保持补偿费行政公益诉讼案 39
- 三、拓展阅读 40

第五节 突发环境事件应急制度 40
- 一、主要知识点 40
  - (一)概述 40
  - (二)突发环境事件 41
  - (三)突发环境事件应急组织体系和综合协调机构 42
  - (四)突发环境事件管理的运行机制 42

二、典型案例评析 ··· 42
　　　　（一）山东省烟台市人民检察院诉王振殿、马群凯环境民事公益诉讼案 ············ 42
　　　　（二）黄某某等人重大责任事故、谎报安全事故案 ································ 43
　　　　（三）重庆市绿色志愿者联合会诉恩施土家族苗族自治州建始磺厂坪矿业
　　　　　　　有限责任公司水污染责任民事公益诉讼案 ································ 45
　　三、拓展阅读 ··· 47

第四章　自然资源保护法 ··· 49
第一节　土地资源保护法 ··· 49
　　一、主要知识点 ··· 49
　　　　（一）土地资源保护法概述 ··· 49
　　　　（二）土地资源管理体制 ··· 49
　　　　（三）土地资源保护法的主要制度 ··· 49
　　二、典型案例分析 ··· 50
　　　　（一）西安市国土资源局不依法履行职责案 ····································· 50
　　　　（二）湖北省随县人民检察院督促整治非法占用耕地行政公益诉讼案 ·············· 52
　　　　（三）被告单位福州市源顺石材有限公司、被告黄恒游非法占用农用地案 ·········· 53
　　三、拓展阅读 ··· 54

第二节　森林资源保护法 ··· 55
　　一、主要知识点 ··· 55
　　　　（一）森林资源保护法概述 ··· 55
　　　　（二）森林资源的监督管理体制 ··· 55
　　　　（三）森林法的主要制度 ··· 55
　　二、典型案例分析 ··· 56
　　　　（一）兴山县人民检察院诉兴山县林业局不履行法定职责行政公益诉讼案 ·········· 56
　　　　（二）烟台市人民检察院诉王某生态破坏公益诉讼案 ···························· 57
　　　　（三）湖北省宜昌市西陵区人民检察院诉湖北省利川市林业局不履行
　　　　　　　法定职责行政公益诉讼案 ·· 58
　　三、拓展阅读 ··· 60

第三节　草原资源保护法 ··· 60
　　一、主要知识点 ··· 60
　　　　（一）草原资源保护法概述 ··· 60
　　　　（二）草原资源的监督管理体制 ··· 61
　　　　（三）草原资源保护法的主要制度 ··· 61
　　二、典型案例分析 ··· 61
　　　　（一）吉林省珲春林业局诉珲春市牧业管理局草原行政登记案 ···················· 61
　　　　（二）黑龙江省讷河市通江街道五一村村民委员会诉苏廷祥农村土地

　　　　(二)承包合同纠纷案 ··· 62
　　　　(三)霍林郭勒市人民检察院诉霍林郭勒市农牧林业局环境保护行政管理
　　　　　　公益诉讼案 ··· 63
　　三、拓展阅读 ··· 64
第四节　矿产资源法 ··· 65
　　一、主要知识点 ··· 65
　　　　(一)矿产资源法概述 ··· 65
　　　　(二)矿产资源的监督管理体制 ··· 65
　　　　(三)矿产资源的主要制度 ··· 65
　　二、典型案例分析 ··· 66
　　　　(一)云南得翔矿业有限责任公司诉云南省镇康县人民政府地矿行政补偿案 ······· 66
　　　　(二)江西省安义县人民检察院诉安义县国土资源局不履行矿山地质环境
　　　　　　保护职责案 ··· 67
　　　　(三)赵成春等六人非法采矿案 ··· 68
　　三、拓展阅读 ··· 69
第五节　水资源保护法 ··· 70
　　一、主要知识点 ··· 70
　　　　(一)水资源保护法概述 ··· 70
　　　　(二)水资源保护的监督管理体制 ··· 70
　　　　(三)水资源保护的主要制度 ··· 70
　　二、典型案例分析 ··· 71
　　　　(一)碌曲县人民检察院诉碌曲县水务水电局行政公益诉讼案 ··············· 71
　　　　(二)湖南省岳阳市君山区人民检察院诉何某焕、孙某秋非法捕捞水产品
　　　　　　刑事附带民事公益诉讼案 ··· 72
　　　　(三)山东省庆云县人民检察院诉庆云县水利局怠于履行职责案 ··············· 73
　　三、拓展阅读 ··· 74
第六节　海洋资源保护法 ··· 75
　　一、主要知识点 ··· 75
　　　　(一)海洋资源保护法概述 ··· 75
　　　　(二)海洋资源保护的监督管理体制 ··· 75
　　　　(三)海洋资源保护的主要制度 ··· 75
　　二、典型案例分析 ··· 76
　　　　(一)北海市乃志海洋科技有限公司诉北海市海洋与渔业局海洋行政处罚案 ······· 76
　　　　(二)海南省文昌市人民检察院诉文昌市农业农村局海洋行政公益诉讼案 ······· 77
　　　　(三)三沙市渔政支队申请执行海南临高盈海船务有限公司行政处罚案 ········· 78
　　三、拓展阅读 ··· 79

第七节 野生动物保护法 … 80
一、主要知识点 … 80
（一）野生生物概述 … 80
（二）国外野生生物立法概况 … 80
（三）我国野生动物立法 … 81
（四）我国野生植物及其保护立法 … 81
二、典型案例分析 … 82
（一）安徽省巢湖市人民检察院诉魏安文等33人非法捕捞水产品刑事附带民事公益诉讼案 … 82
（二）被告人张久长非法采伐国家重点保护植物案 … 83
（三）汤某等十二人非法捕捞水产品案 … 84
三、拓展阅读 … 85

第五章 环境污染防治法 … 86
第一节 环境污染防治法概述 … 86
一、主要知识点 … 86
（一）环境污染的概念与特征 … 86
（二）环境污染防治法概述 … 86
（三）环境污染防治法的制度体系 … 86
二、典型案例分析 … 86
（一）被告单位德清明禾保温材料有限公司、被告人祁尔明污染环境案 … 86
（二）广西壮族自治区来宾市人民检察院诉佛山市泽田石油科技有限公司等72名被告环境污染民事公益诉讼案 … 87
三、拓展阅读 … 88

第二节 大气污染防治法 … 89
一、主要知识点 … 89
（一）大气污染防治法概述 … 89
（二）大气污染的监督管理体制 … 89
（三）大气污染的基本法律制度 … 90
二、典型案例分析 … 90
（一）佛山市三英精细材料有限公司诉佛山市顺德区人民政府环保行政处罚案 … 90
（二）北京市朝阳区自然之友环境研究所诉现代汽车(中国)投资有限公司大气污染责任纠纷案 … 91
三、拓展阅读 … 92

第三节 水污染防治法 … 92
一、主要知识点 … 92
（一）水污染防治法概述 … 92

（二）水污染防治的制度措施 …………………………………………………… 93
　　（三）水污染的基本法律制度 …………………………………………………… 93
二、典型案例分析 …………………………………………………………………… 93
　　（一）中华环保联合会、贵阳公众环境教育中心与贵阳市乌当区定扒造纸厂
　　　　　水污染责任纠纷案 ………………………………………………………… 93
　　（二）上海市松江区叶榭镇人民政府与蒋荣祥等水污染责任纠纷案 ………… 94
三、拓展阅读 ………………………………………………………………………… 96

第四节　海洋环境污染防治法 ………………………………………………………… 96
一、主要知识点 ……………………………………………………………………… 96
　　（一）海洋环境污染防治法概述 ………………………………………………… 96
　　（二）海洋环境污染防治的制度措施 …………………………………………… 97
　　（三）海洋环境污染的基本法律制度 …………………………………………… 97
二、典型案例分析 …………………………………………………………………… 97
　　（一）上海晟敏投资集团有限公司与普罗旺斯船东2008-1有限公司、法国
　　　　　达飞轮船有限公司、罗克韦尔航运有限公司船舶污染损害责任纠纷案 … 97
　　（二）大连市海洋与渔业局与昂迪玛海运有限公司、博利塔尼亚汽船保险
　　　　　协会海域污染损害赔偿纠纷再审审查案 ………………………………… 98
三、拓展阅读 ………………………………………………………………………… 100

第五节　土壤污染防治法 ……………………………………………………………… 100
一、主要知识点 ……………………………………………………………………… 100
　　（一）土壤污染防治法概述 ……………………………………………………… 100
　　（二）土壤污染防治的综合性制度与措施 ……………………………………… 101
　　（三）土壤污染的风险管控和修复制度 ………………………………………… 101
二、典型案例分析 …………………………………………………………………… 102
　　（一）中山市围垦有限公司与苏洪新等5人、中山市慈航农业投资有限公司
　　　　　土壤污染责任纠纷案 ……………………………………………………… 102
　　（二）铜仁市人民检察院诉贵州玉屏湘盛化工有限公司、广东韶关沃鑫贸易
　　　　　有限公司土壤污染责任民事公益诉讼案 ………………………………… 103
三、拓展阅读 ………………………………………………………………………… 104

第六节　噪声污染防治法 ……………………………………………………………… 105
一、主要知识点 ……………………………………………………………………… 105
　　（一）噪声污染防治法概述 ……………………………………………………… 105
　　（二）噪声污染防治的管理体制 ………………………………………………… 105
　　（三）环境标准制度 ……………………………………………………………… 105
二、典型案例分析 …………………………………………………………………… 106
　　（一）孟德玉诉天津东南新城城市建设投资有限公司噪声污染责任纠纷案 … 106

(二)吴国金诉中铁五局(集团)有限公司、中铁五局集团路桥工程有限责任公司噪声污染责任纠纷案 …… 106

　三、拓展阅读 …… 107

第七节　固体废物污染环境防治法 …… 108

　一、主要知识点 …… 108

　　(一)固体废物污染环境防治法概述 …… 108

　　(二)固体废物污染防治的基本规定 …… 108

　　(三)固体废物污染防治的分类管理规定 …… 109

　二、典型案例分析 …… 109

　　(一)东莞市沙田镇人民政府诉李永明固体废物污染责任纠纷案 …… 109

　　(二)广东省广州市人民检察院诉广州市花都区卫洁垃圾综合处理厂、李永强固体废物污染环境民事公益诉讼案 …… 110

　三、拓展阅读 …… 111

第八节　放射性污染防治法 …… 112

　一、主要知识点 …… 112

　　(一)放射性污染防治法概述 …… 112

　　(二)放射性污染防治的基本规定 …… 112

　　(三)放射性污染防治的分类管理规定 …… 113

　二、典型案例分析 …… 113

　　倪恩纯诉天津市生态环境局不履行环境保护监督管理职责案 …… 113

　三、拓展阅读 …… 114

第六章　自然保护法 …… 116

第一节　自然保护区法 …… 116

　一、主要知识点 …… 116

　　(一)自然保护区保护的法律规定 …… 116

　　(二)自然保护区保护的主要法律规定 …… 116

　二、典型案例分析 …… 118

　　(一)张理春诉丰都县三抚林场合同纠纷案 …… 118

　　(二)贵州省江口县人民检察院诉铜仁市国土资源局、贵州梵净山国家级自然保护区管理局行政公益诉讼案 …… 119

　　(三)岳西县美丽水电站诉岳西县环境保护局环境保护行政决定案 …… 120

　　(四)灵宝豫翔水产养殖有限公司诉三门峡市城乡一体化示范区管理委员会、灵宝市大王镇人民政府强制拆除案 …… 121

　　(五)云南凯鸿建筑工程有限公司诉屏边苗族自治县国土资源局、屏边苗族自治县人民政府确认行政行为违法及行政赔偿案 …… 123

　　(六)朱仁才与江苏大丰沿海开发集团有限公司租赁合同纠纷案 …… 124

三、拓展阅读 ··· 125
第二节　风景名胜区法 ·· 126
　　一、主要知识点 ··· 126
　　　（一）制定规划，全面保护 ·· 127
　　　（二）划分级别，重点保护 ·· 127
　　　（三）保护风景名胜区的主要措施 ······································ 127
　　二、典型案例分析 ·· 128
　　　（一）被告人伍瑞华等15人盗伐林木、滥伐林木、故意毁坏财物、妨害
　　　　　　作证、强迫交易案 ·· 128
　　　（二）怀集县凤岗镇白坭村热水坑村民小组与怀集县凤岗镇人民政府、
　　　　　　广东燕峰峡旅游发展有限公司确认合同无效纠纷 ············ 129
　　　（三）被告人罗圣桂、邱元妹、周应军非法捕捞水产品案 ········· 130
　　三、拓展阅读 ··· 131
第三节　文化遗迹法 ·· 132
　　一、主要知识点 ··· 132
　　二、典型案例分析 ·· 133
　　　（一）张永明、毛伟明、张鹭故意损毁名胜古迹案 ················· 133
　　　（二）贵州省榕江县人民检察院诉榕江县栽麻镇人民政府环境保护行政
　　　　　　管理公益诉讼案 ·· 134
　　　（三）王现军盗掘古文化遗址、古墓葬案 ····························· 135
　　三、拓展阅读 ··· 136

第七章　环境法律责任 ·· 137
　　一、主要知识点 ··· 137
　　　（一）环境法律责任概述 ·· 137
　　　（二）环境行政责任 ·· 137
　　　（三）环境民事责任 ·· 137
　　　（四）环境刑事责任 ·· 138
　　二、典型案例分析 ·· 138
　　　（一）环境行政责任典型案例分析 ······································· 138
　　　（二）环境民事责任典型案例分析 ······································· 144
　　　（三）环境刑事责任典型案例分析 ······································· 149
　　三、拓展阅读 ··· 154

第八章　国际环境法 ·· 155
第一节　气候变化的国际法保护 ·· 155
　　一、主要知识点 ··· 155
　　　（一）气候变化概述 ·· 155

　　　　(二)气候变化的国际法保护 ………………………………………… 155
　　二、典型案例分析 ……………………………………………………… 156
　　　　(一)因纽特人诉美国气候变化政策侵犯人权案 ……………………… 156
　　　　(二)马萨诸塞州诉美国联邦环保局案 ………………………………… 158
　　　　(三)环保组织 Urgenda 诉荷兰案 …………………………………… 159
　　　　(四)美国康涅狄格州诉美国电力公司案 ……………………………… 161
　　三、拓展阅读 …………………………………………………………… 162
第二节　生物多样性的国际法保护 …………………………………………… 163
　　一、主要知识点 ………………………………………………………… 163
　　　　(一)生物多样性保护概述 …………………………………………… 163
　　　　(二)生物多样性的国际法保护 ……………………………………… 163
　　二、典型案例分析 ……………………………………………………… 164
　　　　(一)虾龟案 ………………………………………………………… 164
　　　　(二)蓝鳍金枪鱼案 ………………………………………………… 167
　　　　(三)智利与欧洲共同体箭鱼纠纷案 ………………………………… 168
　　　　(四)澳大利亚诉日本捕鲸案 ………………………………………… 171
　　三、拓展阅读 …………………………………………………………… 174
第三节　外层空间的国际法保护 ……………………………………………… 174
　　一、主要知识点 ………………………………………………………… 174
　　　　(一)外层空间概述 ………………………………………………… 174
　　　　(二)外层空间的国际法保护 ………………………………………… 174
　　二、典型案例分析 ……………………………………………………… 175
　　　　(一)"宇宙954号"案 ……………………………………………… 175
　　　　(二)美俄卫星相撞事件 …………………………………………… 176
　　三、拓展阅读 …………………………………………………………… 177
第四节　危险废物的国际法管理 ……………………………………………… 177
　　一、主要知识点 ………………………………………………………… 177
　　　　(一)危险废物概述 ………………………………………………… 177
　　　　(二)危险废物的国际法管理 ………………………………………… 177
　　二、典型案例分析 ……………………………………………………… 178
　　　　(一)尼日利亚科科港等事件 ………………………………………… 178
　　　　(二)爱尔兰诉英国核废料处理案 …………………………………… 179
　　　　(三)韩国有害废物非法进入我国境内案 …………………………… 183
　　　　(四)科特迪瓦毒垃圾事件 …………………………………………… 185
　　三、拓展阅读 …………………………………………………………… 186

参考文献 ……………………………………………………………………… 187

第一章 环境与资源保护法概述

一、主要知识点

(一)环境与资源保护法的概念

法律上环境的概念具有不确定性,因此,环境法的概念和称谓在各国乃至各种理论学说的表述上有相当大的差异。例如,美国有《国家环境政策法》,一般称为环境立法(Environmental Legislation)或环境法(Environmental Law),而其狭义上则称为环境保护法(Environmental Protection Act)或环境政策法(Environmental Policy Act);日本1967年颁布了《公害对策基本法》,一般称为公害法,1993年颁布了《环境基本法》;法国有《自然保育法》《环境法典》;苏联和一些东欧国家普遍称为《自然资源保护法》,其中包括了环境保护、自然资源保护和名胜古迹保护等,20世纪90年代以来才将环境保护法从自然资源法中独立出来;而环境法在我国一般称为环境保护法。

我国法学界对环境与资源保护法的概念有不同的表述:"环境与资源保护法是由国家制定或认可,并由国家强制保证执行的关于保护环境和自然资源、防止污染和其他公害的法律规范的总称""环境保护法是调整因保护和改善生活环境和生态环境,防治污染和其他公害而产生的各种社会关系的法律规范的总称""环境法是以保护和改善环境、预防和治理人为环境侵害为目的,调整人类环境利用关系的法律规范的总称""环境法是国家制定或认可的,为实现经济和社会可持续发展目的,调整有关保护和改善环境、合理利用自然资源、防治污染和其他公害的法律规范的总称"。

上述概念之间虽有差别,但所涉及的内涵和外延大同小异。一般认为,环境与资源保护法是指调整因保护和改善环境、防治污染和其他公害、合理开发和利用自然资源而产生的社会关系的法律规范的总称。对这一概念的含义,可以从以下几方面进行理解:

第一,环境与资源保护法具有法的一般属性。环境与资源保护法作为调整特定社会关系的法律领域,与民法、刑法、行政法等传统部门法一样,是由国家制定或认可的,由国家强制力作为后盾,保障其得以有效实施,从而区别于环境行政管理制度、环境保护政策以及其他环境保护道德规范等。

第二,环境与资源保护法调整的是因环境问题而产生的社会关系。环境与资源保护法调整保护和改善环境、防治污染和其他公害、合理开发和利用自然资源过程中所产生的特定的社会关系,是围绕着环境问题展开的社会关系。这种社会关系不仅仅是人的社会属性所表现出的人与人之间的关系,还投射作用到人与自然之间的关系。因为环境与资源保护法所调整的社会关系与其他部门法调整的社会关系不同,人与人之间的社会关系是依靠环境作为媒介而联系在一起的。

第三，环境与资源保护法是有关环境与资源方面的法律规范的总称。环境与资源保护法不是某一部法律或某一项法规，而是有关环境与资源方面的所有法律规范的总和。它既包括实体法，也包括程序法；既包括法律法规、行政规章、地方性法规，也包括国际条约、国际惯例和判例。从规范性质上而言，环境与资源保护法涵盖宪法、刑法、行政法、民法、诉讼法等各传统部门法。

(二) 环境法的特征

环境法作为现代社会法律体系的一个独立法律部门，除了具有一般法律的本质和功能以外，也具有其自身的特点，可概括为以下几个方面：

1. 环境法是生态环境科技与法的结合

环境是以生态为重心的，而生态必须以自然科学为控制和管理的依据。因此，环境保护包括法律对环境保护社会关系的调整，必须与环境科学技术相结合，必须体现自然规律特别是生态科学规律的要求。这些要求往往通过一系列技术规范、环境标准、操作规程等形式体现出来：一方面，环境法的立法中经常大量、直接地对技术名词和术语赋予法律定义，并将环境技术规范作为环境法律法规的附件，使其具有法律效力；另一方面，环境执法和环境司法也同样需要科学技术的保证。

2. 环境法是社会法

环境法除了具有法的一般性质外，还具有比较明显的社会法特征。所谓社会法，按美国学者海伦·古拉克在其所著的 *Social Legislation* 一书中的解释是：为一般社会福利而立法。环境法也属于这种社会立法的范畴。环境法的社会性首先表现在它与阶级性和政治职能较强的一些立法(如宪法、刑法等)不同，它并非阶级矛盾不可调和的产物，而是人与自然矛盾的产物。环境法所关注和规范的是社会公共利益和保障基本人权，它反映了全体社会成员的共同愿望和要求，代表人类的共同利益，侧重于社会领域的法律调整。其次环境作为全人类的共同生存条件，并不能为某个人或某国所私有或独占，它必须符合整个社会和全体人类的利益，是以社会利益为本位的法。所谓社会利益是公民对社会文明状态的一种愿望和需要。环境与生态是人类的经济和社会发展的基础，与社会、经济发展的秩序密切相关，因而成为社会利益的重要组成部分。

3. 环境法是综合部门法

环境法保护的对象相当广泛，包括自然环境、人为环境和整个地球的生物圈；法律关系主体不仅包括一般法律主体的公民、法人及其他组织，也包括国家乃至全人类，甚至包括尚未出生的后代人；环境法调整的内容也相当广泛，不仅要防止大气污染、水污染、海洋污染、环境噪声污染、放射性污染、有毒化学品污染等，而且还要保护土地资源、森林资源、草原资源、水资源、矿产资源、物种资源、风景名胜资源和文化遗迹地等。由于环境法调整的范围相当广泛，涉及的社会关系复杂，运用的手段多样，从而决定了其所采取的法律措施的综合性。它不仅可以适用诸如宪法、行政法、刑法等公法予以解决，也可以直接适用民法予以私法救济，甚至还可以通过国际法予以调整，不但包括上述部门法的实体法规范，也包括程序法规范。2014年新修订的《中华人民共和国环境保护法》(以下简称《环境保护法》)规定了财政、教育、农业、公安、监察机关、检察机关、人民法院等有关部门和机关都负有环保职责。

4. 环境法是以可持续发展为价值的法

环境法的价值是指环境法能促进主体的何种价值需要。环境法除了具有一般法律的公平、正义、效率、秩序等价值以外，还具有自身特有的价值。环境法的特殊价值集中体现在现代环境法的立法目的上。我国《环境保护法》把"促进经济社会可持续发展"规定为立法目的。各个国家有不同的立法目的，即使同一国家，在不同时期的立法目的也有所不同，现代环境法是以可持续发展为基本价值取向的，其核心内容是要求既满足当代人的需要，又不对后代人满足其需要的能力构成危害。这个内涵不是传统公法、私法所能真正包容的。公法是以国家利益为本位，对政权稳固与安全的关心超过对社会发展的关心；私法则以个人利益为本位，对自身利益的关心是第一位的，只有存在独立的社会利益并且形成公共社会力量，才会以社会的持续发展为最大关怀。因此，只有环境法才是可持续发展最有力的法律保障。

(三) 环境与资源保护法的目的

环境与资源保护法的目的，是指国家在制定或认可环境与资源保护法时希望达到的目标或欲实现的结果。环境立法的目的决定着整部法律的指导思想、调整对象以及适用效能。明确立法目的有利于正确解释和执行法律，也有利于修改和完善法律。在我国，《环境保护法》是环境与资源方面的综合性立法，其第1条明确规定了立法目的：为保护和改善环境，防治污染和其他公害，保障公众健康，推进生态文明建设，促进经济社会可持续发展，制定本法。据此，我国环境与资源保护法有以下两大目的：

1. 保护和改善环境，保障人体健康

保护和改善环境，保障人体健康，是环境与资源保护法的根本目的和基本出发点。健康、无害的生活环境是人们能够维持身体健康、享受幸福生活以及有效工作的物质基础和客观条件，是被普遍认可的一项基本人权。但是，日益严重的环境污染和破坏损害了人类生存与发展的基础，给人们的身心健康带来了极大的伤害，甚至危及人的生命，有时还会造成遗传性疾病，危及子孙后代。因此，环境与资源保护法首先就要保证提供一个安全、无害、卫生的生活环境，保障人体健康。

2. 推进生态文明建设，促进经济社会可持续发展

生态文明制度是我国现阶段国家治理体系的重要内容。建设生态文明是关系人民福祉、关乎民族未来的千年大计，是实现中华民族伟大复兴的重要战略任务。建立和完善生态文明制度，是我国国家治理体系现代化的重要组成部分。2014年政府工作报告对努力建设生态文明的美好家园作出重大安排，要求加强生态环境保护，下决心用硬措施完成硬任务，要出重拳强化污染防治，推动能源生产和消费方式变革，推进生态保护与建设。2015年，中共中央、国务院印发《生态文明体制改革总体方案》，阐明了我国生态文明体制改革的指导思想、理念、原则、目标、实施保障等重要内容，提出要加快建立系统完整的生态文明制度体系，为我国生态文明领域改革作出了顶层设计。加强环境保护，不断改善环境，是推进生态文明建设的根本途径。

1987年，世界环境与发展委员会发表《我们共同的未来》报告，提出可持续发展的概念。1992年6月，联合国环境与发展大会通过的《里约环境与发展宣言》以及《21世纪议程》明确指出，世界各国应以可持续发展战略为导向，将经济发展与环境保护有机结合。作为一种指导思想和发展战略，可持续发展是指既满足当代人的需要，又不对后代人满足其需要的能力构成威胁的发展，其核心在于对发展权益的肯定以及要求实现现代化公平和代际公平。可持续发展理念是对传统的以环境污染和破坏为代价的发展方式的反思。

（四）环境与资源保护法的作用

1. 进行环境资源管理的法律依据

在环境保护领域，需要依靠法律法规来规范政府管理环境与资源的行为。在实践中，由于部门利益、地方利益的冲突，以及个人权利的滥用等原因，许多环境污染和破坏的纠纷不能得到及时有效地解决，侵害公民的合法环境权益等现象屡禁不止。《环境保护法》规定了各级环境与资源管理部门的职责、权限，规定了环境与资源管理制度、措施和相应的执行程序，规定了环境与资源管理对象与范围，为国家和各级政府进行环境与资源管理活动提供了法律依据。

2. 防治环境污染和其他公害，实现合理开发利用自然资源的法律武器

《环境保护法》规定了人们的环境保护责任和义务，限制各种污染和破坏环境的行为，从而起到防治污染、保护和改善环境的作用，使人们能拥有一个良好、舒适的生活环境，有效地阻止了因环境污染和破坏对人体造成的各种危害，保障了人体健康。环境与资源保护法规定人们应合理利用各种自然资源，并对破坏自然资源的行为规定了严格的法律责任，有效地防止了对自然资源的破坏，促进了自然资源的合理利用，有利于实现资源的合理配置。

3. 提高公民环保意识，维护公民环境权益的法律保障

《环境保护法》规定了保护环境与资源的行为规范和管理措施，以法律的形式向公众宣示了环境与资源保护的是非标准。通过环境与资源保护法的宣传教育，可以提高公民的环境意识和环境法制观念，倡导良好的环境道德风尚，普及环境科学知识，促使公民积极参与、监督和管理环境保护工作。同时，环境与资源保护法通过规定公民在环境与资源开发利用、保护和改善过程中的权利与义务、法律责任以及救济手段，可以实现对公民环境权益的有效保护。例如，《环境保护法》第53条第1款规定，"公民、法人和其他组织依法享有获取环境信息、参与和监督环境保护的权利"；第56条第1款规定，"对依法应当编制环境影响报告书的建设项目，建设单位应当在编制时向可能受影响的公众说明情况，充分征求意见"；第57条第1款规定，"公民、法人和其他组织发现任何单位和个人有污染环境和破坏生态行为的，有权向环境保护主管部门或者其他负有环境保护监督管理职责的部门举报"。

二、拓展阅读

1. 周珂，孙佑海，王灿发，等，2019. 环境与资源保护法[M]. 4版. 北京：中国人民大学出版社.

2. 金瑞林，2016. 环境法学[M]. 4 版. 北京：北京大学出版社.
3. 韩德培，2018. 环境保护法教程[M]. 4 版. 北京：法律出版社.
4. 汪劲，2018. 环境法学[M]. 4 版. 北京：北京大学出版社.
5. 张璐，2018. 环境与资源保护法学[M]. 3 版. 北京：北京大学出版社.
6.《中华人民共和国环境保护法》

第 1 条　为保护和改善环境，防治污染和其他公害，保障公众健康，推进生态文明建设，促进经济社会可持续发展，制定本法。

第 53 条　公民、法人和其他组织依法享有获取环境信息、参与和监督环境保护的权利。

各级人民政府环境保护主管部门和其他负有环境保护监督管理职责的部门，应当依法公开环境信息、完善公众参与程序，为公民、法人和其他组织参与和监督环境保护提供便利。

第 56 条第 1 款　对依法应当编制环境影响报告书的建设项目，建设单位应当在编制时向可能受影响的公众说明情况，充分征求意见。

第 57 条第 1 款　公民、法人和其他组织发现任何单位和个人有污染环境和破坏生态行为的，有权向环境保护主管部门或者其他负有环境保护监督管理职责的部门举报。

第二章 环境与资源保护法的基本原则

第一节 预防原则

一、主要知识点

(一)预防原则概述

环境法上的预防原则，是指对开发和利用环境行为所产生的环境质量下降或者环境破坏等后果应当事前采取预测、分析和防范措施，以避免、消除由此可能带来的环境损害。

我国在20世纪70年代开展环境保护工作时便将"预防为主、防治结合"原则作为防治工业污染的方针政策。为强调环境保护在经济社会发展中的重要性，强化人们对事前防范环境危害的重视程度，2014年《环境保护法》第5条规定了环境保护坚持"保护优先""预防为主"和"综合治理"的原则，其总体思路还是源于"预防"的基本理念。

(二)预防原则的依据

1. 预防原则的理论依据

(1)修复正义理论

环境污染和破坏一旦发生，往往难以消除和恢复，甚至这种污染和破坏还具有不可逆转性。如果采取事后治理环境污染的策略，往往花费巨大，修复成本极高。因此，将预防原则作为环境法的一项基本原则，是对过去深刻教训的一种总结，也是在科学技术发展下人们对环境认识逐步提高所提出的要求。

(2)谨慎原则

谨慎原则是指当某些开发行为的未来影响存在科学不确定性，那么只要发生危害的风险存在可能，决策者就应当本着谨慎行事的态度采取措施。

谨慎原则要求在科学不确定条件下，认真对待可能发生的环境损害和风险，即使在科学不确定性的条件下也必须采取一定的措施，尤其是不作为的措施。目前，谨慎原则已被许多国家的环境立法所采纳。

2. 预防原则的法律依据

预防原则是我国较早制定的一项环境保护原则，其具体内容仍在不断发展。"预防为主、防治结合"原为中国卫生工作的基本原则之一，最早在1949年9月提出。1989年制定的《环境保护法》第13条、第24条及第26条等的规定都体现了"预防为主、防治结合"这一原则。

(三) 预防原则的适用

由于预防原则需要由具体的环境政策和法律制度予以确定才能有效地贯彻执行，因此该原则在我国没有直接的法律约束力。预防原则的适用表现在与开发决策相关联的若干方面，具有多功能性。

①合理规划、有计划地开发利用环境和自然资源。
②运用环境标准控制和减少生产经营活动向环境排放污染物。
③对开发利用环境和资源的活动实行环境影响评价。
④增强风险防范意识，谨慎地对待具有科学不确定性的开发利用活动。

二、典型案例分析

(一) 中国生物多样性保护与绿色发展基金会诉秦皇岛方圆包装玻璃有限公司大气污染责任民事公益诉讼案①

【基本案情】

2015年12月至2016年4月，秦皇岛方圆包装玻璃有限公司（以下简称方圆公司）因未取得排污许可证，玻璃窑炉超标排放二氧化硫、氮氧化物等大气污染物并拒不改正等行为，被秦皇岛市海港区环境保护局分四次罚款共计1289万元。2015年2月，方圆公司签订总金额为3617万元的《玻璃窑炉脱硝脱硫除尘总承包合同》。2016年中国生物多样性保护与绿色发展基金会（以下简称绿发会）提起本案诉讼后，方圆公司缴纳行政罚款共计1281万元，并加快了脱硝脱硫除尘改造提升进程。2016年12月2日，方圆公司再次投入1965万元，增设脱硝脱硫除尘备用设备一套。环境保护部环境规划院的环境风险与损害鉴定评估研究中心接受一审法院委托，按照虚拟治理成本法，将方圆公司自行政处罚认定损害发生之日至环保达标之日造成的环境损害数额评估为154.96万元。

【争议焦点】

1. 本案中国绿发会是否具有公益诉讼主体资格？
2. 方圆公司对其非法排放大气污染物的行为应承担何种民事责任？损害赔偿数额如何计算？

【案件分析】

经审理，本案中国绿发会为专门从事环境保护公益活动的社会组织，其提起本案诉讼是为维护污染事故发生地公众的环境权益，与其宗旨和业务范围具有关联性，连续5年从事生物多样性保护等生态环境保护公益活动，符合环境污染公益诉讼原告的主体资格。方圆公司污染大气行为影响群众日常生活，造成了一定的精神损害，应承担赔礼道歉的民事责任。一审法院判决方圆公司赔偿损失154.96万元，分三期支付至秦皇岛市专项资金账户，用于该地区的环境修复；同时，方圆公司还应在全国性媒体上刊登致歉声明。

---

① 最高人民法院2019年生态环境保护典型案例，载于最高人民法院网。

本案的典型意义在于，本案是京津冀地区受理的首例大气污染公益诉讼案，有助于推动建立公益诉讼专项资金运作模式。审理法院在案件审理过程中与秦皇岛市人民政府积极协调，通过设立公益诉讼专项资金账户模式，确保环境损害赔偿金切实用于本地区环境污染治理修复工作，为此后环境公益诉讼赔偿资金管理和使用制度的建立和健全探索了一条可行途径。本案有助于推动企业积极履行社会责任。方圆公司在缴纳行政罚款后，慑于环境公益诉讼的压力，在诉讼过程中，通过升级改造环保设施，成为该地区首家实现大气污染治理环保设备"开二备一"的企业，充分发挥了环境民事公益诉讼预防环境污染和修复生态环境损害的作用。本案彰显了公益环保组织对企业环保的社会监督作用，也将对其他企业遵守环保法律、履行环保义务起到警示和导向作用。

（二）中华环保联合会诉德州晶华集团振华有限公司大气环境污染责任纠纷案①

【基本案情】

德州晶华集团振华有限公司（以下简称振华公司）是一家从事玻璃及玻璃深加工产品制造的企业。振华公司虽投入资金建设脱硫除尘设施，但仍有两个烟囱长期超标排放污染物，造成大气污染，严重影响了周围居民生活。2015年3月25日，中华环保联合会提起诉讼，请求判令振华公司立即停止超标向大气排放污染物，增设大气污染防治设施，经环境保护行政主管部门验收合格并投入使用后方可进行生产经营活动；赔偿因超标排放污染物造成的损失2040万元及因拒不改正超标排放污染物行为造成的损失780万元，并将赔偿款项支付至地方政府财政专户，用于德州市大气污染的治理；在省级及以上媒体向社会公开赔礼道歉；承担本案诉讼、检验、鉴定、专家证人、律师及其他为诉讼支出的费用。

【争议焦点】

1. 本案被告主体是否适格？
2. 被告振华公司应承担何种民事责任？损害赔偿数额如何计算？

【案件分析】

经审理，本案中被告振华公司超量排放的二氧化硫、氮氧化物、烟粉尘会影响大气的服务价值功能。被告振华公司自2013年11月起，多次超标向大气排放二氧化硫、氮氧化物、烟粉尘等污染物，经环境保护行政管理部门多次行政处罚仍未改正，其行为属于司法解释规定的"具有损害社会公共利益重大风险的行为"，故被告振华公司是本案的适格被告。振华公司超标向大气排放污染物的行为侵害了社会公众的精神性环境权益，应当承担赔礼道歉的民事责任。遂判决振华公司赔偿超标排放污染物造成损失2198.36万元，用于大气环境质量修复；振华公司在省级以上媒体向社会公开赔礼道歉等。宣判后，双方当事人均未提起上诉，一审判决已生效。

本案的典型意义在于，环境公益诉讼案件的审理，要依法协调环境保护与经济发展的关系，支持政府部门行使环境治理与生态修复职责，督促企业在承担环境保护义务与

---

① 最高人民法院2015年环境侵权典型案例，载于最高人民法院网。

责任基础上更好地经营发展。本案是新《环境保护法》实施后人民法院受理的首例针对大气污染提起的环境民事公益诉讼。法院立案受理后，按照《最高人民法院关于审理环境民事公益诉讼案件适用法律若干问题的解释》和《最高人民法院、民政部、环境保护部关于贯彻实施环境民事公益诉讼制度的通知》的要求，及时与政府部门沟通，发挥司法与行政执法协调联动作用，促使被告及时停止污染行为，主动关停生产线，积极整改，重新选址，搬离市区，防止了污染及损害的进一步扩大，促进振华公司向节能环保型企业转型发展。

三、拓展阅读

1. 吕忠梅，2019. 从后果控制到风险预防中国环境法的重要转型[J]. 中国生态文明（01）：10-14.
2. 王小钢，2020. 环境法典风险预防原则条款研究[J]. 湖南师范大学社会科学学报，49(06)：34-43.
3. 于文轩，2019. 生态文明语境下风险预防原则的变迁与适用[J]. 吉林大学社会科学学报，59(05)：104-111.

第二节 协调发展原则

一、主要知识点

(一)协调发展原则概述

协调发展原则，是指为了实现社会、经济的可持续发展，必须在各类发展决策中将环境、经济、社会三方面的共同发展相协调一致，而不至于顾此失彼。其实质是以生态和经济理念为基础，要求对发展所涉及的各项利益都应当均衡地加以考虑，以平衡与人类发展相关的经济、社会和环境这三大利益的关系。

(二)协调发展原则的依据

1. 协调发展原则的理论依据

自20世纪以来，随着人口的膨胀，科学技术日新月异，工业化、城市化进程不断加快，以及对环境问题缺乏科学的认识，人类在获得巨大经济发展成就之时，也给自然资源和生态环境造成了前所未有的压力。这种压力对生态平衡造成严重破坏，也给人类赖以生存的空间造成了严重威胁。环境的损害达到一定程度便开始对发展起反作用，污染和破坏越严重，制约作用就越大。

1992年，联合国在巴西里约热内卢举行环境与发展会议，《里约环境与发展宣言》与《21世纪议程》进一步明确和发展了可持续发展的思想，强调"代际公平"与"代内公平"，世界进入可持续发展时期,一系列国际会议的召开和相关国际组织的成立,加快了可持续发展战略在全球的推广,不少国家开始修订各项法律法规,把环境保护的要求纳入社会与经济发展的各项具体行动的要求之中。

2. 协调发展原则的法律依据

在20世纪70年代初,我国就提出了"要把防治污染,保护环境列入国民经济计划中去"等协调发展经济和环境保护的政策。1984年以后,协调原则正式开始成为环境法的一项基本原则,在我国环境立法和环境政策中均进行了直接规定。

协调发展原则作为环境法的基本原则,贯穿于整个环境法体系中,它能够通过法律法规的规定约束和依法管理协调环境事务,推进环境、经济、社会的可持续发展和协调发展。

(三)协调发展原则的适用

与预防原则一样,协调发展原则在我国也不具有直接的法律约束力。协调发展原则的适用主要体现在单项环境保护立法和编制有关发展的政策、规划和项目的指导方面。具体包括:

①将环境保护工作纳入国民经济和社会发展规划。

②国家内部各部门之间、国际社会中国家(地区)之间要协同合作,实行广泛的技术、资金和情报交流与援助,联合处理环境问题。

③建立循环经济型社会。

④探索编制自然资源负债表,对领导干部实行自然资源离任审计。

二、典型案例分析

(一)北京市朝阳区自然之友环境研究所、中华环保联合会与中国石油天然气股份有限公司、中国石油天然气股份有限公司吉林油田分公司环境污染公益诉讼案①

【基本案情】

2013年,中国石油天然气股份有限公司吉林油田分公司将大量油泥、含油泥浆直接埋入地下;废水渗坑未依法处理,使地下水受到污染,有明显的刺激性气味,挥发酚类严重超标。为保护社会公共利益,北京市朝阳区自然之友环境研究所、中华环保联合会依据《环境保护法》《中华人民共和国固体废物污染环境防治法》等有关法律及司法解释规定提起环境公益诉讼,请求法院判令被告,将吉林省松原市乌兰图嘎林场的渗坑及油泥、含油泥浆等依法处置;对受污染土壤和地下水进行修复;赔偿土壤生态环境受到损害至恢复原状期间服务功能损失(以鉴定、评估结果为准);在国家级媒体上发布十日以上的赔礼道歉公告等。

---

① 最高人民法院2018年公报案例,载于中国裁判文书网。

【争议焦点】

1. 中石油公司是否为本案适格被告？
2. 本案管辖法院如何确定更有利于生态环境保护？

【案件分析】

经审理，本案中法人分支机构以自己的名义从事民事活动，产生的民事责任由法人承担；也可以先以该分支机构管理的财产承担，不足以承担的，由法人承担。中石油公司作为中央直接管理的大型石油企业，应当自觉承担并监督其分支机构自觉承担相应的生态环境保护责任。本案自然之友环境研究所、中华环保联合会所诉污染行为系由住所地位于吉林省松原市的中石油吉林油田分公司实施，污染场地集中于吉林省松原市辖区，主要诉讼请求为清除污染、修复环境等。根据环境民事公益诉讼的特殊性和本案实际情况，本案由吉林省松原市中级人民法院审理，便于人民法院审理和当事人诉讼，有利于准确查明案件事实、依法判定当事人责任、促进受损生态环境的有效修复。综上，本案一审、二审裁定驳回自然之友环境研究所、中华环保联合会对中石油公司的起诉适用法律确有错误。裁定撤销北京市高级人民法院（2017）京民终538号民事裁定和北京市第四中级人民法院（2016）京04民初122号民事裁定；本案由吉林省松原市中级人民法院审理。

本案的典型意义在于，国务院国有资产监督管理委员会《关于中央企业履行社会责任的指导意见》第11条将"加强资源节约和环境保护"明确为中央企业应当承担的重要社会责任。石油产业是典型的资源能源型产业，石油产业链的开采、冶炼、运输到终端销售环节均极易造成环境污染和生态破坏，这就要求石油企业在追求经济利益的同时，必须采取有效措施预防、治理环境污染和生态破坏，最大限度地维护环境公共利益，促进经济、社会和环境协调发展。

（二）江苏省人民政府诉安徽海德化工科技有限公司生态环境损害赔偿案①

【基本案情】

2014年4月至5月间，安徽海德化工科技有限公司（以下简称海德公司）营销部经理杨峰分三次将海德公司生产过程中产生的102.44吨废碱液，以每吨1300元的价格交给没有危险废物处置资质的李宏生等人处置，李宏生等人又以每吨500元、600元不等的价格转交给无资质的孙志才、丁卫东等人。上述废碱液未经处置，排入长江水系，严重污染环境。其中，排入长江的20吨废碱液，导致江苏省靖江市城区集中式饮用水源中断取水40多个小时；排入新通扬运河的53.34吨废碱液，导致江苏省兴化市城区集中式饮水源中断取水超过14个小时。靖江市、兴化市有关部门分别采取了应急处置措施。杨峰、李宏生等人均构成污染环境罪，被依法追究刑事责任。经评估，三次水污染事件共造成环境损害1731.26万元。

【争议焦点】

1. 被告海德公司是否应承担本案的生态环境损害赔偿责任？
2. 本案能否采用类比的方法评估新通扬运河水环境损害？

---

① 最高人民法院2019年生态环境保护典型案例，载于最高人民法院网。

【案件分析】

经审理，本案中海德公司作为化工企业，对其在生产经营过程中产生的危险废物废碱液，负有防止污染环境的义务。海德公司放任该公司营销部负责人杨峰将废碱液交给不具备危险废物处置资质的个人进行处置，导致废碱液被倾倒进长江和新通扬运河，严重污染环境，判决海德公司承担侵权赔偿责任并无不当。本案中，发生在长江段的三次污染事件与发生在新通扬运河的污染事件处于同一时期，排放危废物均为被告产生的废碱液，且两地的水质同属三类水质。污染事件发生后，两地也均采取了相应的应急处置措施。鉴于对发生在长江段的环境损害已经通过合法程序作出了合法有效的评估结论，因此，完全可以通过类比的方法，得出新通扬运河生态损害数额，不需要再行委托评估，且不重复评估也不会对被告有任何不利影响，相反对被告是有利的。因此，结合两地危废物的排放数量、水文环境以及环境污染、生态破坏的程度和范围，参考专家辅助人的意见，采用类比方法得出新通扬运河的损害赔偿数额不损害被告的权益，予以支持。

本案的典型意义在于，本案是江苏省首个由江苏省政府单独提起的生态环境损害赔偿诉讼。本案审理中采用了推定等一系列证明规则，这对于解决当前环境资源审判面临的取证难、举证难具有很好的示范意义。二审法院在维持一审判决的同时，确定海德公司在提供担保的情况下，可以申请分期支付赔偿费用，是生态环境保护和经济建设有效协调的积极尝试。

三、拓展阅读

1. 刘长兴, 2021. 习近平法治思想中生态文明法治基本原则的凝练与展开[J]. 法学论坛, 36(02): 36-45.
2. 王继恒, 2010. 环境法协调发展原则新论[J]. 暨南学报(哲学社会科学版), 32(01): 47-53.

第三节 公众参与原则

一、主要知识点

(一)公众参与原则概述

环境法上的公众参与原则，是指公众有权通过一定的程序或途径参与一切与公众环境权益相关的开发决策等活动，并有权得到相应的法律保护与救济，以防止决策的盲目性，使得该项决策符合广大公众的切身利益和需要。2002年，我国制定的《中华人民共和国环境影响评价法》(以下简称《环境影响评价法》)首次规定了公众参与条款。在2003年《中华人民共和国行政许可法》(以下简称《行政许可法》)也专门就涉及公众重大影响的行政许可规定了听证制度。2014年《环境保护法》除了第5条明确环境保护的公众参与原则外，更是新设立了"信息公开与公众参与"专章。

(二) 公众参与原则的理论

1. 民主法治理念

公众参与环境保护是民主与法治的必然要求,纵观人类历史,民主与法治前进是社会发展的必然趋势。公众参与原则之所以能够成为环境法中的一项基本原则,因为它是在实践中不断发展与总结出来的。公众参与原则是民众参与社会公共事务的一项具体内容,是民主与法治要求在环境立法上的具体体现,体现了民主与法治的内涵。

2. 环境正义理论

环境正义理论要求立法机关在制定法律法规和执行环境保护活动时,对全体社会公众都应当赋予平等的保护环境的权利和义务,以使所有公众都能平等地参与到环境保护中来。环境公平,则是与环境正义密切联系的一项价值原则,包括环境机会公平和环境结果公平两层含义。公众参与环境保护是环境正义理论的必然要求,只有公众参与才能有效地平衡环境弱势群体的地位。

(三) 公众参与原则的适用

鉴于公众参与原则的内容具体多样,并且各国对公众参与环境决策的程序都有具体的法律规范予以保障,因此该原则在各国属于具有法律拘束力的原则。

①在环境影响评价和其他涉及公共利益的许可程序中建立公众参与制度。
②建立决策公共信息公开与披露制度。
③鼓励各类非政府的环境组织代表公众参与环境决策。
④建立公众参与的行政和司法保障制度。

二、典型案例分析

(一) 常州德科化学有限公司诉原江苏省环境保护厅、原中华人民共和国环境保护部及光大常高新环保能源(常州)有限公司环境评价许可案①

【基本案情】

光大常高新环保能源(常州)有限公司(以下简称光大公司)拟在江苏省常州市投资兴建生活垃圾焚烧发电BOT项目。2014年,光大公司向原江苏省环境保护厅(以下简称江苏省环保厅)报送《环境影响报告书》等材料,申请环境评价许可。江苏省环保厅受理后,先后发布受理情况及拟审批公告,并经审查作出同意项目建设的《批复》。常州德科化学有限公司(以下简称德科公司)作为涉案项目附近经营范围为化妆品添加剂制造的已处于停产状态的企业,不服该《批复》,向原中华人民共和国环境保护部(以下简称环境保护部)申请行政复议。环境保护部受理后,向江苏省环保厅发送《行政复议答复通知书》等材料,并向原江苏省常州市环境保护局发送《委托现场勘验函》。环境保护部在收到《行政复议答复

---

① 最高人民法院2019年生态环境保护典型案例,载于最高人民法院网。

书》《现场调查情况报告》后，作出维持《批复》的《行政复议决定书》。

【争议焦点】

1. 江苏省环保厅在审批环评报告时是否履行了对项目选址问题的审查职责？
2. 本案中公众参与权是否得到了充分保障？

【案件分析】

经审理，本案中光大公司向江苏省环保厅报送的《技术评估意见》，明确涉案项目选址符合《常州市环境卫生专业规划修编(2014—2020)》相关要求，并与《江苏省生态红线区域保护规划》相容。江苏省环保厅在审批《环境影响报告书》时已经履行了对项目选址、环境影响等问题的审查职责。涉案项目的环境影响评价公示在江苏环保公众网发布了两次，光大公司作为涉案项目建设单位又分别在《常州日报》、常州高新区(新北区)城建局网站发布环境影响评价公示及听证会公告。光大公司在常州市××春江镇人民政府召开环境影响评价听证会征求公众意见。因此，涉案项目环境影响评价公众参与程序合法。

本案的典型意义在于，本案所涉项目系生活垃圾焚烧发电项目，对社会整体有益，但也可能对周围生态环境造成一定影响。此类项目周边的居民或者企业往往会对项目可能造成的负面影响心存担忧，不希望项目建在其附近，由此形成"邻避"困境。随着我国城市化和工业化进程，"邻避"问题越来越多，"邻避"冲突逐渐呈现频发、多发趋势。本案的审理对于如何依法破解"邻避"困境提供了解决路径。即对于此类具有公共利益性质的建设项目，建设单位应履行信息公开义务，政府行政主管部门应严格履行监管职责，充分保障公众参与权，尽可能防止或者减轻项目对周围生态环境的影响。

(二) 夏春官等 4 人诉东台市环境保护局环评行政许可案①

【基本案情】

夏春官等 4 人系江苏省东台市东台镇景范新村的住户，其住宅与第三人四季辉煌沐浴广场上下相邻。四季辉煌沐浴广场(原审第三人)为新建洗浴服务项目，就涉案建设项目报被告江苏省东台市环境保护局审批，东台市环境保护局作出该项目《环境影响报告表》的审批意见，同意四季辉煌沐浴广场新建洗浴服务项目。夏春官等 4 人认为被告在没有召开座谈会、论证会以及征询公众意见的情况下，即作出审批意见，侵犯了其合法权益，请求法院撤销该审批意见。

【争议焦点】

1. 原审法院对本案是否属于《行政许可法》第 47 条规定的"重大利益关系"情形的认定是否适当？环保机关应否告知利害关系人听证权利？
2. 原审法院的审理程序是否合法？

【案件分析】

经审理，本案中涉及对环评行政许可中"重大利益关系"的认定问题。何谓"重大利益关

---

① 最高人民法院 2015 年人民法院环境保护行政案例十大案例，载于最高人民法院网。

系",我国现行法律、法规、规章以及司法解释虽无具体规定,但涉及民生利益的问题,不应排除在"重大利益关系"之外。本案原告夏春官等4人的住宅与第三人四季辉煌沐浴广场相邻,第三人新建的洗浴项目投入运营后所产生的潮湿及热、噪声污染等,不能排除对原告的生活造成重大影响的可能,被告在作出审批意见前应当告知4名原告享有听证的权利,其未告知即径行作出审批意见违反法定程序,遂判决撤销该审批意见。本案一审审理期限较长,且原审法院未将中止诉讼的裁定书及时向当事人送达,审理程序上的确存在一定瑕疵。但原审法院已向江苏省高级人民法院履行了审限延长的审批手续,并具有中止诉讼的法定理由。

本案的典型意义在于,人民法院通过严格审慎的审查,分析了《行政许可法》第47条有关是否存在"重大利益关系"以及听证程序的适用条件,最终撤销环保机关作出的被诉行政行为,保障了公民在环境管理领域的知情权、陈述权、申辩权和听证等权利,很大程度上彰显了程序正义和司法公正。本案作为一起典型的体现公众参与原则的环保行政许可案件,两审法院以环保机关所审批的洗浴项目与相邻群众存在重大利益关系,未告知陈述、申辩和听证的权利违反法定程序为由,撤销环保机关作出的审批意见,既有力地维护了相邻群众的合法权益,又强化了司法对行政权力的监督,对引导和规范环保机关的同类审批行为,促进公众参与环境行政许可的决策与监督,提高行政审批的程序意识,具有重要意义。

三、拓展阅读

1. 刘长兴,2021.习近平法治思想中生态文明法治基本原则的凝练与展开[J].法学论坛,36(02):36-45.
2. 于文轩,2019.生态法基本原则体系之建构[J].吉首大学学报(社会科学版),40(05):62-69.

第四节 损害者负担原则

一、主要知识点

(一)损害者负担原则概述

环境法上的损害负担原则,是指任何对环境造成损害的单位和个人,都必须依法承担相应的法律后果。这项原则最充分地体现了环境保护所必须遵循的环境公平正义法则,用以消除环境成本外部化或所谓的外部不经济性,寻求利益与责任相一致的实质公平,是作为环境法重要法理学依据的民法原则的延伸。

(二)损害者负担原则的理论依据

1. 损害者负担原则的依据
(1)"公地悲剧"理论
哈丁认为,公地的悲剧正在重现。在污染的问题上,并非是从公地上拿走什么东西,而是往公地里排放某些东西——把污水、化学物质、放射性物质或者其他废物排放到水体中；把有毒的和危险的气体排放到大气中；用铺天盖地的令人厌恶的广告污染我们的视线。理性人发现他向公地排放污染物承担的成本远远少于他净化这些污染物的成本。诸如污水沟这样的公地悲剧必须通过其他的手段来防止，如通过强制性的法律或税收机制来使得污染者处理污染物的成本小于不处理的成本。

(2)"外部性"理论

污染者付费原则是西方经济学家基于"外部性"理论提出的。外部性，是指在实际经济活动中，生产者或消费者的活动对其他消费者和生产者产生的超越活动主体范围的利害影响。其中，将有害的影响称为"外部不经济性"。以费用论之，可将外部不经济表述为"外部费用"。在环境污染现象里，这种外部费用就是环境费用。

2. 损害者负担原则的法律依据

我国的"谁污染、谁治理"政策是从20世纪70年代初联合国经济合作与发展组织（OECD）的"污染者负担"原则引申出来的。1979年，我国在《环境保护法（试行）》第6条规定了"谁污染谁治理"原则，这一原则在当时主要是为了明确污染单位有责任对其造成的污染进行治理。而新的《环境保护法》中删去了"谁污染谁治理"原则，改为通过具体制度和措施规定来间接地体现该原则。

(三) 损害者负担原则的适用

损害者负担原则的适用主要表现在环境保护的费用负担方面，并且各国相应地建立了环境费或者环境税制度。因此可以说这项原则是具有法律约束力的原则。它的具体适用表现在如下几个方面：

①实行排污收费或者征收污染税制度。
②实行废弃物品再生利用和回收制度。
③实行开发利用自然资源补偿费或税制度。
④建立环境保护费用的共同负担制度。

二、典型案例分析

(一) 山东省生态环境厅诉山东金诚重油化工有限公司、山东弘聚新能源有限公司生态环境损害赔偿诉讼案[①]

【基本案情】

2015年8月，山东弘聚新能源有限公司（以下简称弘聚公司）委托无危险废物处理资质的人员将其生产的640吨废酸液倾倒至济南市章丘区普集街道办上皋村的一个废弃煤井内。2015年10月20日，山东金诚重油化工有限公司（以下简称金诚公司）采取相同手段将其生产的23.7吨废碱液倾倒至同一煤井内，因废酸、废碱发生剧烈化学反应，

---

① 2019年人民法院保障生态环境损害赔偿制度改革典型案例，载于最高人民法院网。

4名涉嫌非法排放危险废物人员当场中毒身亡。经监测，废液对井壁、井底土壤及地下水造成污染。事件发生后，原章丘市人民政府进行了应急处置，并开展生态环境修复工作。山东省人民政府指定山东省生态环境厅为具体工作部门，开展生态环境损害赔偿索赔工作。山东省生态环境厅与金诚公司、弘聚公司磋商未能达成一致，遂根据山东省环境保护科学研究设计院出具的《环境损害评估报告》向济南市中级人民法院提起诉讼，请求判令被告承担应急处置费用、生态环境服务功能损失、生态环境损害赔偿费用等共计2.3亿余元，两位被告对上述各项费用承担连带责任，并请求判令两位被告在省级以上媒体公开赔礼道歉。

【争议焦点】

1. 山东金诚重油化工有限公司、山东弘聚新能源有限公司两公司是否应当承担本案的生态环境损害赔偿责任？
2. 本案中生态环境损害赔偿责任如何分配？

【案件分析】

经审理，济南市中级人民法院认为，弘聚公司生产过程中产生的废酸液和金诚公司生产过程中产生的废碱液导致涉案场地生态环境损害，应依法承担生态环境损害赔偿责任。山东省生态环境厅主张的生态环境服务功能损失和帷幕注浆范围内受污染的土壤、地下水修复费及鉴定费和律师代理费，均是因弘聚公司的废酸液和金诚公司的废碱液造成生态环境损害引起的，故应由该两公司承担。综合专家辅助人和咨询专家的意见，酌定弘聚公司承担80%的赔偿责任，金诚公司承担20%的赔偿责任，并据此确定两位被告应予赔偿的各项费用。弘聚公司、金诚公司生产过程中产生的危险废液造成环境污染，严重损害了国家利益和社会公共利益，为警示和教育环境污染者，增强公众环境保护意识，依法支持山东省生态环境厅要求弘聚公司、金诚公司在省级以上媒体公开赔礼道歉的诉讼请求。

本案的典型意义在于，本案系因重大突发环境事件导致的生态环境损害赔偿案件。人民法院充分借助专家专业技术优势，在查明专业技术相关事实，确定生态环境损害赔偿数额，划分污染者责任等方面进行了积极探索。一是由原、被告分别申请专家辅助人出庭，从专业技术角度对案件事实涉及的专业问题充分发表意见；二是由参与《环境损害评估报告》的专业人员出庭说明并接受质询；三是由人民法院另行聘请三位咨询专家参加庭审，并在庭审后出具《损害赔偿责任分担的专家咨询意见》；四是在评估报告基础上，综合专家辅助人和咨询专家的意见，根据主观过错、经营状况等因素，合理分配两位被告各自应承担的赔偿责任。人民法院还针对金诚公司应支付的赔偿款项，确定金诚公司可申请分期赔付，教育引导企业依法开展生产经营，在保障生态环境得到及时修复的同时，维护了企业的正常经营，妥善处理了经济社会发展和生态环境保护的辩证关系。同时，人民法院在受理就同一污染环境行为提起的生态环境损害赔偿诉讼和环境民事公益诉讼后，先行中止环境公益诉讼案件审理，待生态环境损害赔偿案件审理完毕后，就环境公益诉讼中未被前案涵盖的诉讼请求依法作出裁判，对妥善协调两类案件的审理进行了有益探索。

(二)中国生物多样性保护与绿色发展基金会诉云南泽昌钛业有限公司环境污染责任民事公益诉讼案①

【基本案情】

云南泽昌钛业有限公司(以下简称泽昌钛业)系从事钛白粉生产、销售的民营企业,2017年4月17日22时40分,涉案渣库西北方的水泥截洪沟出现破损,导致因雨水淋溶产生的囤积在涉案渣库低洼处的酸性渗滤液外泄。渗滤液外泄过程中,流经路径为涉案渣库下游的曹溪哨老鼠田箐沟,后流入龙纳河,最终汇入螳螂川,总长9.37公里。2017年12月14日,昆明环境污染损害司法鉴定中心出具《补充司法鉴定意见书》,载明经补充评估后调整,渗滤液外泄造成环境污染损害数额总计为44.5214万元,其中应急处置费用为12.3862万元,财产损失为9.0334万元,生态环境损害数额为23.1018万元。

【争议焦点】

1. 绿发会所请求泽昌钛业停止污染环境违法行为是否应当支持?
2. 对后期环境修复如何评价?

【案件分析】

经审理,本案中泽昌钛业违规修建涉案渣库、违规堆存硫酸亚铁废渣、未妥善处置酸性渗滤液,导致其外泄河道,造成涉案渣库下游水生态环境污染,损害了生态环境公共利益。依据《环境保护法》第64条、《中华人民共和国侵权责任法》(以下简称《侵权责任法》)第65条的规定,依法应承担相应的环境侵权责任。鉴于污染源在向下游扩散的同时,还破坏了地区水生态系统的原有平衡。按照环境损害全面修复的原则,泽昌钛业仍应为此承担替代修复责任,综合考虑污染物的性质、生态环境恢复的难易程度、为避免污染物扩散、降低污染物浓度本应支出的费用等因素,酌情确定替代修复费用为10万元。

对于绿发会诉请泽昌钛业承担涉案渣库污染区域从被污染开始到修复完成期间的生态功能损失费,除重要参考《补充司法鉴定意见书》外,在综合考虑案件环境污染情节、违法程度、泽昌钛业生产经营情况、污染发生后的整改行为、污染环境的范围和程度以及泽昌钛业还需支付的替代修复费用等因素基础上,酌情确定泽昌钛业应赔偿的服务功能损失为20万元。本案经云南省高级人民法院二审后予以维持。

本案的典型意义在于,针对后期修复义务的保障,案件判决主文部分创造性判处污染企业在规定期限内对受损地补种植被并进行有效养护,要求成活率为百分之百,并于每年固定期限向一审法院提交情况报告;针对水质恢复,判处污染企业在5年内每年在雨季、旱季分别两次检测并向环境保护部门、一审法院提交检测报告。通过司法判决在最大限度上保障了受损环境的修复,明确了监督职责,为后期环境修复监管提供有力司法保障作出了积极的尝试。

---

① 云南高院2019年度环境资源审判典型案例,载于中国裁判文书网。

三、拓展阅读

1. 吕忠梅,2017. "生态环境损害赔偿"的法律辨析[J]. 法学论坛,32(03):5-13.
2. 薄晓波,2021.《民法典》视域下生态环境损害归责原则及其司法适用[J]. 中州学刊(03):58-61.
3. 王江,2018. 环境法"损害担责原则"的解读与反思[J]. 法学评论,36(03):163-170.

第三章 环境与资源保护法的基本制度

第一节 综合性环境法律制度

一、主要知识点

(一) 背景

纵观各国环境立法，最初目的是为了保护某一类特定的环境要素不遭受环境污染和生态破坏。但是，在各国大量环境立法之前，环境保护并未上升到宪法应当保障的国家义务的层面，所以直到大量环境立法后人们才发现，这些单项环境保护法律具有制度设计的针对性、特殊性和法律适用上的差异性等特点，主要针对各类不同环境利用行为的规制和环境要素的保护直接确立了诸如限制、禁止等行为的行政命令——控制措施。因此，大量单项环境保护法律并不能综合且有计划地全面实施国家的环境保护政策，实现通过立法保护环境的目的。

例如，在环境污染防治领域，防止大气污染的措施主要应当针对排放源实施管控而非大气治理；防治水污染的措施除了要对排放源实施管控外，还应当对水体和水质进行治理；防治固体废物污染的措施则主要是减废、再生利用和无害化处置；而防止噪声扰民以及放射性污染的方法则是除了对发生源实施管控外，还要对可能受到污染妨害的受体人群实施隔离和防护。而在自然保护领域，既要对生态系统和物种采取保护措施，又要对生态系统破坏行为采取禁止和限制措施，它们是同等重要的；对物种的保护还有可移动物种（野生动物）和不可移动物种（野生植物）、本地物种和外来物种等的区分，保护措施有就地保护和迁地保护的不同。此外，对自然资源的保护除了其可持续利用的经济价值外，还要计算其作为环境要素的生态效益及价值，对珍稀濒危物种的保护则会强调其作为自然物的内在价值和存在价值。

如上所述，在这个背景下各国通过制定环境基本法确立了间接性的综合性环境法律制度与环境政策的地位，具体体现了环境法的基本原则。

(二) 概念

本书所谓综合性环境法律制度是指为促进环境规制效果的实现，通过环境基本法和环境政策确立的，对保障环境利用行为人遵守环境保护义务具有统筹性、保障性和诱导性的法律规范和软法措施的总称。在我国，综合性环境法律制度主要包括环境标准、环境规划、环境影响评价、环境税费、突发环境事件应急等。

(三)意义

综合性环境法律制度不直接管制向环境排放污染或者开发利用自然资源等行为,而是采用外部影响污染和破坏环境行为的方法,通过提供规划、标准等环境行政和技术要求,采用影响、诱导和经济刺激等环境政策方法,以及明确事后可能受到制裁的法律后果等手段,促使环境利用行为人主动于事前采取预防措施并在事中遵守环境监管措施。因此,综合性环境法律制度更多地运用了环境政策和软法的手段,以应对国家各种法律与各单项环境保护法律之间存在的法益保护上的矛盾和冲突。

二、典型案例评析

(一)宜宾县溪鸣河水力发电有限责任公司诉沐川县人民政府信息公开案[①]

【基本案情】

溪鸣河水力发电有限责任公司(以下简称溪鸣河公司)系龙溪河流域光明电站业主。2015年11月,溪鸣河公司向沐川县发展改革和经济信息化局(以下简称发改经信局)多次提交关于要求公开溪鸣、福尔溪、箭板三电站初步设计、核准、施工许可、设计变更、验收等工程相关文件的申请。因沐川县发改经信局未予答复,溪鸣河公司于2015年12月14日以沐川县发改经信局为被申请人向沐川县人民政府提交《行政复议申请书》。2015年12月15日,沐川县人民政府作出沐府复(2015)12号《行政复议(不予受理)决定书》,对溪鸣河公司的复议申请不予受理。溪鸣河公司不服沐川县人民政府作出的行政复议决定,向人民法院提起行政诉讼。

【争议焦点】

1. 本案原告、被告主体是否适格?
2. 沐川县人民政府的行政执法行为是否合法合规?

【案件分析】

经审理,本案中的溪鸣电站、福尔溪电站、光明电站、箭板电站是龙溪河流域开发规划中的5、6、7、8级电站。因此,溪鸣河公司主张溪鸣电站、福尔溪电站、箭板电站的水位标高、水资源利用、质量安全等与其所有的光明电站的生产密切相关,原告主体适格。沐川县政府以溪鸣河公司与沐川县发改经信局的行政行为之间没有法律上利害关系,不具有行政复议申请人资格为由,对溪鸣河公司的复议申请决定不予受理,适用法律、法规错误,故判决撤销沐川县政府作出的沐府复(2015)12号《行政复议(不予受理)决定书》。由于沐川县政府尚未受理溪鸣河公司的复议申请,沐川县政府是否应当责令沐川县发改经信局向溪鸣河公司公开相关信息尚需其进一步处理,故对溪鸣河公司关于判决沐川县政府责令沐川县发改经信局向溪鸣河公司公开溪鸣、福尔溪、箭板三电站项目相关资料信息的诉讼请求,不予支持。

[①] 长江流域环境资源审判十大典型案例之九,人民法院报2017年12月5日第3版。

本案的典型意义在于，长江中上游地区水利资源丰富，水力发电是水资源开发利用的重要方式之一。长江流域水资源是一种流域资源，它具有整体流动的自然属性，以流域为单元，水量水质、地表水地下水相互依存，上下游、左右岸、干支流的开发利用互为影响。本案涉及如何认识与对待流域水资源开发利用权益保护问题，具有不同于一般信息公开案件的特殊性。人民法院在审理该案过程中，准确把握纠纷的流域性实质和特征，对于主体之间不存在"财产毗邻"或者"行为直接互动"，而是因为水的流动性而形成的"间接法律关系"予以确认，认定"溪鸣河公司与沐川县发改经信局的政府信息公开行为之间具有利害关系"，体现了运用司法手段保护长江流域生态环境、保障上下游之间不同主体合法权益的司法智慧，具有示范意义。

（二）中国生物多样性保护与绿色发展基金会诉深圳市速美环保有限公司、浙江淘宝网络有限公司大气污染责任纠纷案①

【基本案情】

深圳市速美环保有限公司（以下简称速美公司）于2015年9月起在淘宝网销售汽车用品，主要销售产品为使机动车尾气年检蒙混过关的所谓"年检神器"，已售出3万余件，销售金额约为300余万元。中国生物多样性保护与绿色发展基金会（以下简称绿发会）提起环境民事公益诉讼，请求判令：速美公司和浙江淘宝网络有限公司（以下简称淘宝公司）赔礼道歉；速美公司停止生产涉案非法产品；淘宝公司对速美公司停止提供第三方交易平台服务；二者以连带责任方式承担生态环境修复费用1.52亿元（具体数额以评估鉴定报告为准）及绿发会就诉讼所支相关费用。

【争议焦点】

1. 本案原告主体是否适格？
2. 本案中生态环境修复费用如何确定？

【案件分析】

经审理，速美公司宣传产品能通过弄虚作假方式规避机动车年检，教唆或协助部分机动车主实施侵权行为，损害社会公共利益。淘宝网已尽审查义务、及时采取删除措施，无须承担连带责任。鉴于环境污染事实客观存在，依据《最高人民法院关于审理环境民事公益诉讼案件适用法律若干问题的解释》，判决：速美公司在国家级媒体上向社会公众道歉（内容需经法院审核）；速美公司向绿发会支付律师费、差旅费、相关工作人员必要开支等15万元，并赔偿大气污染环境修复费用350万元（款项专用于我国大气污染环境治理）。

本案的典型意义在于，本案系社会组织提起的涉大气污染环境民事公益诉讼案件。本案中，速美公司销售使机动车尾气年检蒙混过关的所谓"年检神器"，造成不特定地区大气污染物的增加，导致环境污染，应承担环境侵权责任。人民法院在鉴定困难的情况下，结合污染破坏环境的范围和程度、生态环境的稀缺性、生态环境恢复的难易程度、防治污染设备的运行成本、被告因侵害行为所获得的利益及其过程、程度等因素，合理确定生态环

---

① 2019年度最高人民法院环境资源典型案例，载于最高人民法院官网。

境修复费用，符合《最高人民法院关于审理环境民事公益诉讼案件适用法律若干问题的解释》的规定。本案判决同时指出，淘宝公司作为信息平台服务提供商，应加强网络平台信息管理，建立行之有效的检索及监管制度。本案的审理，在生态环境修复费用的合理确定上，对类案处理具有指导意义，也有利于在网络时代督促销售企业及网络平台确立应有的生态环境保护责任意识。

(三) 贵州省人民政府、息烽诚诚劳务有限公司、贵阳开磷化肥有限公司生态环境损害赔偿协议司法确认案①

【基本案情】

2012年6月，贵阳开磷化肥有限公司(以下简称开磷化肥公司)委托息烽诚诚劳务有限公司(以下简称息烽劳务公司)承担废石膏渣的清运工作。按要求，污泥渣应被运送至正规磷石膏渣场集中处置。但从2012年年底开始息烽劳务公司便将污泥渣运往大鹰田地块内非法倾倒，形成长360米，宽100米，堆填厚度最大50米，占地约100亩②，堆存量约8万立方米的堆场。环境保护主管部门在检查时发现上述情况。贵州省环境保护厅委托相关机构进行评估并出具的《环境污染损害评估报告》显示，此次事件前期产生应急处置费用134.2万元，后期废渣开挖转运及生态环境修复费用约为757.42万元。2017年1月，贵州省人民政府指定贵州省环境保护厅作为代表人，在贵州省律师协会指定律师的主持下，就大鹰田废渣倾倒造成生态环境损害事宜，与息烽劳务公司、开磷化肥公司进行磋商并达成《生态环境损害赔偿协议》。2017年1月22日，上述各方向清镇市人民法院申请对该协议进行司法确认。

【争议焦点】

1. 生态环境修复费用如何进行评估和确认？
2. 《生态环境损害赔偿协议》中的磋商如何进行？

【案件分析】

经审理，在本案中贵州省法院门户网站将各方达成的《生态环境损害赔偿协议》、修复方案等内容进行了公告。公告期满后，清镇市人民法院对协议内容进行了审查并依法裁定确认贵州省环境保护厅、息烽劳务公司、开磷化肥公司于2017年1月13日在贵州省律师协会主持下达成的《生态环境损害赔偿协议》有效。一方当事人拒绝履行或未全部履行的，对方当事人可以向人民法院申请强制执行。

本案是生态环境损害赔偿制度改革试点开展后，全国首例由省级人民政府提出申请的生态环境损害赔偿协议司法确认案件。该案对磋商协议司法确认的程序、规则等进行了积极探索，提供了可借鉴的有益经验。人民法院在受理磋商协议司法确认申请后，及时将《生态环境损害赔偿协议》、修复方案等内容通过互联网向社会公开，接受公众监督，保障了公众的知情权和参与权。人民法院对生态环境损害赔偿协议进行司法确认，赋予了赔偿

---

① 2019年度最高人民法院环境资源典型案例，载于最高人民法院官网。
② 1亩≈0.067公顷。

协议强制执行效力。一旦发生一方当事人拒绝履行或未全部履行赔偿协议情形的，对方当事人可以向人民法院申请强制执行，有力保障了赔偿协议的有效履行和生态环境修复工作的切实开展。本案的实践探索已被《生态环境损害赔偿制度改革方案》所认可和采纳，《最高人民法院关于审理生态环境损害赔偿案件的若干规定（试行）》也对生态环境损害赔偿协议的司法确认作出了明确规定。

本案的典型意义在于，探索生态环境损害赔偿协议的司法确认规则，化解了试点阶段磋商协议的达成及其司法确认的若干法律难题，为最高人民法院出台相关司法解释提供了实践素材。贵州法院的这一实践样本彰显了法院的司法智慧。一方面，首创了由第三方主持磋商的制度，即由省律师协会主持、赔偿权利人与义务人展开磋商程序，并促成赔偿协议的达成。双方磋商过程中的第三方介入，有助于维持程序中立、促进当事人沟通、协助当事人发现其利益需求。另一方面，首创了法院作出司法确认裁定前对生态环境损害赔偿协议进行公告的制度。鉴于生态环境损害赔偿协议涉及损害事实和程度、赔偿的责任承担方式和期限、修复启动时间与期限等内容，不仅涉及赔偿权利人与赔偿义务人之间利益的调整，也会波及不特定公众环境权益的保护问题，人民法院将赔偿协议内容公告，具有十分重要的意义。

三、拓展阅读

1.《中华人民共和国民法典》

第1234条　违反国家规定造成生态环境损害，生态环境能够修复的，国家规定的机关或者法律规定的组织有权请求侵权人在合理期限内承担修复责任。侵权人在期限内未修复的，国家规定的机关或者法律规定的组织可以自行或者委托他人进行修复，所需费用由侵权人负担。

第1235条　违反国家规定造成生态环境损害的，国家规定的机关或者法律规定的组织有权请求侵权人赔偿下列损失和费用：

（一）生态环境受到损害至修复完成期间服务功能丧失导致的损失；

（二）生态环境功能永久性损害造成的损失；

（三）生态环境损害调查、鉴定评估等费用；

（四）清除污染、修复生态环境费用；

（五）防止损害的发生和扩大所支出的合理费用。

2.《中华人民共和国环境保护法》

第53条　公民、法人和其他组织依法享有获取环境信息、参与和监督环境保护的权利。

各级人民政府环境保护主管部门和其他负有环境保护监督管理职责的部门，应当依法公开环境信息、完善公众参与程序，为公民、法人和其他组织参与和监督环境保护提供便利。

3. 卢瑶，2019. 生态环境损害赔偿研究：以马克思主义公共产品理论为视角[M]. 北京：中国社会科学出版社.

4. 汪劲，2018. 环境法学[M]. 4版. 北京：北京大学出版社.
5. 张璐，2018. 环境与资源保护法学[M]. 3版. 北京：北京大学出版社.

第二节　环境标准制度

一、主要知识点

(一) 概念

环境标准(environmental standards)有广义和狭义之分。

广义的环境标准是指为了保护人群健康、社会财富和维护生态平衡，由法律授权的政府及其主管部门、社会团体和企业按照法定程序和方法就环保工作中需要统一的技术要求制定的规范性技术文件。

狭义的环境标准仅指规定保障公众健康、公共福利与环境安全的环境质量标准。我国环境保护实践采用的是广义说，而西方国家多采用狭义说。

在我国，环境标准属于标准的范畴，其类别、效力及其与行政执法的关系应当由法律和行政法规规定。依照《中华人民共和国标准化法》(以下简称《标准化法》)规定，标准包括国家标准、行业标准、地方标准、团体标准、企业标准五大类。国家标准又分为强制性标准和推荐性标准，行业标准、地方标准则都是推荐性标准。

(二) 强制性环境标准

在我国，环境质量标准、污染物排放标准和法律、行政法规规定必须执行的其他环境标准都属于强制性环境标准，必须执行。

1. 环境质量标准

依照《环境标准管理办法》，环境质量标准(environmental quality standards)是为保护自然环境、人体健康和社会物质财富，限制环境中的有害物质和因素所做的统一技术规范和技术要求。例如，《环境空气质量标准》《海水水质标准》《地表水环境质量标准》《土壤环境质量标准》《渔业水质标准》《景观娱乐用水水质标准》等。

依照《环境保护法》规定，国务院环境主管部门制定国家环境质量标准。省(自治区、直辖市)人民政府对国家环境质量标准中未做规定的项目，可以制定地方环境质量标准；对国家环境质量标准中已作规定的项目，可以制定严于国家环境质量标准的地方环境质量标准。地方环境质量标准应当报国务院环境主管部门备案。

2. 污染物排放标准

污染物排放标准是为实现环境质量标准，结合技术经济条件和环境特点，限制排入环境中的污染物或对环境造成危害的其他因素所做的统一技术规范和技术要求。例如，《污水综合排放标准》《恶臭污染物排放标准》《大气污染物综合排放标准》《船舶污染物排放标准》等。

依照《环境保护法》规定，国务院环境主管部门根据国家环境质量标准和国家经济、技术条件，制定国家污染物排放标准。省（自治区、直辖市）人民政府对国家污染物排放标准中未做规定的项目，可以制定地方污染物排放标准；对国家污染物排放标准中已作规定的项目，可以制定严于国家污染物排放标准的地方污染物排放标准。地方污染物排放标准应当报国务院环境主管部门备案。

（三）推荐性环境标准

推荐性环境标准主要包括国家环境监测方法标准、国家环境标准样品标准和国家环境基础标准，以及生态环境部标准和其他有关环境主管部门依法制定的行业标准。依照《标准化法》，推荐性国家标准、行业标准、地方标准、团体标准、企业标准的技术要求不得低于强制性国家标准的相关技术要求。

（四）其他环境标准

本书所称其他环境标准，是指社会团体和企业按照法定程序和方法就环境保护工作中需要统一的技术要求制定的规范性技术文件。依照《标准化法》规定，国家鼓励社会团体协调相关市场主体共同制定满足市场和创新需要的团体标准，由本团体成员约定采用或者按照本团体的规定供社会自愿采用；企业可以根据需要自行制定企业标准，或者与其他企业联合制定企业标准。

二、典型案例评析

（一）沈海俊诉机械工业第一设计研究院噪声污染责任纠纷案①

【基本案情】

沈海俊系机械工业第一设计研究院（以下简称机械设计院）退休工程师，住该院宿舍。为增加院内暖气管道输送压力，机械设计院在沈海俊的住宅东墙外侧安装了增压泵。2014年，沈海俊认为增压泵影响其休息并向法院提起诉讼。后双方达成和解，沈海俊撤回起诉，机械设计院将增压泵移至沈海俊住宅东墙外热交换站的东侧。2015年，沈海俊又以增压泵影响其睡眠、住宅需要零噪声为由，再次诉至法院，要求判令机械设计院停止侵害，拆除产生噪声的增压泵，赔偿其精神损害费1万元。根据沈海俊的申请，法院委托蚌埠市环境监测站对增压泵进行监测，结果显示沈海俊居住卧室室内噪声所有指标均未超过规定的限值。

【争议焦点】

1. 涉案增压泵产生的噪声是否为社会生活噪声？
2. 夜间是否应当零噪声？
3. 沈海俊受到的损害是否与涉案增压泵产生的噪声有关联性？

---

① 十起环境侵权典型案例之五，人民法院报2015年12月30日第3版。

【案件分析】

经审理，本案中监测到增压泵作为被测主要声源，在正常连续工作时，沈海俊居住卧室室内噪声所有指标均未超过规定的限值。沈海俊关于增压泵在夜间必须是零噪声的诉讼主张没有法律依据。一审法院判决驳回沈海俊的诉讼请求。安徽省蚌埠市中级人民法院二审维持了一审判决。

本案的典型意义在于，《中华人民共和国环境噪声污染防治法》（以下简称《环境噪声污染防治法》）第2条规定，环境噪声污染是指所产生的环境噪声超过国家规定的环境噪声排放标准，并干扰他人正常生活、工作和学习的现象。与一般环境侵权适用无过错责任原则不同，环境噪声侵权行为人的主观上要有过错，其客观须具有超过国家规定的噪声排放标准的违法性，才承担噪声污染侵权责任。因此，是否超过国家规定的环境噪声排放标准，是判断排放行为是否构成噪声污染侵权的依据。经委托鉴定，在增压泵正常工作过程中，沈海俊居住卧室室内噪声并未超过国家规定标准，不构成噪声污染，机械设计院不承担噪声污染的侵权责任。本案判决有利于指引公众在依法保障其合法权益的同时，承担一定范围和限度内的容忍义务，平衡各方利益，促进邻里和睦，共同提升生活质量。

《最高人民法院关于审理环境侵权责任纠纷案件适用法律若干问题的解释》第6条规定，被侵权人根据侵权责任法第65条规定请求赔偿的，应当提供污染者排放了污染物；被侵权人的损害；污染者排放的污染物或者其次生污染物与损害之间具有关联性的证明材料。本案判决作出于上述司法解释之前，在适用《侵权责任法》第66条因果关系举证责任倒置原则的同时，要求被侵权人就污染行为与损害结果之间具有关联性负举证证明责任，对于细化被侵权人和污染者之间的举证责任分配，平衡双方利益具有典型意义，体现了审判实践在推进法律规则形成、探寻符合法律价值解决途径中的努力和贡献。同时，本案判决运用科普资料、国家标准以及专业机构的鉴定报告等作出事实认定，综合过错程度和原因力的大小合理划分责任范围，在事实查明方法和法律适用的逻辑、论证等方面提供了示范。

(二)李劲诉华润置地(重庆)有限公司环境污染责任纠纷案①

【基本案情】

原告李劲购买位于重庆市九龙坡区谢家湾正街某小区的住宅一套，并从2005年入住至今。被告华润置地(重庆)有限公司开发建设的万象城购物中心与原告住宅相隔一条双向六车道的公路。万象城购物中心与原告住宅之间无其他遮挡物。在正对原告住宅的万象城购物中心外墙上安装有一块LED显示屏用于播放广告等，该LED显示屏广告位从2014年建成后开始投入运营，其产生强光直射入原告住宅房间，给原告的正常生活造成影响。2014年，原告小区的业主、黄杨路某小区居民分别向市政府公开信箱投诉反映：谢家湾万象城购物中心的巨型LED显示屏的强光及巨大音量严重影响正常生活，希望相关部门尽快对其进行整改。

---

① 2020年度最高人民法院指导案例128号，载于最高人民法院官网。

本案审理过程中，人民法院组织原、被告双方于 2018 年 8 月 11 日晚到现场进行了查看，正对原告住宅的一块 LED 显示屏正在播放广告视频，产生的光线较强，可直射入原告住宅居室，当晚该 LED 显示屏播放广告视频至 20：58 关闭。被告公司员工称该 LED 显示屏面积为 160 平方米。从本案原告提交的证据看，万象城购物中心 LED 显示屏对原告的损害客观存在，主要体现为影响原告的正常休息。

【争议焦点】

1. 被告是否有污染环境的行为？
2. 原告的损害事实是否包括尚未出现的明显症状？
3. 被告是否应当承担污染环境的侵权责任？

【案件分析】

经审理，本案中被告存在污染环境行为，要求被告从判决生效之日起，立即停止其在运行重庆市九龙坡区谢家湾正街万象城购物中心正对原告李劲位于重庆市九龙坡区谢家湾正街住宅外墙上的一块 LED 显示屏时对原告李劲的光污染侵害：首先，前述 LED 显示屏在 5 月 1 日至 9 月 30 日期间开启时间应在 8：30 之后，关闭时间应在 22：00 之前；在 10 月 1 日至 4 月 30 日期间开启时间应在 8：30 之后，关闭时间应在 21：50 之前。其次，前述 LED 显示屏在每日 19：00 后的亮度值不得高于 600 坎德拉/平方米。最后，法院认为被侵权人的损害事实不包括尚未出现的明显症状，因此驳回原告李劲的赔偿损失等诉讼请求。

本案的典型意义在于，国家与地方均无光污染环境监测方面的规范及技术指标，监测站无法对光污染问题开展环境监测，并且环保方面光污染也没有具体的标准。光污染带来的侵害是多方面的：一方面是光辐射影响，LED 的光辐射对人有失能眩光和不舒适眩光视觉影响；另一方面是生物影响，人到晚上随着光照强度下降会渐渐入睡是褪黑素和皮质醇两种激素发生作用的结果。如果光辐射太强，使人生物钟紊乱，长期就会对健康产生影响。另外，LED 的白光中的蓝光成分还会对视网膜造成不可修复的伤害。因此，尽快完善针对光污染监测与评价标准十分重要。

（三）上海鑫晶山建材开发有限公司诉上海金山区环境保护局环境行政处罚①

【基本案情】

原告上海鑫晶山建材开发有限公司（以下简称鑫晶山公司）不服上海市金山区环境保护局（下称金山环保局）行政处罚提起行政诉讼，诉称：金山环保局以其厂区堆放污泥的臭气浓度超标适用《中华人民共和国大气污染防治法》（以下简称《大气污染防治法》）进行处罚不当，应当适用《中华人民共和国固体废物污染环境防治法》（以下简称《固体废物污染环境防治法》）处罚，请求予以撤销。法院经审理查明：因群众举报，2016 年 8 月 17 日，被告金山环保局对鑫晶山公司厂界臭气和废气排放口进行检查，并出具了《监测报告》，该报告显示，3#监测点位臭气浓度超过《恶臭污染物排放标准》规定的臭气浓度厂界标准值二级标准。

被告于 2016 年 11 月 9 日制作了《责令改正通知书》及《行政处罚听证告知书》，并向原告

---

① 2019 年度最高人民法院指导案例 139 号，载于最高人民法院官网。

进行了送达。应原告要求,被告于2016年11月23日组织了听证。2016年12月2日,被告作出《行政处罚决定书》,认定原告无组织排放恶臭污染物的行为违反了《大气污染防治法》第18条的规定,依据《大气污染防治法》第99条第2项的规定,决定对原告罚款25万元。

【争议焦点】

1. 被告根据《监测报告》认定原告排放臭气且浓度超标是否有误?
2. 被告适用《大气污染防治法》对原告涉案行为进行处罚是否正确?
3. 被诉行政处罚决定的处罚幅度是否合理?

【案件分析】

经审理,本案中被告认定原告排放臭气且浓度超标适当,无明显错误;且被告适用《大气污染防治法》对原告涉案行为进行处罚适用法律也正确,处罚幅度适当合理,因此驳回原告鑫晶山公司的诉讼请求。宣判后,当事人服判息诉,均未提起上诉,判决已发生法律效力。

本案的典型意义在于,《固体废物污染环境防治法》与《大气污染防治法》涉案范围的精准界定,《固体废物污染环境防治法》规制的是未采取防范措施造成工业固体废物污染环境的行为,《大气污染防治法》规制的是超标排放大气污染物的行为;前者有未采取防范措施的行为并具备一定环境污染后果即可构成,后者排污单位排放大气污染物必须超过排放标准或者重点大气污染物排放总量控制指标才可构成。本案并无证据可证实臭气是否来源于任何工业固体废物,且被告接到群众有关原告排放臭气的投诉后进行执法检查,检查、监测对象是原告排放大气污染物的情况,适用对象与《大气污染防治法》更为匹配;《监测报告》显示臭气浓度超过大气污染物排放标准,行为后果适用《大气污染防治法》第99条第2项规定更为准确,故被诉行政处罚决定适用法律并无不当。

三、拓展阅读

1. 刘卫先,2021.环境噪声污染侵权归责原则再议[J].中国地质大学学报(社会科学版),21(03):40-49.
2. 于钧泓,2015.城市光污染问题的法律解析[J].山东社会科学(S2):401-402.
3.《中华人民共和国民法典》

第1229条 因污染环境、破坏生态造成他人损害的,侵权人应当承担侵权责任。

第1230条 因污染环境、破坏生态发生纠纷,行为人应当就法律规定的不承担责任或者减轻责任的情形及其行为与损害之间不存在因果关系承担举证责任。

4.《中华人民共和国固体废物污染环境防治法》

第112条第1款第10项 未采取相应防范措施,造成危险废物扬散、流失、渗漏或者其他环境污染的,由生态环境主管部门责令改正,处以罚款,没收违法所得;情节严重的,报经有批准权的人民政府批准,可以责令停业或者关闭。

第2款 处所需处置费用三倍以上五倍以下的罚款,所需处置费用不足二十万元的,按二十万元计算。

5.《中华人民共和国大气污染防治法》

第99条 违反本法规定,有下列行为之一的,由县级以上人民政府生态环境主管部门责令改正或者限制生产、停产整治,并处十万元以上一百万元以下的罚款;情节严重的,报经有批准权的人民政府批准,责令停业、关闭:

(一)未依法取得排污许可证排放大气污染物的;

(二)超过大气污染物排放标准或者超过重点大气污染物排放总量控制指标排放大气污染物的;

(三)通过逃避监管的方式排放大气污染物的。

6. 周珂,孙佑海,王灿发,等,2019. 环境与资源保护法[M]. 4版. 北京:中国人民大学出版社.

7. 金瑞林,1999. 环境与资源保护法学[M]. 北京:北京大学出版社.

8. 韩德培,2003. 环境保护法教程[M]. 4版. 北京:法律出版社.

9. 汪劲,2018. 环境法学[M]. 4版. 北京:北京大学出版社.

10. 张璐,2018. 环境与资源保护法学[M]. 3版. 北京:北京大学出版社.

第三节 环境影响评价制度

一、主要知识点

(一)概念

环境影响评价(environmental impact assessment)一般指决策者在作出可能带来环境影响的决定之前,事先对环境的现状进行调查,在此基础上提出各种不同的替代方案(alternative),并就各种方案可能造成的环境影响进行预测、评价和比较,从而选择最适合于环境的决定。

依照我国《环境影响评价法》规定,环境影响评价是指对规划和建设项目实施后可能造成的环境影响进行分析、预测和评估,提出预防或者减轻不良环境影响的对策和措施,进行跟踪监测的方法与制度(《环境影响评价法》第2条)。环境影响评价必须客观、公开、公正,综合考虑规划或者建设项目实施后对各种环境因素及其所构成的生态系统可能造成的影响,为决策提供科学依据(《环境影响评价法》第4条)。

(二)环境影响评价的对象

1. 规划的环境影响评价

依照《环境影响评价法》第二章中关于"规划的环境影响评价"的规定,我国主要对综合性规划和专项规划实行环境影响评价。综合性规划是就国家或地方有关宏观、长远发展提出的具有指导性、预测性、参考性的指标,包括国务院有关部门、设区的市级以上地方人民政府及其有关部门组织编制的土地利用的有关规划,区域、流域、海域的建设、开发利用规划(《环境影响评价法》第7条)。专项规划是对有关的指标、要求作出具体的执行安排,几乎涉及所有的经济活动领域,包括国务院有关部门、设区的市级以上地方人民政府及其有关部门组织编制的工业、农业、畜牧业、林业、能源、水利、交通、城市建设、旅游、自然资源开发的有关专项规划(《环境影响评价法》第8条)。

2. 建设项目的环境影响评价

建设项目一般指由建设项目环境保护分类管理名录规定的,对环境可能产生影响的新建、改建、扩建工程项目和其他开发活动,包括对环境可能造成影响的饮食娱乐服务性行业。根据建设项目特征和所在区域的环境敏感程度,综合考虑建设项目可能对环境产生的影响。我国对建设项目的环境影响评价实行分类管理,现行《建设项目环境保护分类管理名录》是2016年12月由环境保护部颁布的。

二、典型案例评析

(一)卢红等204人诉杭州市萧山区环境保护局环保行政许可案[①]

【基本案情】

杭州萧山城市建设投资集团有限公司(以下简称城投公司,原审第三人)因涉案风情大道改造及南伸项目建设需要,委托浙江省工业环保设计研究院有限公司(以下简称省环保设计院)对该项目进行环境影响评价。在涉案环评报告书编制过程中,城投公司分别在建设项目所涉区域对涉案项目的基本情况等内容进行了两次公示。省环保设计院通过发放个人调查表和团体调查表的方式进行了公众调查。2012年4月20日,杭州市萧山区环境保护局(以下简称区环保局)与城投公司、省环保设计院和邀请的专家召开了涉案项目环境影响报告书技术评审会并形成评审意见。同年4月23日,区环保局在区办事服务中心大厅的公示栏内张贴案涉项目的《环保审批公示》。2012年5月29日,区环保局与城投公司、省环保设计院和邀请的专家召开涉案环评报告书(复审稿)技术复审评审会并形成复审意见。2012年6月,省环保设计院形成环评报告书的送审稿。同年6月28日,城投公司向区环保局报送该环评报告书及相关的申请材料,申请对该环评报告书予以批准。区环保局于同日作出《关于风情大道改造及南伸(金城路—湘湖路)工程环境影响报告书审查意见的函》(以下简称《审查意见函》),同意该项目在萧山规划许可的区域内实施。

卢红等204人称,其均为萧山区两小区的居民。因不服萧山区发展和改革局审批的可行性研究报告,向杭州市发展和改革委员会提起行政复议。在复议期间,萧山区发展和改革局提供了区环保局的《审查意见函》作为其审批依据。该204人认为涉案项目的建设将对所在的两个小区造成不利影响,区环保局的行政许可行为侵害其合法权益,遂以该局为被告提起行政诉讼,请求法院撤销上述《审查意见函》。

【争议焦点】

1. 原告是否适格?

[①] 2015年人民法院环境保护行政案件十大案例,载于最高人民法院网。

2. 公众参与权是否得到了充分保障？
3. 区环保局在审批环评报告时是否存在程序违法行为？

【案件分析】

经审理，本案中原告卢红等 204 人均为涉案项目附近小区居民，其认为项目的建设对小区有不利影响，有权提起行政诉讼，具有原告主体资格。根据《浙江省建设项目环境保护管理办法》（以下简称《办法》）第 22 条的规定，环保行政机关受理环境影响报告书审批申请后，除了依法需要保密的建设项目，仍需通过便于公众知晓的方式公开受理信息和环境影响报告书的查询方式以及公众享有的权利等事项，并征求公众意见，征求公众意见的期限不得少于 7 日。本案中，被告区环保局称其 2012 年 4 月 23 日受理第三人城投公司就涉案环评报告书提出的审批申请，而第三人委托评价单位省环保设计院编制的、用于申请被告批准的涉案环评报告书（报批稿）形成于 2013 年 6 月。因此，即使被告确实是 2012 年 4 月 23 日受理了第三人的申请，由于需要审批的环评报告书（报批稿）此时尚未编制完成，被告主张的受理行为也不合法。被告在《承诺件受理通知书》中明确表示第三人向其申请环评审批的时间是 2012 年 6 月 28 日，而被告于同日即作出被诉《审查意见函》，对涉案环评报告书予以批准，其行为明显违反《办法》第 22 条关于环评审批行政机关在审批环节应进行公示和公众调查的相关规定，严重违反法定程序。据此，判决撤销被告作出《审查意见函》的具体行政行为。一审宣判后，各方当事人均未上诉。

本案的典型意义在于，环保机关受理环境影响报告书审批申请的基本前提是该报告书已正式形成，且环保机关受理后应依法履行公开该报告书并征求公众意见的程序后，才可予以审批。人民法院要严格审查行政行为是否履行了法定程序和正当程序，是否充分尊重了当事人的知情权、表达权，如果认为行政行为存在程序违法或明显不当的，有权确认违法或予以撤销。只有严格依法依规，按程序办事，才能真正有利于促进城市环境改善和社会和谐安宁。本案中，区环保局存在明显的程序违法情形，其所主张的受理城投公司提出的环评报告书审批申请的时间，尚未形成正式报批稿；其在环评报告编制过程中所公示的《环保审批公示》，不能替代《办法》所要求环保机关在申请人正式报送环评报告及相关申请材料后对环境影响报告书进行公示和公众调查的程序和义务。法院基于其程序的严重违法，判决撤销了被诉行政行为，对于彰显程序公正和促进行政机关依法行政，具有很好的示范作用。

（二）某能源公司诉某科技公司 3000 吨生物液体燃料项目编制项目环境影响报告表未通过评审要求解除《技术咨询合同》并赔偿损失案①

【基本案情】

某能源公司与某科技公司 2018 年 6 月 12 日签订《技术咨询合同》，约定由某科技公司向某能源公司提供年产 3000 吨生物液体燃料项目编制项目环境影响报告表以供批复所需，除特殊政策性影响因素外，必须保证评审会通过。某科技公司根据某能源公司提供的相关

---

① 2020 年度青海省高级人民法院发布十起知识产权审判典型案例，载于青海省高级人民法院官网。

资料，编制出《建设项目环境影响报告表》。2018 年 9 月 5 日，召开环境影响报告技术评估会时，项目评审会认为某能源公司选址位于共和县某桥头，该土地用途为住宅用地，选址不合理，要求重新选址，故提交的《建设项目环境影响报告表》未能通过。某能源公司在项目备案文件有效期届满 30 日内未申请办理延期手续，也未办理重新选址的相关手续。后某能源公司向法院起诉要求解除《技术咨询合同》，某科技公司退还合同预付款 31000 元并承担逾期违约责任 65286 元。

【争议焦点】

1. 原、被告签订的《技术咨询合同》是否应该解除？
2. 被告是否需要返还原告预付款 31000 元及承担逾期违约金 65286 元？

【案件分析】

经审理，本案中《技术咨询合同》是当事人一方为另一方就特定技术项目提供可行性论证、技术预测、专题技术调查、分析评价报告所订立的合同，本案的案由应为《技术咨询合同》纠纷。涉案《技术咨询合同》的签订系双方真实意思表示，为有效合同。某能源公司不能重新选址，在事实上不能继续履行合同，应予解除。但某科技公司完成编制的《建设项目环境影响报告表》未通过评审系因选址不符合要求，不是某科技公司的行为所致，不构成违约，据此判决解除合同，驳回某能源公司要求某科技公司退还预付款并承担逾期违约责任的诉讼请求。宣判后，双方均未上诉。

本案的典型意义在于，本案系首例《技术咨询合同》纠纷。关于技术咨询合同的定义，《中华人民共和国合同法》(以下简称《合同法》) 第 356 条第 1 款没有对此直接作出定义，而是采取列举式的方法予以规定。也就是说《技术咨询合同》除了"就特定技术项目提供可行性论证、技术预测、专题技术调查、分析报告"可订立外，还可能包括其他类型的《技术咨询合同》，这类合同的共同特征是与特定技术项目有关。本案所涉环境影响评估报告的合同成果、合同对象和合同标的体现的是对工程分析、水环境、大气环境、声环境、生态、固体废物，包括环境质量、环境标准、环境影响对大气、土壤、水流中的化学物质和非化学物质等技术问题提出的技术分析、论证、评价、预测和调查等技术咨询意见，应属技术咨询的内容。该案在准确确定案由的前提下，对案件事实进行客观详实的描述，清晰还原案情，裁判说理充分，判决解除合同并驳回当事人要求退还合同预付款和承担违约责任的诉讼请求后，双方当事人均服判，未提起上诉，实现了法律效果和社会效果的统一，具有一定的典型意义。

(三) 湖北省天门市人民检察院诉拖市镇政府不依法履行职责行政公益诉讼案[①]

【基本案情】

2005 年 4 月，湖北省天门市拖市镇人民政府(以下简称拖市镇政府)违反《中华人民共和国土地管理法》(以下简称《土地管理法》)，未办理农用地转为建设用地相关手续，也未

---

① 2020 年度最高人民检察院第十六批指导性案例检例第 63 号，载于最高人民检察院官网。

按照《环境保护法》开展环境影响评价，就与天门市拖市镇拖市村村民委员会签订《关于垃圾场征用土地的协议》，租用该村 5.1 亩农用地建设垃圾填埋场，用于拖市镇区生活垃圾的填埋。该垃圾填埋场于同年 4 月投入运行，至 2016 年 10 月停止。该垃圾填埋场在运行过程中，违反污染防治设施必须与主体工程同时设计、同时施工、同时投产使用的"三同时"规定，未按照规范建设防渗工程等相关污染防治设施，对周边环境造成了严重污染。湖北省天门市人民检察院对拖市镇政府不依法履行职责提起行政公益诉讼。

【争议焦点】

1. 被告是否具有环境保护的法定职责？
2. 被告建立、运行该垃圾填埋场的行为是否属于行使职权的行为？
3. 该垃圾填埋场是否给周边环境造成污染？
4. 本案是否应当判令被告继续履行对该垃圾填埋场进行综合整治的职责？

【案件分析】

经审理，本案中拖市镇政府作为一级政府，具有环境保护的法定职责；拖市镇政府建设垃圾填埋场是履行职权行政行为；根据现有证据，该垃圾填埋场存在潜在污染风险；拖市镇政府治理垃圾填埋场是其违法后应当承担的法律义务，其应当继续履行整治义务。判决确认被告拖市镇政府建设、运行垃圾填埋场的行政行为违法；责令被告拖市镇政府对垃圾填埋场采取补救措施，继续进行综合整治。

本案的典型意义在于，加强农村生活垃圾治理，是改善农村人居环境的重要环节，也是推进乡村生态振兴的关键之举，对于促进乡村治理具有重大意义。一方面是基层人民政府应当对本行政区域的环境质量负责，其在农村环境综合整治中违法行使职权或者不作为，导致环境污染损害社会公共利益的，检察机关可以督促其依法履职。《中华人民共和国地方各级人民代表大会和地方各级人民政府组织法》（以下简称《政府组织法》）、《环境保护法》《村庄和集镇规划建设管理条例》等法律法规规定了基层人民政府对农村环境保护、农村环境综合整治等具有管理职责。其在履行上述法定职责时，存在违法行使职权或者不作为，造成社会公共利益损害的，符合《中华人民共和国行政诉讼法》（以下简称《行政诉讼法》）第 25 条第 4 款规定的情形，检察机关可以向其发出检察建议，督促依法履行职责。对于行政机关作出的整改回复，检察机关应当跟进调查，对于无正当理由未整改到位的，依法提起行政公益诉讼。另一方面是涉及多个行政机关监管职责的公益损害行为，检察机关应当综合考虑各行政机关具体监管职责、履职尽责情况、违法行使职权或者不作为与公益受损的关联程度、实施公益修复的有效性等因素确定重点监督对象。农村违法建设垃圾填埋场可能涉及的行政监管部门包括规划、环保、国土、城建、基层人民政府等多个行政机关，而基层人民政府一般在农村环境治理、生活垃圾处置方面起主导作用。如果环境污染行为与基层人民政府违法行使职权直接相关，检察机关可以重点监督基层人民政府，督促其依法全面履职，根据需要也可以同时督促环保部门发挥监管职责，以形成合力，促使环境污染行为得到有效纠正。检察机关通过办案发现本地普遍存在类似环境污染行为的，可以经过深入调查，向当地党委、政府提出建议，以引起重视，促使问题"一揽子"解决。

三、拓展阅读

1. 李淑芹，孟宪林，2018. 环境影响评价[M]. 2版. 北京：化学工业出版社.
2. 周珂，孙佑海，王灿发，等，2019. 环境与资源保护法[M]. 4版. 北京：中国人民大学出版社.
3. 张璐，2018. 环境与资源保护法学[M]. 3版. 北京：北京大学出版社.
4. 汪劲，2018. 环境法学[M]. 4版. 北京：北京大学出版社.
5. 吴满昌，程飞鸿，2020. 论环境影响评价与排污许可制度的互动和衔接——从制度逻辑和构造建议的角度[J]. 北京理工大学学报（社会科学版），22(02)：117-124.
6.《中华人民共和国环境影响评价法》
第7条第3款　未编写有关环境影响的篇章或者说明的规划草案，审批机关不予审批。

第四节　环境税费制度

一、主要知识点

(一)概念

环境税费是环境资源税和环境资源费的合称，是指国家依法对排放污染物、开发利用环境资源者所征收的税或收取的费用。环境税是指由国家税务部门依法向开发利用环境资源的单位或个人强制无偿征收的一定财产，是国家取得财政收入的重要手段，主要有资源税、城市建设维护税、车船使用税、耕地占用税、消费税等；环境费是指环境资源管理部门依法向开发利用环境资源的单位或个人征收的一定费用，主要有排污费、污水处理费、排水设施使用费、生态环境补偿费、矿产资源补偿费等。

环境税费制度是有关征收税费的对象、范围、标准、计算方法、程序、使用和管理等各种法律规范的总称，是环境资源税费工作的法定化、制度化。

1. 环境费

环境费(environmental fee)是对所有环境收费的统称，指国家或者其他公法人团体以治理污染和改善环境为目的，依法向环境利用行为人收取的与其行为相对等的金钱。在各国环境立法上，环境费通常表现为环境规费(environmental charges)、环境受益费(environmental beneficial fee)等形式。

2. 环境税

环境税(environmental taxation)，也称生态税，是一个广义的概念，它是以环境保护为目的对开发利用环境行为征税的统称。由于环境税征收既涉及排污行为，也涉及能源利用和开发利用资源行为，所以它与资源税、能源税有许多交叉，至今没有一个被广泛接受的统一定义。如果仅以排污行为为限,环境税一般包括碳排放税、二氧化硫排放税、化学需氧量与生化需氧量排放税以及重金属排放税等。

(二)我国的环境保护税制

环境保护税(environmental protection taxation)是对在中国境内直接向环境排放应税污染物的开发利用行为人,就其相应污染物征收的一种税。与国家其他税收不同,环境保护税作为专门的绿色税种,开征的主要目的不是为了增加财政收入,主要是为了让企业既算经济账又算环境账,使高污染、高排放企业加速绿色转型,让清洁生产的企业获得发展先机。2017年12月,国务院为促进各地保护和改善环境、增加环境保护投入,决定将环境保护税全部作为地方收入。

1. 纳税人

中华人民共和国领域和中华人民共和国管辖的其他海域,直接向环境排放应税污染物的开发利用行为人为环境保护税的纳税人。

2. 征税对象

在我国以往的排污费制度中,排污费的征收对象是大气、水、固体、噪声4类污染物。与我国排污费制度相衔接,环境保护税的征税对象也是大气、水、固体、噪声4类污染物。《中华人民共和国环境保护税法》(以下简称《环境保护税法》)所附的《环境保护税税目税额表》对环境保护税的税目、税额作出了具体规定。

3. 计税依据

《环境保护税法》规定,应税污染物的计税依据按照下列方法确定:(一)应税大气污染物按照污染物排放量折合的污染当量数确定;(二)应税水污染物按照污染物排放量折合的污染当量数确定;(三)应税固体废物按照固体废物的排放量确定;(四)应税噪声按照超过国家规定标准的分贝数确定。

4. 应纳税额

《环境保护税法》规定,环境保护税应纳税额按照下列方法计算:(一)应税大气污染物的应纳税额为污染当量数乘以具体适用税额;(二)应税水污染物的应纳税额为污染当量数乘以具体适用税额;(三)应税固体废物的应纳税额为固体废物排放量乘以具体适用税额;(四)应税噪声的应纳税额为超过国家规定标准的分贝数对应的具体适用税额。

5. 税收减免

《环境保护税法》对税收的减免优惠做了两处规定。

一是对下列情形暂予免征环境保护税的规定:(一)农业生产(不包括规模化养殖)排放应税污染物的;(二)机动车、铁路机车、非道路移动机械、船舶和航空器等流动污染源排放应税污染物的;(三)依法设立的城乡污水集中处理、生活垃圾集中处理场所排放相应应税污染物,不超过国家和地方规定的排放标准的;(四)纳税人综合利用的固体废物,符合国家和地方环境保护标准的;(五)国务院批准免税的其他情形。

二是对减排的优惠规定:(一)对纳税人排放应税大气污染物或者水污染物的浓度值低于国家和地方规定的污染物排放标准30%的,减按75%征收环境保护税;(二)纳税人排放应税大气污染物或者水污染物的浓度值低于国家和地方规定的污染物排放标准50%的，减按50%征收环境保护税。

6. 征收管理

第一，税务机关与环境主管部门的分工协作机制；第二，按月计算，按季申报缴纳的税收申报；第三，环境保护税收纳入一般公共预算管理，统筹安排使用的税收使用。

二、典型案例评析

(一)江西省赣州市环境保护税行政公益诉讼案①

【基本案情】

赣州市税务局本级监管的15个房地产开发项目在建工程、2个快速路市政在建工程及8个公共停车场建设工程项目均存在施工扬尘的问题。根据《环境保护税法》《财政部税务总局生态环境部关于明确环境保护税应税污染物适用等有关问题的通知》《江西省环境保护税核定计算管理办法(试行)》规定，建筑扬尘为应税大气污染物，建筑施工企业应按照一般性粉尘税目实行核定计算办法申报缴纳环境保护税。工程施工单位未依法申报缴纳环境保护税，应收税款未及时足额入库，致使国有财产流失，损害国家利益。赣州市人民检察院向市税务局公开宣告送达检察建议，建议追缴涉案建设工程项目的环境保护税，并进行全面排查，对未按照规定办理纳税申报的行为进行处罚，以及加强与生态环境、住建等相关部门在征收管理方面的协作配合，强化数据共享，推动建立分工协作机制。

【争议焦点】

1. 建筑施工单位因不了解新型税种——环境保护税是否可以不缴纳滞纳金？
2. 行政机关是否怠于行使职权致使环境保护税征收不及时？

【案件分析】

市税务局收到检察建议书后高度重视，组织开展了专项清查、补报，对涉案的25个工程项目共征收环境保护税35.35万元、滞纳金2.86万元。针对辖区内企业对环境保护税这一新税种了解不多、主动申报较少的情况，市税务局以本案为推手，采取召开纳税人座谈会、上门走访等方式宣传《环境保护税法》，做到重点工程纳税人户户见面，仅市区就覆盖纳税人800多户。同时，加强与生态环境、住建、财政等部门的沟通协作，完善涉税基础信息共享，建立环境保护税纳税人税源清册，实现了环境保护税的依法有序规范征缴。

本案的典型意义在于，环境保护税作为一种新型税种，是发挥税收杠杆调节作用，正向激励企业节能减排，促进绿色生产、加快高质量发展的有效手段。由于《环境保护税法》颁布时间较短，实践中一些企业因不了解这一新税种而未主动申报税收的情形较为普遍。检察机关应聚焦建设工程项目环境保护税漏征漏缴问题，积极履行公益诉讼检察职能，推

---

① 2020年度最高人民检察院发布九起国有财产保护、国有土地使用权出让领域行政公益诉讼典型案例之一，载于最高人民检察院官网。

动税务部门加强环境保护税核定征收与管理，对未足额缴纳环境保护税的建设工程项目依法进行追缴，并构建完善多部门联动协作的工作机制。同时以点及面，在全区域部署开展专项监督活动，凝聚检税合力，推进构建绿色税制，有效发挥保护国有财产与服务绿色发展的双重效能。

（二）重庆市人民政府、重庆两江志愿服务发展中心诉重庆藏金阁物业管理有限公司、重庆首旭环保科技有限公司生态环境损害赔偿诉讼案①

【基本案情】

重庆藏金阁物业管理有限公司（以下简称藏金阁公司）的废水处理设施负责处理重庆藏金阁电镀工业园园区入驻企业产生的废水。2013年12月，藏金阁公司与重庆首旭环保科技有限公司（以下简称首旭公司）签订为期4年的《委托运行协议》，由首旭公司承接废水处理项目，使用藏金阁公司的废水处理设备处理废水。2014年8月，藏金阁公司将原废酸收集池改造为废水调节池，改造时未封闭池壁120毫米口径管网，该未封闭管网系埋于地下的暗管。首旭公司自2014年9月起，在明知池中有管网可以连通外部环境的情况下，利用该管网将未经处理的含重金属废水直接排放至外部环境。2016年4月、5月，执法人员在两次现场检查藏金阁公司的废水处理站时发现，重金属超标的生产废水未经处理便排入外部环境。经测算2014年9月1日至2016年5月5日，违法排放废水量共计145624吨。受重庆市人民政府委托，重庆市环境科学研究院以虚拟治理成本法对生态环境损害进行量化评估并出具《鉴定评估报告书》，两个被告造成的生态环境污染损害量化金额为1441.6776万元。

2016年6月30日，重庆市环境监察总队以藏金阁公司从2014年9月1日至2016年5月5日将含重金属废水直接排入港城园区市政废水管网进入长江为由，对其作出行政处罚决定。2016年12月29日，重庆市渝北区人民法院作出刑事判决，认定首旭公司及其法定代表人、相关责任人员构成污染环境罪。

重庆两江志愿服务发展中心对两个被告提起环境民事公益诉讼并被重庆市第一中级人民法院受理后，重庆市人民政府针对同一污染事实提起生态环境损害赔偿诉讼，人民法院将两案分别立案，在经各方当事人同意后，对两案合并审理。

【争议焦点】

1. 原告主体是否适格？
2. 生效刑事判决、行政判决所确认的事实与本案是否有关联性？
3. 《鉴定评估报告书》认定的污染物种类、污染源排他性、违法排放废水计量以及损害量化金额是否准确？
4. 藏金阁公司与首旭公司是否构成共同侵权？

【案件分析】

经审理，本案中重庆市人民政府有权提起生态环境损害赔偿诉讼，重庆两江志愿服务

---

① 2019年度最高人民法院环境资源典型案例，载于最高人民法院官网。

发展中心具备合法的环境公益诉讼主体资格,两个原告基于不同的规定而享有各自的诉权,对两案分别立案受理并无不当。两个被告违法排污的事实已被生效刑事判决、行政判决所确认,本案在性质上属于环境侵权民事案件,其与刑事犯罪、行政违法案件所要求的证明标准和责任标准存在差异,故最终认定的案件事实在不存在矛盾的前提条件下,可以不同于刑事案件和行政案件认定的事实。鉴于藏金阁公司与首旭公司构成环境污染共同侵权的证据已达到高度盖然性的民事证明标准,应当认定藏金阁公司和首旭公司对于违法排污存在主观上的共同故意和客观上的共同行为,两个被告构成共同侵权,应当承担连带责任。遂判决两个被告连带赔偿生态环境修复费用1441.6776万元,由两个原告结合本区域生态环境损害情况用于开展替代修复等。

本案的典型意义在于,本案系第三方治理模式下出现的生态环境损害赔偿案件。藏金阁公司是承担其所在的藏金阁电镀工业园区废水处置责任的法人,也是排污许可证的申领主体。首旭公司通过与藏金阁公司签订《委托运行协议》,成为负责前述废水处理站日常运行维护工作的主体。人民法院依据排污主体的法定责任、行为的违法性、客观上的相互配合等因素进行综合判断,判定藏金阁公司与首旭公司之间具有共同故意,应当对造成的生态环境损害承担连带赔偿责任,有利于教育和规范企业切实遵守环境保护法律法规,履行生态环境保护的义务。同时,本案还明确了生态环境损害赔偿诉讼与行政诉讼、刑事诉讼应适用不同的证明标准和责任构成要件,不承担刑事责任或者行政责任并不当然免除生态环境损害赔偿责任,对人民法院贯彻落实习近平总书记提出的"用最严格制度最严密法治保护生态环境"的严密法治观,依法处理三类案件诉讼衔接具有重要指导意义。

(三)陕西省志丹县水土保持补偿费行政公益诉讼案①

【基本案情】

永宁采油厂和西区采油厂于2016年11月合并成志丹采油厂,主要经营原油勘探、开采、运输、销售等业务。志丹采油厂在2015年5月1日至2018年12月31日生产期间,应按季度缴纳水土保持补偿费5646.94万元,实际缴纳3610.07万元,欠缴2036.87万元。

【争议焦点】

1. 志丹采油厂是否应当承担企业合并前法人的欠缴税款?
2. 行政机关是否怠于行使职权导致水土保持补偿费征收不到位?

【案件分析】

2019年3月14日,志丹县检察院向志丹县水务局发出检察建议并公开宣告送达,建议其依法征收志丹采油厂欠缴的水土保持补偿费,维护国家和社会公共利益。志丹县水务局收到检察建议后下发了《催缴水土保持补偿费通知书》,志丹采油厂收到催缴通知书后,制定了还款计划,分6期缴清了所欠2036.87万元水土保持补偿费,并委托第三方鉴定机构编制了建设用地水土保持方案。志丹采油厂应当承担企业合并前法人的欠缴的税款。本

---

① 2020年度最高人民检察院发布9起国有财产保护、国有土地使用权出让领域行政公益诉讼典型案例之二,载于最高人民检察院官网。

案中行政机关因怠于行使职权而导致水土保持补偿费征收不到位。

本案的典型意义在于，水土保持补偿费是对损坏水土保持设施和地貌植被、不能恢复原有水土保持功能的生产建设单位和个人征收并专项用于水土流失预防治理的资金，属于国有财产。黄河流域在我国经济社会发展和生态安全方面具有十分重要的地位。习近平总书记指出"黄河的问题表象在黄河，根子在流域"，强调"中游要突出抓好水土保持和污染治理"。检察机关督促水务部门征缴水土保持补偿费，不仅有效防止国有财产流失，维护了国家利益，而且对于黄土高原脆弱生态的保护和治理意义重大，体现了检察机关服务和保障黄河流域生态保护和高质量发展国家战略实施的新作为、新担当。

三、拓展阅读

1.《中华人民共和国环境保护税》

第2条 在中华人民共和国领域和中华人民共和国管辖的其他海域，直接向环境排放应税污染物的企业事业单位和其他生产经营者为环境保护税的纳税人，应当依照本法规定缴纳环境保护税。

2.《中华人民共和国水土保持法》

第32条 开办生产建设项目或者从事其他生产建设活动造成水土流失的，应当进行治理。

在山区、丘陵区、风沙区以及水土保持规划确定的容易发生水土流失的其他区域开办生产建设项目或者从事其他生产建设活动，损坏水土保持设施、地貌植被，不能恢复原有水土保持功能的，应当缴纳水土保持补偿费，专项用于水土流失预防和治理。专项水土流失预防和治理由水行政主管部门负责组织实施。水土保持补偿费的收取使用管理办法由国务院财政部门、国务院价格主管部门会同国务院水行政主管部门制定。

生产建设项目在建设过程中和生产过程中发生的水土保持费用，按照国家统一的财务会计制度处理。

3. 王慧，2018. 环境税合法性研究[M]. 北京：法律出版社.

4. 汪劲，2018. 环境法学[M]. 4版. 北京：北京大学出版社.

第五节 突发环境事件应急制度

一、主要知识点

(一)概述

突发环境事件(emergent environmental incident)的概念是进入21世纪以后逐步为国家规范性文件所确立的。为提高政府保障公共安全和处置突发公共事件的能力，最大限度地预防和减少突发公共事件及其造成的损害，2006年1月，国务院发布了《国家突发公共事件总体应急预案》，将环境污染和生态破坏事件纳入事故灾难类突发公共事件的范畴。与此同时，国务院还依据《环境保护法》《中华人民共和国海洋环境保护法》（以下简称《海洋环境保护法》）、《中华人民共和国安全生产法》（以下简称《安全生产法》）和《国家突发公共事件总体应急预案》及相关的法律、行政法规，制定实施了专项应急预案《国家突发环境事件应急预案》，适用于以下各类事件的应急响应：超出事件发生地省（自治区、直辖市）人民政府突发环境事件处置能力的应对工作；跨省突发环境事件应对工作；国务院或者全国环境保护部际联席会议需要协调、指导的突发环境事件或者其他突发事件次生、衍生的环境事件。

2007年8月，全国人大常委会颁布实施了《中华人民共和国突发事件应对法》（以下简称《突发事件应对法》），确立了统一领导、综合协调、分类管理、分级负责、属地管理为主的应急管理体制，对突发事件的预防与应急准备、监测与预警、应急处置与救援、事后恢复与重建等应对活动作出了规定。2014年《环境保护法》第47条也规定，各级人民政府及其有关部门和企业事业单位，应当依照《突发事件应对法》的规定，做好突发环境事件的风险控制、应急准备、应急处置和事后恢复等工作。2015年《突发环境事件应急管理办法》由环境保护部部务会议通过。

（二）突发环境事件

1. 定义

依据《突发环境事件应急管理办法》，突发环境事件是指由于污染物排放或者自然灾害、生产安全事故等因素，导致污染物或者放射性物质等有毒有害物质进入大气、水体、土壤等环境介质，突然造成或者可能造成环境质量下降，危及公众身体健康和财产安全，或者造成生态环境破坏，或者造成重大社会影响，需要采取紧急措施予以应对的事件。

突发环境事件应急预案是指为了及时应对突发环境事件，由政府事先编制突发环境事件的应急预案，在发生或者可能发生突发环境事件时，启动该应急预案以最大限度地预防和减少其可能造成的危害等的规范性文件的总称。

2. 分类

根据突发环境事件的发生过程、性质和机理，《国家突发环境事件应急预案》将突发环境事件分为如下三大类：

突发环境污染事件。包括重点流域、敏感水域水环境污染事件；重点城市光化学烟雾污染事件；危险化学品、废弃化学品污染事件；海上石油勘探开发溢油事件；突发船舶污染事件等。

生物物种安全环境事件。指生物物种受到不当采集、猎杀、走私、非法携带出入境或合作交换、工程建设危害以及外来入侵物种对生物多样性造成损失和对生态环境造成威胁和危害事件。

辐射环境污染事件。包括放射性同位素、放射源、辐射装置、放射性废物辐射污染事件。

3. 分级

突发环境事件按照事件严重程度，分为特别重大、重大、较大和一般四级。

(三)突发环境事件应急组织体系和综合协调机构

《国家突发环境事件应急预案》规定,国家突发环境事件应急组织体系由应急领导机构、综合协调机构、有关类别环境事件专业指挥机构、应急支持保障部门、专家咨询机构、地方各级人民政府突发环境事件应急领导机构和应急救援队伍组成。

为此,国务院成立了全国环境保护部际联席会议,负责协调国家突发环境事件应对工作。各有关成员部门负责各自专业领域的应急协调保障工作。地方各级人民政府也自上而下地设立了相应的应急指挥或者领导机构。

(四)突发环境事件管理的运行机制

《国家突发环境事件应急预案》规定了预防和预警、应急响应、应急保障、后期处置以及责任追究五项机制。预防和预警机制要求按照早发现、早报告、早处置的原则,开展对国内(外)有关环境、自然灾害等预警信息或者监测数据的综合分析、风险评估工作。按照突发事件严重性、紧急程度和可能波及的范围,突发环境事件的预警级别由低到高分为蓝、黄、橙、红四级。当有关信息证明突发环境事件即将发生或者发生可能性增大时,应当按照相关应急预案执行。

二、典型案例评析

(一)山东省烟台市人民检察院诉王振殿、马群凯环境民事公益诉讼案①

【基本案情】

2014年2月至4月,王振殿、马群凯在没有办理任何注册、安检、环评等手续的情况下,在莱州市柞村镇消水庄村从事盐酸清洗长石颗粒项目。作业过程中产生的60吨废酸液发生渗漏。渗漏废酸液对酸洗池周边土壤和地下水造成污染,又通过排水沟对消水河水体造成污染。2014年年底,王振殿、马群凯盐酸清洗长石颗粒作业被莱州市公安局查获关停后,王振殿用沙土将20吨废酸液填埋于酸洗池内。经鉴定,王振殿、马群凯的行为对附近的地下水、土壤和消水河水体造成污染,涉案酸洗池内受污染沙土属于危险废物,因污染造成的生态环境损失共计77.6万元。2016年6月1日,王振殿、马群凯因犯污染环境罪被追究刑事责任。2017年1月3日,烟台市人民检察院向烟台市中级人民法院提起环境民事公益诉讼,请求判令王振殿、马群凯消除危险,治理酸洗池内受污染沙土,对污染区域周边地下水、土壤和消水河内水体的污染部分恢复原状;如不能恢复原状、消除危险,则赔偿酸洗池内受污染沙土的处置费用及生态损害修复费用共计77.6万元。

【争议焦点】

1. 王振殿、马群凯的侵权行为如何认定?
2. 涉案土壤、地表水及地下水污染生态损害修复费用如何认定?

---

① 2019年度最高人民法院指导案例133号,载于最高人民法院官网。

【案件分析】

经审理,本案中王振殿、马群凯用来填埋废酸液的沙土吸附酸洗池中的废酸液,成为含有或沾染腐蚀性毒性的危险废物。鉴定机构出具的《环境损害检验报告》将酸洗池内受污染沙土总量223吨作为危险废物量,单位治理成本为每吨250元至800元。莱州市环境监测站监测报告显示,酸洗池内残留废水属于强酸性废水。王振殿、马群凯通过酸洗池、排水沟排放的酸洗废水系危险废物,导致部分居民家中水井无法饮用。储存于酸洗池期间渗漏的废水渗透至周边土壤和地下水,排水沟内的废水流入消水河。涉案污染区域周边没有其他类似污染源,可以确定受污染地下水系王振殿、马群凯实施的环境污染行为造成。根据专家意见,在消除污染源阻断污染因子进入地下水环境的情况下,原污染区可能达到水质标准,但并不意味着地区生态环境好转或已修复。王振殿、马群凯仍应当承担污染区域的生态环境损害修复责任,不能自行修复的,应当承担修复费用。一审法院根据鉴定机构出具的检验报告,取虚拟治理成本的6倍,按照已生效的刑事判决认定的偷排酸洗废水60吨计算,认定生态环境损害修复费用为72万元。一审法院判决:王振殿、马群凯在环境保护主管部门的监督下按照危险废物的处置要求将酸洗池内受污染沙土223吨进行处置消除危险,如不能自行处置,则赔偿处置费用5.6万元,由环境保护主管部门委托第三方进行处置;对污染区域周边地下水、土壤和消水河内水体的污染治理制定修复方案并进行修复,逾期不履行修复义务或者修复未达到标准的,赔偿生态损害修复费用72万元,支付至烟台市环境公益诉讼基金账户。一审判决已发生法律效力。

本案的典型意义在于,本案系人民检察院提起的环境民事公益诉讼,涉及污染地表水、地下水、土壤及危险废物的处置等一系列问题。本案判决明确污染区域水质恢复达标并不意味着区域生态环境已经修复,侵权人以此为由主张不承担法律责任不能得到支持。对于生态环境损害修复费用的认定,法院采纳鉴定意见将酸洗池内受污染沙土纳入危险废物,同时认定被告排放的强酸废水也属危险废物,进而参照合理的计算方法确定了处置费用和生态环境损害修复费用。本案判决被告在环境保护主管部门监督下履行修复责任,有利于受损生态环境的科学修复和判决义务的妥当履行,对于此类案件的审理具有较好的示范意义。

(二)黄某某等人重大责任事故、谎报安全事故案①

【基本案情】

2018年3月,C材料科技有限公司(以下简称C公司)与A公司签订货品仓储租赁合同,租用A公司3005#、3006#储罐用于存储其向福建某石油化工有限公司购买的工业用裂解碳九(以下简称碳九)。同年,B公司与C公司签订船舶运输合同,委派"天桐1"船舶到A公司码头装载碳九。

同年11月3日16时许,"天桐1"船舶靠泊在A公司2000吨级码头,准备接运A公司3005#储罐内的碳九。18时30分许,当班的刘某某、陈小某开始碳九装船作业,因码

---

① 2020年度最高人民检察院第二十五批指导性案例检例第96号,载于最高人民检察院官网。

头吊机自 2018 年以来一直处于故障状态，二人便违规操作，人工拖拽输油软管，将岸上输送碳九的管道终端阀门和船舶货油总阀门相连接。陈小某用绳索把输油软管固定在岸上操作平台的固定支脚上，船上值班人员将船上的输油软管固定在船舶的右舷护栏上。19 时许，刘某某、陈小某打开码头输油阀门开始输送碳九。期间，被告人徐某某作为值班经理，刘某某、陈小某作为现场操作班长及操作工，叶某某、林某某作为值班水手长及水手，均未按规定在各自职责范围内对装船情况进行巡查。4 日凌晨，输油软管因两端被绳索固定至下拉长度受限而破裂，约 69.1 吨碳九泄漏，造成 A 公司码头附近海域水体、空气等受到污染，周边 69 名居民身体不适接受治疗。泄漏的碳九越过围油栏扩散至附近海域网箱养殖区，部分浮体被碳九溶解，导致网箱下沉。

事故发生后，公司董事长雷某某到达现场向 A 公司生产运行部副经理卢某和计量员庄某核实碳九泄漏量，在得知实际泄漏量约有 69.1 吨的情况后，要求船方隐瞒事故原因和泄漏量。公司负责人黄某某、雷某某、陈某某等人经商议，决定在对外通报及向相关部门书面报告中谎报事故发生的原因是法兰垫片老化、碳九泄漏量为 6.97 吨。A 公司也未按照海上溢油事故专项应急预案等有关规定启动一级应急响应程序，导致不能及时有效地组织应急处置人员开展事故抢救工作，直接贻误事故抢救时机，进一步扩大事故危害后果，并造成不良的社会影响。经审计，事故造成直接经济损失 672.73 万元。经泉州市生态环境局委托，生态环境部华南环境科学研究所作出技术评估报告，认定该起事故泄露的碳九是一种组分复杂的混合物，其中含量最高的双环戊二烯为低毒化学品，长期接触会刺激眼睛、皮肤、呼吸道及消化道系统，遇明火、高热或与氧化剂接触，有引起燃烧爆炸的危险。本次事故泄露的碳九对海水水质的影响天数为 25 天，对海洋沉积物及潮间带泥滩的影响天数为 100 天，对海洋生物质量的影响天数为 51 天，对海洋生态影响的最大时间以潮间带残留污染物全部挥发计，约 100 天。

【争议焦点】

1. 谎报事故的行为与贻误事故抢救结果之间是否存在刑法上的因果关系？
2. 本案中黄某某是否为谎报安全事故罪的特殊主体？

【案件分析】

经审理，人民法院采纳检察机关指控的事实、罪名及量刑建议。对被告人黄某某以重大责任事故罪、谎报安全事故罪分别判处有期徒刑三年六个月、一年六个月，数罪并罚决定执行四年六个月；对被告人雷某某以重大责任事故罪、谎报安全事故罪分别判处有期徒刑二年六个月、二年三个月，数罪并罚决定执行四年三个月；对被告人陈某某以重大责任事故罪、谎报安全事故罪分别判处有期徒刑一年六个月，数罪并罚决定执行二年六个月。对陈小某等 5 名被告人，以重大责任事故罪判处有期徒刑一年六个月至二年三个月不等。禁止黄某某、雷某某在判决规定期限内从事与安全生产相关的职业。本案中谎报事故的行为与贻误事故抢救结果之间存在刑法上的因果关系。本案中黄某某是谎报安全事故罪的特殊主体。雷某某等 6 人不服一审判决，提出上诉。之后，泉州市中级人民法院裁定驳回上诉，维持原判。判决已生效。

本案的典型意义在于，安全生产事故涉及生态环境污染的，政府要首先具备处理突发环境应急能力，尽量减少公共利益损害，重视被害人权益保障，化解社会矛盾，督促事故单位尽早赔偿被害人的损失。同时还需要积极与行政机关磋商，协同追究事故企业刑事、民事、生态损害赔偿责任。推动建立健全刑事制裁、民事赔偿和生态补偿有机衔接的生态环境修复责任制度。依托办理安全生产领域刑事案件，同步办好所涉及的生态环境和资源保护等领域公益诉讼案件，积极稳妥推进安全生产等新领域公益诉讼检察工作。

（三）重庆市绿色志愿者联合会诉恩施土家族苗族自治州建始硫厂坪矿业有限责任公司水污染责任民事公益诉讼案①

【基本案情】

原告重庆市绿色志愿者联合会（以下简称重庆绿联会）对被告恩施土家族苗族自治州建始硫厂坪矿业有限责任公司（以下简称建始硫厂坪矿业公司）提起环境民事公益诉讼，诉请判令被告停止侵害，承担生态环境修复责任。

重庆市人民检察院第二分院支持起诉。法院经审理查明，千丈岩水库位于重庆市巫山县、奉节县和湖北省建始县交界地带。水库设计库容405万立方米，2008年开始建设，2013年被重庆市人民政府确认为集中式饮用水源保护区，供应周边5万余人的生活饮用和生产用水。湖北省建始县毗邻重庆市巫山县，被告建始硫厂坪矿业公司选矿厂位于建始县业州镇郭家淌国有高岩子林场，距离巫山县千丈岩水库直线距离约2.6公里，该地区属喀斯特地貌的山区，地下裂缝纵横，暗河较多。建始硫厂坪矿业公司硫铁矿选矿项目于2009年编制可行性研究报告，2010年4月取得批复。2010年7月开展环境影响评价工作，2011年5月取得恩施土家族苗族自治州环境保护局环境影响评价批复。2012年开工建设，2014年6月基本完成，但水污染防治设施等未建成。同时，其项目建设可行性报告中明确指出尾矿库库区为自然成库的岩溶洼地，库区岩溶表现为岩溶裂隙和溶洞。同时，尾矿库工程安全预评价报告载明："建议评价报告做下列修改和补充：①对库区渗漏分单元进行评价，提出对策措施；②对尾矿库运行后可能存在的排洪排水问题进行补充评价"。但建始硫厂坪矿业公司实际并未履行修改和补充措施。

2014年8月10日，建始硫厂坪矿业公司选矿厂违法生产，产生的废水、尾矿未经处理就排入临近有溶洞漏斗发育的自然洼地。2014年8月12日，巫山县红椿乡村民反映千丈岩水库饮用水源取水口水质出现异常，巫山县启动重大突发环境事件应急预案。应急监测结果表明，被污染水体无重金属毒性，但具有有机物毒性，COD（化学需氧量）、Fe（铁）分别超标0.25倍、30.3倍，悬浮物高达260mg/L。重庆市相关部门将污染水体封存在水库内，对受污染水体实施药物净化等应急措施。

【争议焦点】

1. 本案是否需判令被告停止侵害并重新作出环境影响评价？
2. 本案环境污染事件的生态修复及其费用如何确定？

---

① 2019年度最高人民法院指导案例134号，载于最高人民法院官网。

【案件分析】

千丈岩水库水污染事件发生后，环境保护部明确该起事件已构成重大突发环境事件。环境保护部环境规划院环境风险与损害鉴定评估研究中心作出《重庆市巫山县红椿乡千丈岩水库突发环境事件环境损害评估报告》。该报告判断该次事件对水库的水生生态环境没有造成长期的不良影响，无须后续的生态环境修复，无须进行进一步的中长期损害评估。湖北省环境保护厅于2014年9月4日作出行政处罚决定，认定磺厂坪矿业公司硫铁矿选矿项目水污染防治设施未建成，擅自投入生产，非法将生产产生的废水和尾矿排放、倾倒至厂房下方的洼地内，造成废水和废渣经洼地底部裂隙渗漏，导致千丈岩水库水体污染。责令停止生产直至验收合格，限期采取治理措施消除污染，并处罚款1000000元。行政处罚决定作出后，建始磺厂坪矿业公司仅缴纳了罚款1000000元，但并未采取有效消除污染的治理措施。

2015年4月26日，法院依原告申请，委托北京师范大学对千丈岩环境污染事件的生态修复及其费用予以鉴定，北京师范大学鉴定认为：①建始磺厂坪矿业公司系此次千丈岩水库生态环境损害的唯一污染源，责任主体清楚，环境损害因果关系清晰。②对《重庆市巫山县红椿乡千丈岩水库突发环境事件环境损害评估报告》评价中的对水库生态环境没有造成长期的不良影响，无须后续生态环境修复，无须进行中长期损害评估的结论予以认可。③本次污染土壤的生态环境损害评估认定：经过9个月后，事发区域土壤中的乙基钠黄药已得到降解，不会对当地生态环境再次带来损害，但洼地土壤中的Fe污染物未发生自然降解，超出当地生态基线，短期内不能自然恢复，将对千丈岩水库及周边生态环境带来潜在污染风险，需采取人工干预方式进行生态修复。根据《突发环境事件应急处置阶段环境损害评估推荐方法》，采用虚拟治理成本法计算洼地土壤生态修复费用约991000元。④建议后续进一步制定详细的生态修复方案，开展事故区域生态环境损害的修复，并做好后期监管工作，确保千丈岩水库的饮水安全和周边生态环境安全。在案件审理过程中，重庆绿联会申请通知鉴定人出庭，就生态修复接受质询并提出意见。鉴定人王金生教授认为，土壤元素本身不是控制性指标，就饮用水安全而言，洼地土壤中的Fe高于饮用水安全标准；被告建始磺厂坪矿业公司选矿厂所处位置地下暗河众多，地区降水量大，污染饮用水的风险较高。

经审理，本案中恩施土家族苗族自治州建始磺厂坪矿业有限责任公司立即停止对巫山县千丈岩水库饮用水源的侵害，重新进行环境影响评价，未经批复和环境保护设施未经验收，不得生产；恩施土家族苗族自治州建始磺厂坪矿业有限责任公司在判决生效后180日内，对位于恩施土家族苗族自治州建始县业州镇郭家淌国有高岩子林场选矿厂洼地土壤制定修复方案进行生态修复，逾期不履行修复义务或修复不合格，由恩施土家族苗族自治州建始磺厂坪矿业有限责任公司承担修复费用991000元支付至指定的账号；恩施土家族苗族自治州建始磺厂坪矿业有限责任公司对其污染生态环境，损害公共利益的行为在国家级媒体上赔礼道歉。一审宣判后，恩施土家族苗族自治州建始磺厂坪矿业有限责任公司不服，提起上诉。重庆市第二中级人民法院作出驳回上诉，维持原审的判决。

本案的典型意义在于，环境侵权行为对环境的污染、生态资源的破坏往往具有不可逆性，被污染的环境与被破坏的生态资源很多时候难以恢复，单纯事后的经济赔偿不足以弥补对生态环境所造成的损失，故对于环境侵权行为应注重防患于未然，才能真正实现环境保护的目的。在本案中鉴于千丈岩水库的重要性，作为一级饮用水水源保护区的环境敏感性及涉案项目对水库潜在的巨大污染风险，在应当作为重点环境保护目标纳入建设项目环境影响评价而未能纳入且客观上已经造成重大突发环境事件的情况下，考虑到原有的环境影响评价依据已经发生变化，出于对重点环境保护目标的保护及公共利益的维护，建始磺厂坪矿业公司应在考虑对千丈岩水库环境影响的基础上重新对项目进行环境影响评价并履行法定审批手续，未经批复和环境保护设施未经验收，不得生产。

三、拓展阅读

1.《中华人民共和国环境影响评价法》

第23条　建设项目可能造成跨行政区域的不良环境影响，有关环境保护行政主管部门对该项目的环境影响评价结论有争议的，其环境影响评价文件由共同的上一级环境保护行政主管部门审批。

第24条第1款　建设项目的环境影响评价文件经批准后，建设项目的性质、规模、地点、采用的生产工艺或者防治污染、防止生态破坏的措施发生重大变动的，建设单位应当重新报批建设项目的环境影响评价文件。

2.《中华人民共和国水污染防治法》

第17条第3款　建设项目的水污染防治设施，应当与主体工程同时设计、同时施工、同时投入使用。水污染防治设施应当经过环境保护主管部门验收，验收不合格的，该建设项目不得投入生产或者使用。

3.《突发环境事件应急管理办法》

第3条　突发环境事件应急管理工作坚持预防为主、预防与应急相结合的原则。

第4条　突发环境事件应对，应当在县级以上地方人民政府的统一领导下，建立分类管理、分级负责、属地管理为主的应急管理体制。县级以上环境保护主管部门应当在本级人民政府的统一领导下，对突发环境事件应急管理日常工作实施监督管理，指导、协助、督促下级人民政府及其有关部门做好突发环境事件应对工作。

第5条　县级以上地方环境保护主管部门应当按照本级人民政府的要求，会同有关部门建立健全突发环境事件应急联动机制，加强突发环境事件应急管理。相邻区域地方环境保护主管部门应当开展跨行政区域的突发环境事件应急合作，共同防范、互通信息，协力应对突发环境事件。

第6条　企业事业单位应当按照相关法律法规和标准规范的要求，履行下列义务：

(一)开展突发环境事件风险评估；

(二)完善突发环境事件风险防控措施；

(三)排查治理环境安全隐患；

(四)制定突发环境事件应急预案并备案、演练；

(五)加强环境应急能力保障建设。

发生或者可能发生突发环境事件时,企业事业单位应当依法进行处理,并对所造成的损害承担责任。

4. 冯辉,2018. 突发环境污染事件应急处置[M]. 北京:化学工业出版社.

5. 周珂,孙佑海,王灿发,等,2019. 环境与资源保护法[M]. 4版. 北京:中国人民大学出版社.

第四章 自然资源保护法

第一节 土地资源保护法

一、主要知识点

(一)土地资源保护法概述

土地资源是指在当前和可预见的未来，可以为人类所利用的土地。土地资源通常可分为耕地、林地、牧地、水域、城镇居民用地、交通用地、其他用地。我国土地总面积约960万平方千米，居世界第三位，但人均占有土地面积不到世界人均水平的三分之一。为有效保护和利用有限的土地资源，我国非常重视土地资源的立法，迄今已形成了较为完整的法律体系，包括《中华人民共和国宪法》(以下简称《宪法》)、《中华人民共和国土地管理法》(以下简称《土地管理法》)、《中华人民共和国城市房地产管理法》(以下简称《城市房地产管理法》)、《闲置土地处置办法》等法律法规。

(二)土地资源管理体制

我国土地资源管理体制为：国务院土地行政主管部门统一负责全国土地的管理和监督工作；县级以上地方人民政府直接领导和监督所属的土地管理部门的土地管理工作。我国在《土地管理法》中规定了对土地资源监督管理检查的主要措施。

(三)土地资源保护法的主要制度

我国土地资源保护法的主要制度包括土地有偿使用制度、土地用途管制制度、土地分类制度、土地调查统计制度、土地征收制度。

1. 土地有偿使用制度

土地有偿使用制度是指土地使用者使用土地应依法支付一定费用的制度。我国《宪法》规定："任何组织或者个人不得侵占、买卖或者以其他形式非法转让土地。土地的使用权可以依照法律的规定转让。"这是土地有偿使用制度的基本法律依据。

2. 土地用途管制制度

我国实行土地用途管制制度，通过编制土地利用总体规划，实现对土地的用途管制。土地利用总体规划是指由国家或地方各级人民政府依据国民经济和社会发展规划、国土整治和资源环境保护的要求、土地供给能力，以及各项建设对土地的需求，从而组织编制关于土地利用的总体规划。

3. 土地分类制度

《土地管理法》规定，依据用途不同，将土地分为农用地、建设用地和未利用地三类。农用地是指直接用于农业生产的土地，包括耕地、林地、草地、农田水利用地和养殖水面等。建设用地是指建造建筑物构筑物的土地，包括城乡住宅和公共设施用地、工矿用地、交通水利设施用地、旅游用地和军事设施用地等。未利用地是指农用地和建设用地以外的土地。

4. 土地调查统计制度

《土地管理法》规定了一系列关于土地的具体行政管制措施，包括建立土地调查制度、土地统计制度，对土地利用状况进行动态监测，同时为了科学、有效地组织实施土地调查，保障土地调查数据的真实性、准确性和及时性，国务院于2008年颁布了《土地调查条例》，国土资源部于2009年发布了《土地调查条例实施办法》。

5. 土地征收制度

土地征收制度是指国家为了社会公共利益的需要，依据法律规定的程序和批准权限，并依法给予农村集体经济组织及农民补偿后，将农民集体所有土地变为国有土地的制度。

二、典型案例分析

（一）西安市国土资源局不依法履行职责案[①]

【基本案情】

1998年12月12日，陕西圣米兰家具有限公司（后更名为陕西圣米兰实业发展有限公司，以下简称圣米兰公司）取得西安市雁塔区西万路什字东南角土地的《建设用地规划许可证》。2002年7月18日，西安市国土资源局与圣米兰公司签订《国有土地使用权出让合同》，出让土地118.318亩，出让金3904569.02元。因涉案土地中间有一条规划道路，故分成两块土地办理《国有土地使用权证》，圣米兰公司于2003年9月19日取得两份《国有土地使用权证》，土地用途均为工业（综合）。2004年4月16日，圣米兰公司办理《建设工程规划许可证》。因规划调整，西安市规划局于2007年9月12日向圣米兰公司重新颁发两份《建设用地规划许可证》，其中一块为商业用地，另一块为居住用地。

圣米兰公司在重新取得《建设用地规划许可证》变更土地用途后，未与西安市国土资源局重新签订合同，也未开发土地。2008年2月5日，西安市国土资源局作出《土地行政处罚决定书》，认为涉案土地闲置期限已满2年，对圣米兰公司作出人民币78.0914万元的处罚决定。后西安市国土资源局多次致函圣米兰公司，责令该公司立即重新签订国有土地出让合同、补交相应出让金并恢复施工，但该公司仍未按要求办理。

另2011年11月，西安润基地产投资有限公司向长安国际信托股份有限公司借款2.2亿元，圣米兰公司为该笔借款提供担保。由于借款逾期未还，长安国际信托股份有限公司

[①] 2018年最高人民法院、最高人民检察院发布十起检察公益诉讼典型案例之三，载于最高人民检察院官网。

依据强制执行公证文书向西安市中级人民法院申请强制执行。2015年6月，西安市中级人民法院查封了圣米兰公司持有的两块涉案土地使用权，并进行了评估，评估价格为746189万。同年10月21日，西安市中级人民法院致函西安市国土资源局，称因法院对涉案土地已经查封，西安市国土资源局无权收回。

雁塔区人民检察院在调查核实情况后，于2017年4月24日向西安市国土资源局发出检察建议，认为土地闲置造成土地资源的浪费，使有限的土地资源得不到合理、有效利用，是社会财富的巨大浪费。圣米兰公司取得土地后长期闲置，构成了对公共利益的侵害。建议该局依据法律法规切实履行监管职责，依法以处置。

【争议焦点】

1. 本案是否属于公益诉讼案件的受案范围？
2. 本案中诉讼程序适用是否合法？

【案件分析】

《行政诉讼法》第25条第4款规定，人民检察院在履行职责中发现生态环境和资源保护、食品药品安全、国有财产保护、国有土地使用权出让等领域负有监督管理职责的行政机关违法行使职权或者不作为，致使国家利益或者社会公共利益受到侵害的，应当向行政机关提出检察建议，督促其依法履行职责。行政机关不依法履行职责的，人民检察院依法向人民法院提起诉讼。在本案中，雁塔区人民检察院在调查核实情况之后发现涉案地块闲置，致使国家利益和社会公众的利益遭受了损害，因此该案属于公益诉讼的受案范围。

雁塔区人民检察院在本案办理过程中，紧抓公益诉讼诉前程序灵活性和实效性的特征。在调查取证查清圣米兰公司违法闲置土地的案件事实后，向西安市国土资源局发出诉前检察建议，西安市国土资源局在收到检察建议后，高度重视，积极制定整改方案，约谈督促圣米兰公司完善用地手续。雁塔区人民检察院在行政机关整改过程中，以真正切实维护公益和节省司法资源目的为出发点，结合涉案土地被司法机关查封的现状和用地手续办理的实际，实时沟通、协调多方主体。最终督促西安市国土资源局与圣米兰公司重新签订合同，补交土地出让金。本案运用公益诉讼诉前程序，充分调动起行政机关维护公益的主动性，通过行政机关主动履职纠错，切实维护了国家公益。

本案的典型意义在于，其作为十大典型的公益诉讼案件之一，具有较强的代表性，反映了我国行政公益诉讼的运行现状。我国的行政公益诉讼目前尚处于初创阶段，本案中的成功经验有助于我国行政公益诉讼制度的建立与完善。本案中检察机关充分发挥公益诉讼诉前程序灵活性和实效性的特征，督促行政机关依法行政和严格执法；主动保护公益，积极行使检察监督权，通过督促西安市国土资源局依法履职，成功盘活了处于黄金地段闲置14年的土地资源，使国有土地资产收益权能达到最优化，为国家收回了6.7亿余元土地出让金，切实保护了国家利益和社会公共利益。

(二)湖北省随县人民检察院督促整治非法占用耕地行政公益诉讼案①

【基本案情】

2013年5月,随县齐心石材厂(以下简称齐心石材)未经批准,擅自占用随县唐县镇双丰村五组1.2万平方米耕地及其他农用地,用于建设厂房、办公楼、堆料场及附属设施,不符合土地利用总体规划。同年12月16日,随县原国土资源局责令齐心石材限期拆除土地上新建的建筑物和其他设施、处以罚款7万元,齐心石材缴纳罚款后,并未实施拆除行为。2018年6月,随县原国土资源局向随县人民法院申请强制执行,因申请逾期,被随县人民法院驳回。

2019年3月,因机构改革,随县原国土资源局、原住房和城乡建设局等部门职责整合,组建随县自然资源和规划局。针对齐心石材前期非法占用耕地及其他农用地行为,随县自然资源和规划局采取办理农用地转建设用地措施,将齐心石材生产车间非法占用的5537平方米土地转为建设用地,但齐心石材办公楼及大部分石材堆场不在城市建设用地批复方案之内,且涉案土地均未办理供地手续。2019年以来,齐心石材另非法占用3783平方米耕地及其他农用地。

2019年上半年,随县人民政府在全县范围内开展石材行业专项清理。随县人民检察院(以下简称随县院)在履行职责中发现随县原国土资源局未依法履职的案件线索,遂立案调查。经调阅行政执法卷宗、实地走访、现场勘查,查明了齐心石材非法占用耕地及行政机关履职不到位的事实。2019年8月28日,随县院向随县自然资源和规划局发送检察建议书,建议该局依法履行监督管理职责,责令齐心石材限期拆除土地上新建的建筑物和其他设施、退还土地、恢复土地原状。

2019年9月16日,随县自然资源和规划局回复随县院:因企业生产经营困难,所以我局才作出上述处理决定,正在督促整改;对新增违法占地行为正在调查处理。同年12月24日,随县自然资源和规划局向齐心石材送达行政处罚决定书,对齐心石材新增违法占地3783平方米行为予以行政处罚。但对齐心石材2013年非法占地行为未重新作出行政处理,齐心石材非法占地行为持续存在,社会公共利益仍处于受侵害状态。

2020年6月1日,随县院向随县人民法院提起行政公益诉讼。请求判令撤销随县原国土资源局行政处罚决定书,责令随县自然资源和规划局在一定期限内继续履行监督管理职责。2020年7月23日,随县人民法院作出判决。

【争议焦点】

1. 本案是否属于公益诉讼案件的受案范围?
2. 本案中的行政处罚是否应当撤销?

【案件分析】

《最高人民法院、最高人民检察院关于检察公益诉讼案件适用法律若干问题的解释》第

---

① 2020年最高人民检察院发布公益诉讼检察服务乡村振兴助力脱贫攻坚典型案例之六,载于最高人民检察院官网。

21条规定:"人民检察院在履行职责中发现生态环境和资源保护、食品药品安全、国有财产保护、国有土地使用权出让等领域负有监督管理职责的行政机关违法行使职权或者不作为,致使国家利益或者社会公共利益受到侵害的,应当向行政机关提出检察建议,督促其履行职责。行政机关不依法履行职责的,人民检察院依法向人民法院提起诉讼。"本案中,随县人民检察院具有行政公益诉讼起诉人的诉讼主体资格。《土地管理法》第67条第1款规定:"县级以上人民政府自然资源主管部门对违反土地管理法律、法规的行为进行监督检查。"同时,《行政诉讼法》第26条第6款规定:"行政机关被撤销或者职权变更的,继续行使其职权的行政机关是被告。"依照上述法律规定,原随县国土资源局被撤销后,随县自然资源和规划局对辖区内土地违法行为具有监督检查的法定职责,是本案的适格被告。

本案中,原随县国土资源局在履职过程中,已经查明齐心石材非法占地的事实,也对该公司的违法行为作出了行政处罚决定,仅要求齐心石材限期拆除在非法占用的土地上新建的建筑物和其他设施并处以罚款,未依法责令齐心石材退还土地、恢复原状,处罚决定适用法律、法规错误。在接到行政公益诉讼起诉人的检察建议后,仍不依法履行职责,致使齐心石材另非法占用土地3783平方米,持续非法占地行为,违法行为长期未能够得到有效制止,客观上降低了齐心石材的违法成本,助长了齐心石材的违法气焰,导致国家法律法规未能得到有效实施,国家利益和社会公共利益未能得到有效保护,因此此案中的行政处罚应当被撤销。

本案的典型意义在于,守住耕地保护红线,是土地资源保护的基本国策。对于非法占用耕地的违法行为,检察机关应充分发挥公益诉讼检察职能作用,首先通过检察建议督促行政机关依法履行监督管理职责,严格落实耕地保护政策。对于行政机关仍不依法全面履职的,依法提起诉讼彰显"耕地红线不能碰"的底线。对于行政机关不依法全面履职的判断和认定,应当以法律规定的行政机关法定职责为依据,以是否全面运用行政监管手段制止违法行为,国家和社会公共利益是否得到有效保护为标准。

(三)被告单位福州市源顺石材有限公司、被告黄恒游非法占用农用地案[①]

【基本案情】

2012、2013年及2017年4、5月间,被告单位福州市源顺石材有限公司(以下简称源顺公司)、被告人黄恒游未经林业主管部门审批,擅自在闽侯县鸿尾乡大模村"际岭"山场占用林地138.51亩,用作超范围采矿、石料加工区等。案发后,源顺公司根据司法机关的要求向闽侯县南屿镇政府缴交生态修复款62.33万元,聘请专家编制了矿区及周边生态环境恢复治理方案,并依方案开展相应生态修复工作。同时,黄恒游自愿承诺在位于闽江湿地公园的闽江水资源生态保护司法示范点暨生态司法保护宣传长廊进行异地特色苗木公益修复,与专业园林公司签订合同,种植指定树木150棵,承诺管护一年,确保成活。被害方闽侯县鸿尾乡大模村村民委员会及鸿尾农场出具谅解书。

【争议焦点】

1. 该案中被告是否构成非法占用农用地罪?

---

① 2019年度最高人民法院环境资源典型案例之十,载于最高人民法院官网。

2. 造成环境污染者积极履行生态环境修复责任是否应当纳入量刑情节？

【案件分析】

在本案中，源顺公司以及主要负责人黄恒游违反国家林业管理法规，未经审批占用农用地138.51亩，其在庭审中辩称有关所占用农用地并未被水泥等物完全固化，恢复植被比较容易，未造成严重后果，但根据《中华人民共和国刑法》（以下简称《刑法》）第342条规定，违反土地管理法规，非法占用耕地改作他用，数量较大，造成耕地大量毁坏的，处五年以下有期徒刑或者拘役，并据处或者单处罚金。《土地管理法》第74条规定，违反本法规定，占用耕地建窑、建坟或者擅自在耕地上建房、挖砂、采石、采矿、取土等，破坏种植条件的，或者因开发土地造成土地荒漠化、盐渍化的，由县级以上人民政府土地行政主管部门责令限期改正或者治理，可以并处罚款；构成犯罪的，依法追究刑事责任。据此其行为已构成非法占用农用地罪。黄恒游作为该单位的法定代表人和主要负责人，对其单位的犯罪行为负有直接责任，依法应以非法占用农用地罪追究其刑事责任。

在本案中造成环境污染者积极履行生态环境修复责任纳入了量刑情节，闽侯县人民法院鉴于该单位及主要负责人黄恒游有自首情节，积极进行生态修复，与专业园林公司签订合同，种植指定特色苗木150棵，承诺管护一年，酌情予以从轻处罚。

本案的典型意义在于，本案系非法占用农用地的刑事案件。林地、耕地等农用地是重要的土地资源。本案中，源顺公司及其法定代表人黄恒游未经审批擅自占用林地堆放矿石渣土，对农用地用途及其周边生态环境造成破坏。人民法院在审理中，注重惩治犯罪和生态环境治理修复的有机结合，将生态环境修复义务的履行纳入量刑情节，有效融合了生态司法的警示教育、环境治理和法治宣传等诸多功能，取得了良好的法律效果和社会效果。

三、拓展阅读

1.《中华人民共和国刑法》

第31条　单位犯罪的，对单位判处罚金，并对其直接负责的主管人员和其他直接责任人判处刑罚。

犯罪嫌疑人虽不具有前两款规定的自首情节，但是如实供述自己罪行的，可以从轻处罚；因其如实供述自己罪行，避免特别严重后果发生的，可以减轻处罚。

第342条　违反土地管理法规，非法占用耕地、林地等农用地，改变被占用土地用途，数量较大，造成耕地、林地等农用地大量毁坏的，处五年以下有期徒刑或者拘役，并处或者单处罚金。

2.《中华人民共和国土地管理法》

第9条　城市市区的土地属于国家所有。

农村和城市郊区的土地，除由法律规定属于国家所有的以外，属于农民集体所有；宅基地和自留地、自留山，属于农民集体所有。

第37条　非农业建设必须节约使用土地，可以利用荒地的，不得占用耕地；可以利用劣地的，不得占用好地。

禁止占用耕地建窑、建坟或者擅自在耕地上建房、挖砂、采石、采矿、取土等。

禁止占用永久基本农田发展林果业和挖塘养鱼。

第72条　县级以上人民政府自然资源主管部门在监督检查工作中发现土地违法行为构成犯罪的，应当将案件移送有关机关，依法追究刑事责任；尚不构成犯罪的，应当依法给予行政处罚。

第74条　买卖或者以其他形式非法转让土地的，由县级以上人民政府自然资源主管部门没收违法所得；对违反土地利用总体规划擅自将农用地改为建设用地的，限期拆除在非法转让的土地上新建的建筑物和其他设施，恢复土地原状，对符合土地利用总体规划的，没收在非法转让的土地上新建的建筑物和其他设施；可以并处罚款；对直接负责的主管人员和其他直接责任人员，依法给予处分；构成犯罪的，依法追究刑事责任。

3. 张璐，2018. 环境与资源保护法学[M]. 3版. 北京：北京大学出版社.
4. 韩德培，2003. 环境保护法教程[M]. 4版. 北京：法律出版社.
5. 金瑞林，汪劲，2013. 环境与资源保护法学[M]. 3版. 北京：高等教育出版社.

第二节　森林资源保护法

一、主要知识点

(一)森林资源保护法概述

森林是指在一定区域内生长的以树木或者其他木本植物为主的植物群落。森林是自然界中一类重要的生态系统和自然资源，具有多方面的功能。为保护和有效利用森林资源，我国建立了森林保护法律法规体系，包括《中华人民共和国宪法》(以下简称《宪法》)、《中华人民共和国森林法》(以下简称《森林法》)、《中华人民共和国森林法实施条例》(以下简称《森林法实施条例》)、《森林防火条例》《森林病虫害防治条例》《城市绿化条例》等。

(二)森林资源的监督管理体制

我国在《森林法》中确立林权制度，明确林业建设方针，对森林实行分类保护。同时也规定了对森林资源监督管理检查的主要措施。

我国森林资源的监督管理体制是国务院林业主管部门主管全国林业工作，县级以上地方人民政府林业主管部门主管本地区的林业工作，乡级人民政府设专职或兼职人员负责林业工作。

(三)森林法的主要制度

《森林法》的主要法律制度有登记发证制度、档案制度、林业基金制度、采伐制度、退耕还林制度等。

森林资源保护法的主要领域有森林的保育和森林的经营管理。其中森林的保育包括加强护林工作、预防森林火灾、防治森林病虫害、林木种苗检疫、禁止毁林和封山育林；森林的经营管理包括保护经营者权益、编制经营方案、森林利用、林地占用的审批和征收森林植被恢复费。

二、典型案例分析

（一）兴山县人民检察院诉兴山县林业局不履行法定职责行政公益诉讼案①

【基本案情】

2015年5月27日，兴山县林业局（以下简称兴山局）在检查中发现某矿业公司自2013年以来，未经林业主管部门许可擅自在兴山县昭君镇李甲、张世全、李乙、李丙等人的山林中临时使用林地2025平方米用于开采矿石。兴山局遂于同日对该案立案调查，6月2日，兴山局作出林业行政处罚听证权利告知书。该公司未申请听证，兴山局于4日作出林业行政处罚决定书，对该公司处以行政处罚。2017年3月9日，宜昌市林业局在履职过程中，发现兴山局作出的行政处罚决定适用法律法规不当，行政处罚的幅度超出相关规定，责令改正，兴山局于2017年3月21日作出行政处罚撤销决定书。3月31日，兴山局重新作出林业行政处罚决定书，对该公司处以行政处罚，责令限期恢复原状。

2015年6月2日，兴山局在工作中发现某石材公司自2014年以来，未经兴山县林业主管部门初审同意，在兴山县昭君镇响滩村二组占用该村集体的1216平方米山林从事石材生产，次日对该案立案调查。2015年6月4日，兴山局作出林业行政处罚听证权利告知书。该公司未提请听证，兴山局遂于2015年6月8日下达林业行政处罚决定书，对该公司处以行政处罚。2017年3月13日，宜昌市林业局在履职过程中，发现兴山局作出的上述行政处罚决定适用法律法规不当，行政处罚的幅度超出相关规定，责令改正，兴山局于2017年3月21日作出行政处罚撤销决定书。2017年3月31日，兴山局重新作出林业行政处罚决定书，对该公司处以行政处罚。

在履行监督职责过程中，公益诉讼人发现兴山局对某矿业公司和某石材公司非法占用林地一案未依法履行监管职责，可能损害国家利益和社会公共利益，遂决定立案审查，并向兴山局发出检察建议书。此外，某矿业公司非法占用的土地为林地，该林地在2015年8月7日前属于国家公益林，某石材公司非法占用的土地也为林地，森林类别为国家公益林。截至2017年5月31日，两公司占用的林地仍未恢复原状，兴山局也没有采取积极有效措施督促其采取恢复原状的措施。

【争议焦点】

1. 本案中行政公益诉讼的主体是否适格？
2. 本案中兴山局对行政相对人涉案公司毁坏林地的行为是否存在不履行法定职责的行为？

---

① 2018年湖北法院环境资源审判十大典型案例之九，载于中国审判流程信息公开网。

【案件分析】

在本案中，兴山局作为对森林资源的保护、利用和更新实施监督和管理的行政主管部门，对涉案某矿业公司、某石材公司非法占用林地行为没有及时、准确、全面履行法定职责，未能形成有效监管，致使国家、社会公共利益长期处于受侵害的状态，兴山局作为具备法定监管职责的国家有权机关，理当继续履行监管职责，使被毁林地恢复原状，因此，公益诉讼人的诉讼请求应予支持，行政公益诉讼的主体适格。

本案的典型意义在于，本案是《全国人民代表大会常务委员会关于授权最高人民检察院在部分地区开展公益诉讼试点工作的决定》施行后本辖区首例由人民法院管辖的检察机关作为公益诉讼人提起公益诉讼试点案件。对环境行政公益诉讼案件的管辖，有利于督促行政机关依法履职，对于保护生态环境具有积极作用。在本案审理过程中，采取公开开庭、同步庭审直播和电视台转播等公开方式，最大限度地公开案件审理过程，在当地引起强烈反响，起到了审理一案、教育一片、影响一方的效果。宣判后，被告兴山局积极履行其行政管理职能，公益诉讼人的诉讼目的得以实现，其提起公益诉讼所发挥的监督效果十分明显，较好地实现了立法机关授权目的。审判机关按照公益诉讼的特点，根据生态环境是否得到明显改善等，对行政机关履行法定职责范围的判断标准进行了探索和创新，并注意在法律授权的框架内开展试点，坚持正当程序的基本原则，在作出对一方当事人不利裁决前，充分听取其辩论意见，对于人民法院在《行政诉讼法》《中华人民共和国民事诉讼法》（以下简称《民事诉讼法》）及各全国人大授权决定的框架下依法稳妥有序审理检察机关提起的公益诉讼案件具有示范意义。同时，也为审判机关和检察机关通过公益诉讼方式积极贯彻落实习近平总书记"共抓大保护，不搞大开发"的司法实践提供了样本。

（二）烟台市人民检察院诉王某生态破坏公益诉讼案①

【基本案情】

2017年，王某在上坟时因燃烧纸钱致当地发生山林火灾，过火林地面积82.09公顷，并造成5死2伤的严重后果。火灾共烧毁赤松112497株，造成直接经济损失人民币7874790元。2018年1月5日，烟台市牟平区人民法院作出刑事判决，王某因失火罪被判处有期徒刑六年零六个月，并判决其赔偿于某某等经济损失人民币31781元，赔偿杜某某等经济损失人民币105000元。同时，被烧毁的林木未进行补种，社会公共利益持续处于侵害状态。公益诉讼起诉人烟台市人民检察院提交2018年6月14日烟台市牟平区林业局出具的《牟平区王格庄镇火烧迹地生态恢复规划简介》，证明需恢复造林907亩，共需投资204.2565万元。王某对投资数额不予认可，但未提交相反证据证明，也未就生态环境修复费用向原审法院提出评估申请。

【争议焦点】

1. 本案中王某祭奠时因过失引起山火造成他人财产损失，其是否应承担责任？
2. 本案中被告人应当承担的生态环境修复责任是什么？

---

① 2019年山东省高级人民法院发布环境资源审判典型案例之一，载于山东省高级人民法院官网。

【案件分析】

《刑法》第 115 条规定："放火、决水、爆炸、投毒或者以其他危险方法致人重伤、死亡或者使公私财产遭受重大损失的，处十年以上有期徒刑、无期徒刑或者死刑。过失犯前款罪的，处三年以上七年以下有期徒刑；情节较轻的，处三年以下有期徒刑或者拘役。"《中华人民共和国消防法》（以下简称《消防法》）第 64 条规定："违反本法规定，有下列行为之一，尚不构成犯罪的，处十日以上十五日以下拘留，可以并处五百元以下罚款；情节较轻的，处警告或者五百元以下罚款；……（二）过失引起火灾的；……"。因焚烧纸钱引发山火造成他人财产损失，虽然主观并非故意，但依然要承担责任。

在本案中，王某的行为严重破坏了生态公益林，损害了当地的生态环境，侵害了环境公共利益，其应当对烧毁的公益林地进行补植复绿，尽快修复被毁坏林地的生态功能。一审法院判决被告王某于判决生效之日起十五日内赔偿生态环境修复费用 2042565 元。二审法院驳回王某的上诉，维持原判。

本案的典型意义在于，本案是一起典型的环境民事公益诉讼案件。破坏生态属于损害社会公共利益的行为，加害人应当对其破坏生态行为导致的社会公共利益损害承担相应的责任。提起环境民事公益诉讼的过程中，可以依靠在追究被告人刑事责任的过程中收集的证明来做被告人应当承担民事责任的证据，从而降低获得赔偿的难度，更有利于生态环境的保护。在加害人没有能力自行履行修复生态环境义务的情况下，考虑到生态损害应当尽快得到修复，法院可以判令加害人直接承担生态环境修复费用。此外，森林资源行政主管部门，虽然并非专业鉴定机构，但其负责当地森林资源的专门性管理，其掌握的当地森林植被情况及因火灾导致的生态损害数据等信息比较全面、客观，法院可以结合生态环境修复的具体情况，采纳相关规划中确定的修复费用。

（三）湖北省宜昌市西陵区人民检察院诉湖北省利川市林业局不履行法定职责行政公益诉讼案①

【基本案情】

溜子湾公司在申请续办使用林地手续尚未获得审批期间，违法占用林地进行矿石开采作业。利川市林业局在专项清查中发现溜子湾公司违法占用林地，遂作出林业行政执法行为，督促溜子湾公司停止露天焚烧煤矸石，并将所占林地恢复林业生产条件和植被。2015 年 12 月 14 日，利川市人民法院针对溜子湾公司法定代表人朱耀刚非法占用林地犯罪作出刑事判决。在办理刑事案件过程中，利川市人民检察院发现溜子湾公司除非法占用林地进行开采外，还违反《建设项目环境影响报告表》和利川市环境保护局审批意见的要求，采用露天焚烧煤矸石的生产工艺，直接向空气中排放大量气体污染物，导致开采区及周边影响区林木死亡及受损。但利川市林业局实施的行政执法行为和对朱耀刚的刑事处罚均仅限于溜子湾公司违法占用林地的开采区内，并未针对因煤矸石露天焚烧熏死的影响区林木采取任何行政执法措施。利川市人民检察院于 2016 年 10 月 14 日向利川市林业局发出《检察建

---

① 2018 年最高人民法院发布十起人民法院服务保障新时代生态文明建设典型案例之九，载于最高人民法院官网。

议书》。利川市林业局收到检察建议后虽多次组织相关单位和人员到开采区检查、督办煤矸石熄灭和植被恢复等工作，但对影响区林木的损毁问题仍未依法履行职责。由于溜子湾公司开采区燃烧的煤矸石未熄灭且持续向周边林木散发有害气体，58419平方米（87.7亩）影响区内仍有大片被有害气体熏死的林木，2016年12月28日，宜昌市西陵区人民检察院经指定管辖提起行政公益诉讼。

【争议焦点】

1. 本案中公益诉讼人起诉的程序是否符合要求？
2. 被告是否存在怠于履行监管职责的事实？
3. 被告的行为是否造成国家和公共利益持续受到侵害？

【案件分析】

在本案中，公安机关立案侦办的是溜子湾公司非法占用林地的刑事案件，其内容、案件性质和侦办部门均不同于本案。利川市人民检察院案件管理办公室将本案线索移送至该院民事行政检察部，但移送案件线索并不表明必然起诉。经委托调查，恩施州林业调查规划设计院于2016年9月方才出具《利川市溜子湾矿业有限责任公司元堡溜子湾矿区开采页岩矿损毁林地调查报告》，证实露天烧矿与影响区林木损毁的因果关系及影响区实情，则应自此起算6个月的起诉期限，且影响区林木的损毁仍处于持续状态，公益诉讼人于2016年12月28日向法院提起诉讼并未超出法律规定的期限。因此，公益诉讼人的起诉程序符合要求。

宜昌市西陵区人民检察院经指定管辖提起行政公益诉讼符合相关法律法规的规定。根据《森林法》和《大气污染防治法》相关规定，因露天焚烧煤矸石分别造成大气污染和森林、林木受到毁坏的，系违反不同法律规定，造成不同损害后果，理应由林业主管部门和环境保护主管部门各司其职，依法履行其相应的管理和监督职责。本案影响区的森林属于利川市林业局的管辖范围，监管该片被毁林地及督促植被恢复系利川市林业局的职责。溜子湾公司焚烧煤矸石产生的物质与影响区林木的死亡存在因果关系，利川市林业局仅就开采区作出处理，却未针对被毁坏的影响区林木做出林业行政管理和监督，而仅仅将之移送环境保护主管部门查处的行为，构成怠于履行监管职责。

溜子湾公司露天烧矿的行为致使影响区森林资源受到毁坏，涉及生态环境和林业资源保护，应属于国家利益和社会公共利益受到侵害；利川市人民检察院发出《检察建议书》履行诉前程序后，利川市林业局未履行监管职责，焚烧煤矸石的火源仍未熄灭，并持续向空中散发有害气体，导致国家利益和社会公共利益持续处于受侵害的状态。

本案的典型意义在于，本案系跨行政区划审理的环境行政公益诉讼案件，对于污染行为涉及多个行政主管部门职责情况下督促行政机关依法履行各自监管职责具有示范意义。本案依据《森林法》和《大气污染防治法》的相关规定，明确了当同一违法行为对不同性质的环境、资源造成损害时，不同行政部门应在各自的管辖范围内承担监管职责，对特定资源负有监管职责的行政机关推诿塞责、简单将案件移送其他部门处理的行为也属于行政不作为的范畴。尽管利川市林业局曾经针对涉案开采区作出过行政执法行为，但因其未继续、全面地履行监管职责，致使影响区的森林环境仍持续受到侵害，本案判决认定其未完全履行法定职责并判令其继续履职，对促进行政机关依法、及时、全面履行行政职责，切实保护国家利益和社会公共利益具有积极作用。

三、拓展阅读

1.《中华人民共和国森林法》

第4条 国家实行森林资源保护发展目标责任制和考核评价制度。上级人民政府对下级人民政府完成森林资源保护发展目标和森林防火、重大林业有害生物防治工作的情况进行考核，并公开考核结果。

地方人民政府可以根据本行政区域森林资源保护发展的需要，建立林长制。

第16条第2款 林业经营者应当履行保护、培育森林资源的义务，保证国有森林资源稳定增长，提高森林生态功能。

第47条 国家根据生态保护的需要，将森林生态区位重要或者生态状况脆弱，以发挥生态效益为主要目的的林地和林地上的森林划定为公益林。未划定为公益林的林地和林地上的森林属于商品林。

第66条 县级以上人民政府林业主管部门依照本法规定，对森林资源的保护、修复、利用、更新等进行监督检查，依法查处破坏森林资源等违法行为。

第68条 破坏森林资源造成生态环境损害的，县级以上人民政府自然资源主管部门、林业主管部门可以依法向人民法院提起诉讼，对侵权人提出损害赔偿要求。

第71条 违反本法规定，侵害森林、林木、林地的所有者或者使用者的合法权益的，依法承担侵权责任。

第72条 违反本法规定，国有林业企业事业单位未履行保护培育森林资源义务、未编制森林经营方案或者未按照批准的森林经营方案开展森林经营活动的，由县级以上人民政府林业主管部门责令限期改正，对直接负责的主管人员和其他直接责任人员依法给予处分。

2. 金瑞林，汪劲，2013. 环境与资源保护法学[M]. 3版. 北京：高等教育出版社.

3. 吕忠梅，2019. 环境法新视野[M]. 北京：中国政法大学出版社.

4. 汪劲，2018. 环境法学[M]. 4版. 北京：北京大学出版社.

第三节 草原资源保护法

一、主要知识点

(一)草原资源保护法概述

草原是在温带半干旱气候条件下以旱生多年生草本植物为主形成的植物群落。它是以中温、旱生或半旱生密丛禾草为主的植物和相应的动物等构成的一个地带性的生态系统。草原包括草山和草地，草地又分为天然草地、改良草地和人工草地。草原资源是指草地、草山及其他一切草类资源的总称。为有效保护和利用草原，我国建立了草原资源法律法规体系,包括《宪法》《中华人民共和国草原法》(以下简称《草原法》)、《草原防火条例》《全国草原火灾应急预案》和《全国草原监测工作方案》等。

(二)草原资源的监督管理体制

草原资源的监督管理体制包括常规监督管理和专门监督管理:国务院草原行政主管部门主管全国草原监督管理工作;县级以上地方人民政府草原行政主管部门,各级农牧业行政部门主管本行政区域内草原监督管理工作;乡(镇)人民政府应当加强对本行政区域内草原保护、建设和利用情况的监督检查,根据需要可以设专职或者兼职人员负责具体监督检查工作。

(三)草原资源保护法的主要制度

草原资源保护法的主要制度有草原调查统计制度,草原监测制度,草原征占用制度,基本草原保护制度,草畜平衡制度,轮牧、休牧及禁牧制度,草原权属制度。

草原资源保护法还涉及草原的建设和草原的保护,其中草原的建设包括保证草原投入、改善草原条件、建设草种基地和坚持草原治理;草原的保护包括划定自然保护区保护、保护草原植被、草原作业许可及草原防火防害。

二、典型案例分析

(一)吉林省珲春林业局诉珲春市牧业管理局草原行政登记案[①]

【基本案情】

涉案草地为岩山沟247.50公顷草原,位于吉林省珲春市板石镇湖龙村。1992年11月,林业部向吉林省珲春林业局(以下简称珲春林业局)颁发《国有林权证》,将包括涉案草原在内的林地交由其管理、占有、使用。1989年10月,珲春林业局与珲春市政府签订《牧业用地委托经营书》,同年12月,与板石乡政府签订《牧业用地委托经营书》,并依据上述两份合同给珲春市板石镇湖龙村村民委员会(以下简称湖龙村)颁发草原证,1996年换发《牧业用地使用权证》。2008年6月,珲春市牧业管理局(以下简称珲春牧业局)向湖龙村颁发面积为416.50公顷(包含涉案争议草地)的《吉林省草原使用权证》,用地范围与1996年权证一致,使用期限45年。2005年7月,国务院办公厅发布《关于发布河北柳江盆地地质遗迹等17处新建国家级自然保护区的通知》,将涉案岩山沟草地中162公顷纳入珲春东北虎国家级自然保护区范围。珲春林业局提起行政诉讼,请求依法撤销珲春牧业局颁发给湖龙村的面积为416.50公顷的《吉林省草原使用权证》。

【争议焦点】

1. 本案原告主体是否适格?
2. 本案是否应先行经过前置程序确认权属争议?
3. 被诉行政登记行为应否被撤销?

---

① 2019年度最高人民法院环境资源典型案例之八,载于最高人民法院官网。

【案件分析】

本案经审理查明，珲春林业局作为涉案林地的合法经营权人，是本案适格原告。

通过本案查明的事实，已经确定涉案林下牧业用地属于国有林范围，无权属争议。按照《最高人民法院关于行政机关颁发自然资源所有权或使用权证的行为是否属于确认行政行为的答复》，最高人民法院法释〔2003〕5号批复中的"确认"，是指当事人对自然资源的权属发生争议后，行政机关对争议的自然资源的所有权或者使用权所作的确权决定。有关土地等自然资源所有权或者使用权的初始登记，属于行政许可性质，不应包括在行政确认范畴之内。据此，行政机关颁发自然资源所有权或者使用权证书的行为不属于复议前置的情形。珲春牧业局为湖龙村颁发无登记号416.5公顷《吉林省草原使用权证》是基于珲春林业局与珲春市人民政府签订的《牧业用地委托经营书》而实施的行政许可，不属于行政确认。因此，本案不属于无须经过确认权属的前置程序。

珲春牧业局为湖龙村颁发《吉林省草原使用权证》的行为，是基于《牧业用地委托经营书》而实施的行政许可，因该经营书已于2004年11月终止，颁证行为无事实依据，程序违法。一审判决撤销上述草原使用权证。吉林省延边朝鲜族自治州中级人民法院二审维持原判。吉林省高级人民法院再审认为，珲春牧业局的颁证行为无事实依据，且涉案草地中162公顷已被纳入珲春东北虎国家级自然保护区范围，无论牧业局颁证行为是否合法，依法都应予撤销，裁定驳回再审申请。

本案的典型意义在于，本案系涉自然保护区的国有林地、草原的委托经营及确权登记纠纷。本案中，湖龙村系基于委托经营合同对涉案草地享有经营使用权，其权利性质不同于依据家庭承包方式取得的土地使用权，不得依据政策或者法律规定进行期限延长。本案的典型意义还在于，涉案草地已被划入珲春东北虎国家级自然保护区范围。自然保护区是维护生态多样性，构建国家生态安全屏障，建设美丽中国的重要载体。现行法律对自然保护区实行最严格的保护措施，人民法院在审理相关案件时，应注意发挥环境资源行政审判的监督和预防功能，对涉及环境公共利益的行政许可进行审查。本案判决基于委托经营合同性质效力以及自然保护区生态环境保护的双重考量，对涉案行政机关颁证行为予以撤销，符合保障自然保护区生态文明安全的理念和要求。

（二）黑龙江省讷河市通江街道五一村村民委员会诉苏廷祥农村土地承包合同纠纷案①

【基本案情】

2006年3月，黑龙江省讷河市通江街道五一村村民委员会（以下简称五一村委会）与苏廷祥签订一份《草原承包合同书》，将草原104亩发包给苏廷祥，期限30年，收取承包费7020元。2007年2月6日，经行政主管部门批准，黑龙江省讷河市雨亭国家城市湿地公园被列为国家城市湿地公园，苏廷祥承包的草原包含在内。2019年2月1日，讷河市自然资源局对五一村委会下发通知，要求其将包含湿地的发包合同解除、迁出承包户，恢复

---

① 2019年度最高人民法院环境资源典型案例之十七，载于最高人民法院官网。

土地原始地貌，做好湿地环境保护。五一村委会诉至法院，要求解除《草原承包合同书》，苏廷祥迁出湿地。

【争议焦点】

1. 本案中《草原承包合同书》是否真实、有效？能否解除合同？
2. 五一村委会与苏廷祥属于什么关系，五一村委会有无权利请求苏廷祥迁出湿地？

【案件分析】

经审理，本案中《草原承包合同书》是双方真实意思表示，该合同合法有效。

合同履行过程中，因涉案地块被划归为国家城市湿地公园范围内，客观情况发生了当事人在订立合同时无法预见的、非不可抗力造成的不属于商业风险的重大变化，继续履行合同目的已不能实现，合同应予解除。

在本案中，五一村委会与苏廷祥是合同双方当事人，系合同关系，五一村委会有权请求苏廷祥迁出湿地，但五一村委会应将剩余期限的承包费退还给苏廷祥。苏廷祥因迁出湿地受到损失的，可另行主张。

本案的典型意义在于，本案系草原承包合同纠纷。国家城市湿地公园是以保护湿地生态系统、合理利用湿地资源、开展湿地宣传教育和科学研究为目的，按照有关规定予以保护和管理的特定区域，具有显著的生态、文化、美学和生物多样性价值。根据《国家湿地公园管理办法》第19条规定，禁止在湿地公园内擅自放牧、捕捞、取土、取水、排污、放生。涉案《草原承包合同书》所涉草地被划入国家城市湿地公园范围，继续履行将违反法律规定，破坏湿地及其生态功能。人民法院在确认合同解除、发包人退还剩余承包费、承包人迁出湿地的同时，释明承包人因此受到损失的，可另行主张，兼顾了当事人合法利益与生态环境保护的关系，对类案审理具有较好的借鉴意义。

(三) 霍林郭勒市人民检察院诉霍林郭勒市农牧林业局环境保护行政管理公益诉讼案[①]

【基本案情】

2017年，周树海因犯非法占用农用地罪被判处刑罚。2018年，霍林郭勒市人民检察院向市农牧林业局发出检察建议书，要求其依法履行监管职责，及时采取必要措施，恢复被周树海非法开垦破坏的822.67亩草原植被。至本案起诉，该草原植被仍尚未恢复，检察机关提起行政公益诉讼。

【争议焦点】

1. 本案中，行政机关是否属于行政行为违法或不作为？
2. 行政机关承担恢复治理的监管职责应该如何履行？

【案件分析】

经审理，本案中行政机关履职未到位，使国家和社会公共利益处于被侵害状态，属于

---

① 2020年内蒙古高院发布全区法院环境资源审判典型案例之三，载于内蒙古高级人民法院官网。

行政行为违法或不作为。

关于行政机关承担恢复治理的监管职责应该如何履行的问题，在本案中，法院判决责令霍林郭勒市农牧林业局依法继续履行草原治理监管职责；全面恢复被周树海非法开垦破坏的草原植被，直至与周边植被相协调。

本案的典型意义在于，本案是对破坏草原监管不力引发的行政公益诉讼案件。人民法院助推退耕还林还草、水土保持等重点生态建设工程顺利实施，督促行政机关依法行政。本案在审理中重视司法公开和公众参与，邀请行政机关人员及当地群众旁听庭审，"法检两长"担任审判长和公益诉讼起诉人，农牧林业局局长出庭应诉，当庭宣判。有助于行政机关积极履行行政职责，减少或杜绝慢作为、不作为，对落实草原生态保护责任，推动完善我国环境治理体系的发展有着重要意义。

三、拓展阅读

1.《中华人民共和国草原法》

第8条　国务院草原行政主管部门主管全国草原监督管理工作。

县级以上地方人民政府草原行政主管部门主管本行政区域内草原监督管理工作。

乡（镇）人民政府应当加强对本行政区域内草原保护、建设和利用情况的监督检查，根据需要可以设专职或者兼职人员负责具体监督检查工作。

第9条　草原属于国家所有，由法律规定属于集体所有的除外。国家所有的草原，由国务院代表国家行使所有权。

任何单位或者个人不得侵占、买卖或者以其他形式非法转让草原。

第16条　草原所有权、使用权的争议，由当事人协商解决；协商不成的，由有关人民政府处理。

单位之间的争议，由县级以上人民政府处理；个人之间、个人与单位之间的争议，由乡（镇）人民政府或者县级以上人民政府处理。

当事人对有关人民政府的处理决定不服的，可以依法向人民法院起诉。

在草原权属争议解决前，任何一方不得改变草原利用现状，不得破坏草原和草原上的设施。

第30条　县级以上人民政府应当有计划地进行火情监测、防火物资储备、防火隔离带等草原防火设施的建设，确保防火需要。

第45条　国家对草原实行以草定畜、草畜平衡制度。县级以上地方人民政府草原行政主管部门应当按照国务院草原行政主管部门制定的草原载畜量标准，结合当地实际情况，定期核定草原载畜量。各级人民政府应当采取有效措施，防止超载过牧。

第61条　草原行政主管部门工作人员及其他国家机关有关工作人员玩忽职守、滥用职权，不依法履行监督管理职责，或者发现违法行为不予查处，造成严重后果，构成犯罪的，依法追究刑事责任；尚不够刑事处罚的，依法给予行政处分。

第73条　对违反本法有关草畜平衡制度的规定，牲畜饲养量超过县级以上地方人民政府草原行政主管部门核定的草原载畜量标准的纠正或者处罚措施，由省、自治区、直辖市人民代表大会或者其常务委员会规定。

2. 张璐,2018.环境与资源保护法学[M].3版.北京:北京大学出版社.
3. 金瑞林,汪劲,2013.环境与资源保护法学[M].3版.北京:高等教育出版社.

第四节 矿产资源法

一、主要知识点

(一)矿产资源法概述

矿产资源,又名矿物资源,是指经过地质成矿作用而形成的,天然赋存于地壳内部或地表埋藏于地下或出露于地表,呈固态、液态或气态的,并具有开发利用价值的矿物或有用元素的集合体。矿产资源一般分为能源矿产、金属矿产、非金属矿产和水气矿产四大类。矿产资源是人类赖以生存和发展的生产资料和生活资料的重要来源,是国家经济建设的重要物质基础。

矿产资源保护既是国家的一项重要技术政策,又是矿山生产部门的一项重要任务,必须依照国家统一制定的矿产资源保护条例,由专门机构进行监督检查,同时发动广大职工做好这项工作。

为有效保护和管理我国矿产资源,规范其开发利用,我国于1986年3月19日通过并公布了《中华人民共和国矿产资源法》(以下简称《矿产资源法》),后于1996年、2009年经过两次修正。

(二)矿产资源的监督管理体制

我国矿产资源保护实行主管与协管相结合的监督管理体制:国务院代表国家行使矿产资源所有权,并授权原国土资源部具体实施矿产资源所有权和相关管理权,具体主管全国矿产资源勘查、开采的监督管理工作,国务院有关主管部门协助其进行矿产资源勘查、开采的监督管理工作。

省、自治区、直辖市人民政府国土资源部门主管本行政区域内矿产资源勘查、开采的监督管理工作,省、自治区、直辖市人民政府有关主管部门协助其进行矿产资源勘查、开采的监督管理工作。

设区的市人民政府、自治州人民政府和县级人民政府及其负责管理矿产资源的部门,依法对本级人民政府批准开办的国有矿山企业和本行政区域内的集体所有制矿山企业、私营矿山企业、个体采矿者以及在本行政区域内从事勘查施工的单位和个人进行监督管理,依法保护探矿权人、采矿权人的合法权益。

上级地质矿产主管部门有权对下级地质矿产主管部门违法的或者不适当的矿产资源勘查、开采管理行政行为予以改变或者撤销。

(三)矿产资源的主要制度

1. 探矿权、采矿权有偿取得制度

依据《矿产资源法》的有关规定:国家实行探矿权、采矿权有偿取得的制度。开采矿产资源，必须按照有关规定缴纳资源税和资源补偿费，其具体征收办法依照《探矿权采矿权使用费和价款管理办法》执行。

2. 矿产资源登记制度

根据《矿产资源法》《矿产资源法实施细则》《矿产资源勘查区块登记管理办法》和《矿产资源开采登记管理办法》，国家建立矿产资源登记制度，具体内容包括勘查区块登记管理和开采登记管理。

3. 矿产资源信息管理制度

根据《矿产资源法》第14条的规定，国家建立矿产资源信息管理制度，矿产资源勘查成果档案资料和各类矿产储量的统计资料，实行统一管理，按照国务院规定汇交或者填报。其具体内容主要有资料的汇交管理、储量登记资料的档案管理、资料的保管与使用。

二、典型案例分析

（一）云南得翔矿业有限责任公司诉云南省镇康县人民政府地矿行政补偿案①

【基本案情】

云南得翔矿业有限责任公司（以下简称得翔公司）系镇康县麦地河铅锌矿详查探矿权人，该探矿权最后一次延续的有效期为2010年6月28日至2012年6月28日。2011年8月，云南省发展和改革委员会批复同意镇康县中山河水库工程建设。得翔公司探矿权所涉项目位于上述水库的水源保护区范围内。云南省镇康县人民政府（以下简称镇康县人民政府）先后两次函告得翔公司，勘察许可证到期后，不再申报延续登记。2014年6月，双方委托鉴定机构所对涉案探矿权进行评估，鉴定意见确定该探矿权价值3053.18万元。得翔公司提起行政诉讼，请求镇康县人民政府补偿其经济损失3053.18万，勘探支出本息1363.42万元，2012年至2017年11月支出的员工工资86.05万元，鉴定费10万元。

【争议焦点】

1. 得翔公司探矿权取得在先，但其有效期届满后，镇康县人民政府基于饮用水水源地保护需要不再申报延续登记，是否损害了该公司利益？

2. 得翔公司主张的补偿项目中，探矿权实现后的预期收益，是否属于实际损失？应否予以支持？

【案件分析】

经审理，本案中镇康县人民政府函告取消水源保护区内所有矿业权，对得翔公司探矿权不再申报延续登记的行为，对得翔公司的权利义务产生实际影响，损害该公司利益，得翔公司有权提起行政补偿诉讼。得翔公司主张的补偿项目中，探矿权实现后的预期收益，不属于实际损失，不予支持；为勘探支付的勘探成本及利息、人工工资等损失，结合实际

---

① 最高人民法院2019年生态环境保护典型案例，载于最高人民法院网。

情况，酌情支持。一审判决，镇康县人民政府补偿得翔公司损失214.60万元。云南省高级人民法院二审维持原判。

本案的典型意义在于，本案系因饮用水水源地退出探矿权引发的行政补偿案件。饮用水安全与人民群众生命健康息息相关。2017年修订的《水污染防治法》重申了饮用水水源保护区制度，禁止在饮用水水源二级保护区内新建、改建、扩建排放污染物的建设项目；已建成的排放污染物的建设项目，由县级以上人民政府责令拆除或者关闭。本案中，虽得翔公司探矿权取得在先，但其有效期届满后，镇康县人民政府基于饮用水水源地保护需要不再申报延续登记，符合环境公共利益。人民法院依法支持行政机关不再延续探矿权期限决定，同时判令对得翔公司实际损失予以合理补偿，实现了保护人民群众公共饮水安全和探矿权人财产权益之间的平衡。

（二）江西省安义县人民检察院诉安义县国土资源局不履行矿山地质环境保护职责案①

【基本案情】

2016年2月至2017年6月，徐庆明在没有办理采矿许可证和占用林地手续的情况下，雇佣他人擅自对犁头山山体进行采矿。安义县国土资源局先后六次向其下达《制止违反矿产资源法规行为通知书》，要求其停止违法开采行为。2017年11月，江西省安义县人民检察院向安义县国土资源局发出检察建议。嗣后，安义县国土资源局虽陆续采取措施，但徐庆明未完全按照恢复治理方案进行恢复治理。所涉地区矿山地质环境状况仍未得到根本改善。江西省安义县人民检察院提起行政公益诉讼，要求安义县国土资源局全面履行矿山地质环境保护的法定职责。

【争议焦点】

1. 徐庆明的行为是否构成非法采矿罪？
2. 安义县国土资源局是否应该承担恢复安义县犁头山地区生态环境的职责？

【案件分析】

经审理，本案中徐庆明系个体采矿人员，且具备刑事责任能力，其以牟利为目的，非法采矿，造成矿产资源损失，损害了国家矿产资源的所有权，构成非法采矿罪。另外，安义县国土资源局负有保护和监管涉案地区矿山地质环境的法定职责，其虽先后对徐庆明非法采矿行为履行了一定的监管职能，但在公益诉讼起诉人提起本案诉讼前，未督促徐庆明按照恢复治理方案进行恢复治理，也未责令徐庆明缴纳土地复垦费用、代为组织复垦，涉案矿山地区至今仍土层、矿石裸露，地质环境状况未得到根本改善影响，给周边环境及居民生活带来安全隐患，国家利益和社会公共利益仍处于受侵害状态。一审判决，责令安义县国土资源局履行矿山地质环境保护职责，按照恢复治理方案恢复安义县犁头山地区的生态环境。

本案的典型意义在于，本案系对非法采矿行为监管不力导致矿山地质环境破坏引发的

---

① 最高人民法院2019年生态环境保护典型案例，载于最高人民法院网。

环境行政公益诉讼案件。非法采矿行为不仅严重侵害国家对矿产资源的所有权,造成矿业权税费流失,而且极易造成矿产资源的乱采滥挖,导致环境污染和生态破坏。安义县国土资源局作为行政主管部门,对矿山地质环境遭受破坏后的修复治理具有监督、管理义务。尽管其已经针对涉案非法采矿行为采取相关措施,但因未继续、全面地履行监管职责,矿山地质环境仍持续受到侵害。本案判决认定行政机关未完全履行法定职责并判令其继续履职,对促进行政机关依法、及时、全面履行职责,维护矿山生态环境安全,切实保护国家利益和社会公共利益具有积极作用。

(三)赵成春等六人非法采矿案①

【基本案情】

2013年春节后,被告人赵成春与被告人赵来喜经共谋,由赵成春负责在长江镇江段采砂,赵来喜以小船每船1500元、大船每船2400元的价格收购。2013年3月至2014年1月,赵成春在未办理河道采砂许可证的情况下,雇佣被告人李兆海、李永祥在长江镇江段119号黑浮下游锚地附近水域使用吸砂船非法采砂,将江砂直接吸到赵来喜的两艘货船上,后分别由赵来喜的雇工被告人赵加龙、徐培金等人驾船将江砂运输至赵来喜事先联系好的砂库予以销售。经鉴定,涉案江砂成分主要为石英砂,属于非金属矿产。赵成春、赵来喜、李兆海、李永祥非法采砂38万余吨,造成国家矿产资源破坏价值152万余元。赵加龙参与非法采砂22万余吨,价值90万余元;徐培金参与非法采砂15万余吨,价值62万余元。

【争议焦点】

1. 赵成春是否构成非法采矿罪?
2. 赵来喜作为受雇佣人员,应不应当定性为非法采矿罪共同犯罪?

【案件分析】

经审理,本案中赵成春等被告人违反《矿产资源法》的规定,在未取得河道采砂许可证的情况下,在长江禁采区水域非法采砂,情节严重,其行为均已构成非法采矿罪。另外,根据《最高人民法院、最高人民检察院关于办理非法采矿、破坏性采矿刑事案件适用法律若干问题的解释》,对受雇佣为非法采矿、破坏性采矿犯罪提供劳务的人员,除参与利润分成或者领取高额固定工资的以外,一般不以犯罪论处,但曾因非法采矿、破坏性采矿受过处罚的除外。实践中,对非法采砂活动中受雇佣人员的责任认定,除结合其参与利润分成、领取高额固定工资或者曾因非法采砂行为受过处罚外,还应参考其在整个犯罪中所起作用大小和主观过错,从以下几个方面综合分析评价:①是否明知他人未取得采砂许可,仍为其提供开采、装卸、运输、销售等帮助行为;②是否听命于雇主,是否具有一定自主管理职责;③是否多次逃避检查或者采取通风报信等方式帮助逃避检查。通过综合评价,本案中,赵来喜构成共同犯罪,应当依法追究刑事责任。依照《刑法》第343条第1款、第25条第1款、第67条第3款、第64条及《最高人民法院、最高人民检察院关于办理非法

---

① 最高人民法院2019年长江流域生态环境司法保护典型案例,载于最高人民法院网。

采矿、破坏性采矿刑事案件适用法律若干问题的解释》第2条第1项、第3条第1款第1项、第7条等规定，分别判处被告人赵成春、赵来喜有期徒刑三年六个月，并处罚金20万元；分别判处被告人李兆海、李永祥有期徒刑六个月，缓刑一年，罚金2万元；分别判处被告人赵加龙、徐培金罚金1.8万元、1.6万元。被告人违法所得1425200元予以追缴，吸砂船予以没收。

本案的典型意义在于，非法开采江砂等环境资源的行为，不仅破坏河床影响河流的生态环境，而且最终损害的是人民群众的环境利益和流域周边的生态安全。对非法挖采河流矿砂的犯罪行为依法进行公开审理审判，表明了人民法院坚定履行职责，积极响应习近平总书记"既要金山银山，又要绿水青山"的指示，是人民法院为保护生态环境、维护人民群众的环境利益、依法惩处环境犯罪行为的有力彰显，昭示着国家司法力量在生态环境保护领域应当肩负的职责和使命。作为新司法解释出台后镇江市的第一起非法采矿案件，本案有着典型意义和示范作用。

三、拓展阅读

1. 周珂，孙佑海，王灿发，等，2019. 环境与资源保护法[M]. 4版. 北京：中国人民大学出版社.

2. 秦天宝，2013. 环境法——制度·学说·案例[M]. 武汉：武汉大学出版社.

3.《中华人民共和国矿产资源法》

第3条 矿产资源属于国家所有，由国务院行使国家对矿产资源的所有权。地表或者地下的矿产资源的国家所有权，不因其所依附的土地的所有权或者使用权的不同而改变。

国家保障矿产资源的合理开发利用。禁止任何组织或者个人用任何手段侵占或者破坏矿产资源。各级人民政府必须加强矿产资源的保护工作。

勘查、开采矿产资源，必须依法分别申请、经批准取得探矿权、采矿权，并办理登记；但是，已经依法申请取得采矿权的矿山企业在划定的矿区范围内为本企业的生产而进行的勘查除外。国家保护探矿权和采矿权不受侵犯，保障矿区和勘查作业区的生产秩序、工作秩序不受影响和破坏。

从事矿产资源勘查和开采的，必须符合规定的资质条件。

4.《最高人民法院、最高人民检察院关于办理非法采矿、破坏性采矿刑事案件适用法律若干问题的解释》

第7条 明知是犯罪所得的矿产品及其产生的收益，而予以窝藏、转移、收购、代为销售或者以其他方法掩饰、隐瞒的，依照《刑法》第312条的规定，以掩饰、隐瞒犯罪所得、犯罪所得收益罪定罪处罚。

实施前款规定的犯罪行为，事前通谋的，以共同犯罪论处。

5.《中华人民共和国刑法》

第343条 【非法采矿罪】违反矿产资源法的规定，未取得采矿许可证擅自采矿，擅自进入国家规划矿区、对国民经济具有重要价值的矿区和他人矿区范围采矿，或者擅自开采国家规定实行保护性开采的特定矿种，情节严重的，处三年以下有期徒刑、拘役或者管制，并处或者单处罚金；情节特别严重的，处三年以上七年以下有期徒刑，并处罚金。

【破坏性采矿罪】违反矿产资源法的规定，采取破坏性的开采方法开采矿产资源，造成矿产资源严重破坏的，处五年以下有期徒刑或者拘役，并处罚金。

6. 汪劲，2018. 环境法学[M]. 4版. 北京：北京大学出版社.

7. 张璐，2018. 环境与资源保护法学[M]. 3版. 北京：北京大学出版社.

第五节　水资源保护法

一、主要知识点

(一) 水资源保护法概述

水是自然环境的基本要素，广义上的水资源是指地球上水圈内水量的总体，包括经人类控制并直接可供灌溉、发电、给水、航运、养殖等用途的地表水和地下水，以及江河、湖泊、井、泉、潮汐、港湾和养殖水域等。狭义上的水资源是指淡水资源，即在一定经济条件下可以被人类利用的淡水总称。水资源是人类及一切生物赖以生存的必不可少的重要物质，也是工、农业生产中不可替代的宝贵资源。

为了合理开发利用和保护水资源，防治水害，充分发挥水资源的综合效益，我国建立了水资源法律法规体系，包括《宪法》《中华人民共和国水法》（以下简称《水法》）、《中华人民共和国水土保持法》（以下简称《水土保持法》）、《中华人民共和国水污染防治法》（以下简称《水污染防治法》）、《中华人民共和国防洪法》（以下简称《防洪法》）、《取水许可和水资源费征收管理条例》《国务院关于实行最严格水资源管理制度的意见》等。

(二) 水资源保护的监督管理体制

国家对水资源实行流域管理与行政区域管理相结合的管理体制：国务院水行政主管部门负责全国水资源的统一管理和监督工作，县级以上地方人民政府水行政主管部门按照规定的权限，负责本行政区域内水资源的统一管理和监督工作。国务院水行政主管部门在国家确定的重要江河、湖泊设立的流域管理机构，在所管辖的范围内行使法律、行政法规规定的和国务院水行政主管部门授予的水资源管理和监督职责。

(三) 水资源保护的主要制度

1. 水资源有偿使用制度

《水法》第7条规定，国家对水资源依法实行取水许可制度和有偿使用制度。《水法》第48条规定，直接从江河、湖泊或者地下取用水资源的单位和个人，应当按照国家取水许可制度和水资源有偿使用制度的规定，向水行政主管部门或者流域管理机构申请领取取水许可证，并缴纳水资源费，取得取水权。

2. 水功能区划制度

依据《水法》第32条和《水功能区监督管理办法》的规定，国家建立水功能区划制度。

国务院水行政主管部门负责组织全国水功能区的划分；长江、黄河、淮河、海河、珠江、松辽、太湖七大流域管理机构会同有关省、自治区、直辖市水行政主管部门负责国家确定的重要江河、湖泊以及跨省、自治区、直辖市的其他江河、湖泊的水功能一级区的划分，并按照有关权限负责直管河段水功能二级区的划分；其余由县级以上地方人民政府水行政主管部门组织划分。水功能区划经批准后不得擅自变更，相关部门应按照水功能区划，规范和管理水资源，促进水资源的可持续利用。

3. 饮用水水源保护区制度

依据《水法》第33条规定，国家建立饮用水水源保护区制度。省、自治区、直辖市人民政府应当划定饮用水水源保护区，并采取措施，防止水源枯竭和水体污染，保证城乡居民饮用水安全；禁止在饮用水水源保护区内设置排污口，在江河、湖泊新建、改建或者扩大排污口，应当经过有管辖权的水行政主管部门或者流域管理机构同意，由环境保护行政主管部门负责对该建设项目的环境影响报告书进行审批。

4. 用水总量控制制度

根据《水法》《中共中央 国务院关于加快水利改革发展的决定》等相关规定，国家建立用水总量控制制度。确立水资源开发利用控制红线，抓紧制定主要江河水量分配方案，建立取用水总量控制指标体系。

加强相关规划和项目建设布局水资源论证工作，国民经济和社会发展规划以及城市总体规划的编制、重大建设项目的布局，要与当地水资源条件和防洪要求相适应。强化水资源统一调度，协调好生活、生产、生态环境用水，完善水资源调度方案、应急调度预案和调度计划。建立和完善国家水权制度，充分运用市场机制优化配置水资源。

二、典型案例分析

(一)碌曲县人民检察院诉碌曲县水务水电局行政公益诉讼案①

【基本案情】

2005年8月28日，洮河上游明珠水电有限责任公司(以下简称明珠公司)投资修建的阿拉山水电站开始发电投入生产。根据国家资源有偿使用原则和相关规定，作为用水单位的明珠公司应无条件缴纳水资源费，但该公司未予缴纳。2011年4月18日，碌曲县人民政府责令职能部门追缴，但碌曲县水务水电局并未采取有效执法行为。在碌曲县人民检察院发出督促其履行法定职责的诉前检察建议后，碌曲县水务水电局仅发出相应的执法文书，并未依法采取相应执法措施，造成国有资产的持续流失，碌曲县人民检察院督促整改无效，国家利益仍处于被侵害状态，碌曲县人民检察院提起本案行政公益诉讼。

【争议焦点】

1. 本案是否属于生态环境和公共利益保护的公益性质案件？
2. 碌曲县水务水电局的监督管理职责是否充分到位？是否有必要继续履行职责？

---

① 最高人民法院2020年黄河流域生态环境司法保护典型案例之八，载于最高人民法院网。

【案件分析】

经审理，至本案起诉时，明珠公司仍未缴纳水资源费，碌曲县水务水电局作为水资源费征收部门，虽在一定程度上履行了征收职责，但未采取相应有效的执法措施，未充分全面履行处罚和征收职责，导致国家利益仍处于被侵害状态，碌曲县水务水电局仍然有必要继续履行职责。法院判决碌曲县水务水电局在判决生效后六十日内继续履行法定职责，向明珠公司依法征收水资源费。

本案的典型意义在于，本案系检察机关诉水务水电局未全面履行处罚征收职责行政公益诉讼案件。水资源属于国家所有。黄河流域水资源短缺，人民法院应当树立严格贯彻最严格水资源管理制度的理念，落实水资源有偿使用原则，促进水资源的可持续利用，保障经济社会可持续发展。本案中，碌曲县水务水电局未充分全面履行处罚和征收职责，导致国家水资源权益长期处于被侵害状态。人民法院依法判令行政机关对长期不缴纳水资源费的水电站全面履行水资源利用监管和征缴法定职责，督促行政机关严格执行水资源开发利用控制红线，切实落实水资源有偿使用制度，对水资源节约、保护与合理开发利用起到监督和引导作用。

（二）湖南省岳阳市君山区人民检察院诉何某焕、孙某秋非法捕捞水产品刑事附带民事公益诉讼案①

【基本案情】

2018年3月27日，被告人何某焕、孙某秋驾驶渔船至长江岳阳段君山银沙滩、孙梁洲附近水域非法捕捞，何某焕负责驾船、控制发电机设备，孙某秋负责使用电舀子电鱼、舀鱼，被当场查获非法捕捞渔获物165.58斤。湖南省岳阳市君山区人民检察院以何某焕、孙某秋犯非法捕捞水产品罪提起公诉，并提起附带民事公益诉讼，请求判令二人连带承担恢复原状和赔偿生态环境修复费用的民事责任。

【争议焦点】

1. 原告主体是否适格？
2. 两被告犯罪行为是否构成共同犯罪？

【案件分析】

经审理，根据《民事诉讼法》中关于公益诉讼主体资格规定：对污染环境、侵害众多消费者合法权益等损害社会公共利益的行为，法律规定的机关、有关组织可以向人民法院提起诉讼，湖南省岳阳市君山区人民检察院提起公益诉讼的主体适格。另外，被告人何某焕、孙某秋违反保护水产资源法规，在禁渔期、禁渔区使用禁止使用的工具非法捕捞水产品，情节严重，构成非法捕捞水产品罪，其二人均系主犯；其非法捕捞行为损害作业范围内环境公共利益，应当连带承担生态环境损害赔偿责任。一审法院分别判处被告人何某焕、孙某秋拘役2个月，缓刑6个月，没收电捕鱼作案工具；责令其二人将4762元生态修复费用交付有关渔政部门购买幼鱼，投放于案发水域。一审判决已发生法律效力。

---

① 最高人民法院2020年生态环境保护典型案例，载于最高人民法院网。

本案典型意义在于，本案系洞庭湖环境资源法庭挂牌成立以来集中管辖审理的第一起非法捕捞水产品案件。本案系在洞庭湖水系非法捕捞水产品引发的刑事附带民事公益诉讼案件。被告人采用电捕鱼非法作业方式，严重影响作业范围内各类水生动物种群繁衍，破坏洞庭湖和长江流域水生物资源和水生态环境。人民法院在追究当事人刑事责任的同时，判令其将生态修复费用交付渔政部门，由渔政部门购买幼鱼、代为履行"增殖放流"，创新生态环境损害赔偿责任执行方式，有利于促进司法与行政执法机关的协调联动，确保受损水生生物资源和水生态得到及时有效修复。

（三）山东省庆云县人民检察院诉庆云县水利局怠于履行职责案[①]

【基本案情】

2018年8月至9月，庆云县人民检察院对庆云县水资源监管开展专项调查时发现，庆云县餐饮店、洗车店普遍存在违法取水现象。庆云县水利局作为水行政主管部门，怠于履行水资源监督管理职责，既未督促经营业户依法办理取水许可证、安装取用水计量设施、缴纳水资源费，也未依法查处其违法取水行为，致使国家利益持续处于受侵害状态。2018年9月3日报经检察长决定立案。2018年9月6日，庆云县人民检察院向行政机关发出检察建议，建议其依法履行水资源监督管理职责。2018年11月5日，行政机关作出书面回复，称非法取水问题已经整治到位，但检察机关在跟进调查中发现，某汽车美容服务中心仍违法取用地下水洗车。2019年4月30日，检察机关向庆云县人民法院提起诉讼，请求判令庆云县水利局依法继续履行监管职责，对该汽车美容服务中心非法取水行为进行查处。庆云县人民法院于2019年5月7日立案，2019年9月24日组织庭前证据交换，2019年11月4日开庭审理，11月13日判决被告已履职到位答辩主张不能成立，公益诉讼起诉人的诉讼请求应予支持。

【争议焦点】

1. 人民检察院是否具备公益诉讼起诉人资格？
2. 行政机关是否完全履职？

【案件分析】

经审理，检察机关请求判决被告依法继续履行监管职责的诉讼请求，符合行政诉讼法有关不履责之诉中诉讼请求的规定，其具备公益诉讼起诉人资格。依照《行政诉讼法》第72条的规定，判决如下：责令被告庆云县水利局在本判决书生效之日起十五个工作日内继续对车码头洗车店履行监管查处职责。案件受理费50元，由被告庆云县水利局负担。

本案的典型意义在于，《山东省水资源条例》2018年1月1日实施，其中明确规定，对已有的地下水取水工程，由县级以上人民政府水行政主管部门会同有关部门制定方案，限期封闭，并统一规划建设替代水源，调整取水布局。检察机关根据《条例》制发检察建议，督促行政机关履行水资源监督管理职责。法院在判决书中明确了应从行政机关是否采取有效措施制止违法行为、行政机关是否依法全面及时运用行政监管手段、国家利益或社

[①] 最高人民检察院2019年度十大检察公益诉讼典型案例，载于最高人民检察院网。

会公共利益是否得到有效保护三个方面对行政机关是否履职到位进行综合判断。相关司法文书论证分析的结构层次清晰、语言规范；并采取实质合法性标准审查被诉行政行为，具有重大的理论与实务价值。另外，本案督促查处涉水违法行为，利于警示教育社会，依法维护水资源；依法督促水务行政机关履职，助力法治政府建设；以点带面，凝聚维护公益合力。

三、拓展阅读

1. 秦天宝，2013. 环境法——制度·学说·案例[M]. 武汉：武汉大学出版社.

2.《中华人民共和国水法》

第 59 条　县级以上人民政府水行政主管部门和流域管理机构应当对违反本法的行为加强监督检查并依法进行查处。

水政监督检查人员应当忠于职守，秉公执法。

第 69 条　有下列行为之一的，由县级以上人民政府水行政主管部门或者流域管理机构依据职权，责令停止违法行为，限期采取补救措施，处二万元以上十万元以下的罚款；情节严重的，吊销其取水许可证：

（一）未经批准擅自取水的；

（二）未依照批准的取水许可规定条件取水的。

3.《取水许可和水资源费征收管理条例》

第 48 条　未经批准擅自取水，或者未依照批准的取水许可规定条件取水的，依照《中华人民共和国水法》第 69 条规定处罚；给他人造成妨碍或者损失的，应当排除妨碍、赔偿损失。

4.《中华人民共和国行政诉讼法》

第 75 条　行政行为有实施主体不具有行政主体资格或者没有依据等重大且明显违法情形，原告申请确认行政行为无效的，人民法院判决确认无效。

5.《最高人民法院、最高人民检察院关于检察公益诉讼案件适用法律若干问题的解释》

第 21 条　人民检察院在履行职责中发现生态环境和资源保护、食品药品安全、国有财产保护、国有土地使用权出让等领域负有监督管理职责的行政机关违法行使职权或者不作为，致使国家利益或者社会公共利益受到侵害的，应当向行政机关提出检察建议，督促其依法履行职责。

行政机关应当在收到检察建议书之日起两个月内依法履行职责，并书面回复人民检察院。出现国家利益或者社会公共利益损害继续扩大等紧急情形的，行政机关应当在十五日内书面回复。

行政机关不依法履行职责的，人民检察院依法向人民法院提起诉讼。

6. 周珂，孙佑海，王灿发，等，2019. 环境与资源保护法[M]. 4 版. 北京：中国人民大学出版社.

第六节 海洋资源保护法

一、主要知识点

(一)海洋资源保护法概述

海洋资源是指海洋中的生产资料和生活资料的天然来源。海洋资源包括海洋矿物资源、海水化学资源、海洋生物(水产)资源和海洋动力资源四项。海洋矿物资源主要有石油、煤、铁、铝矾土、锰、铜、石英岩等。海水化学资源主要有氯、钠、镁、硫、碘、铀、金、镍等,它们溶解在海水中,其性质同海洋矿物资源一样,都是矿物资源(区别于生物资源),但其开发方法同海洋矿物资源的方法完全不同。

海洋资源保护是指通过区划、规划和一系列综合管理措施,使海洋资源可以持续利用和不受破坏的所有行为。海洋资源保护是为了确保海洋生态环境和海洋经济相互协调,共同发展,我们应充分认识到加强海洋环境保护的关键性。

为了保护和改善海洋环境,保护海洋资源,防治污染损害,维护生态平衡,保障人体健康,促进经济社会的可持续发展,我国于1982年公布《中华人民共和国海洋环境保护法》(以下简称《海洋环境保护法》),后经过1999年、2016年、2017年三次修订,于2017年11月5日施行。

(二)海洋资源保护的监督管理体制

国务院环境保护行政主管部门作为对全国环境保护工作统一监督管理的部门,有权对其他有关部门的海洋环境保护工作予以指导,协调各部门在海洋环境保护工作中的行动,并负责全国防治陆源污染物和海岸工程建设项目对海洋污染损害的环境保护工作。

《海洋环境保护法》规定,行使海洋环境监督管理权的部门可以在海上实行联合执法,毗邻重点海域的有关沿海省、自治区、直辖市人民政府及行使海洋环境监督管理权的部门,可以建立海洋环境保护区域合作组织,负责实施重点海域区域性海洋环境保护规划、海洋环境污染的防治和海洋生态保护工作。

(三)海洋资源保护的主要制度

1. 海洋功能区划和海洋环境保护规划制度

海洋功能区划,是指为了合理使用海域和科学开发海洋资源,依照海洋的自然属性和社会属性以及资源和环境的特定条件所做的主导功能和适用范围的划分,是一种重要的环境功能区划。海洋功能区划的范围包括我国享有主权和管辖权的全部海域、岛屿和必要依托的陆域。

国务院根据海洋功能区划制定全国海洋环境保护规划和重点海域区域性海洋环境保护规划。海洋环境保护规划是海洋功能区划的基础,即需要根据不同海域的功能来确定海洋环境保护的整体规划。海洋环境保护规划是海洋环境保护工作的基础和行动方案,制定海洋环境保护规划，有利于海洋环境保护工作有计划、有目的地进行。海洋环境保护规划主要包括海洋环境保护目标、具体目标方案、海洋环境保护的主要任务、对各部门和沿海各地区的要求、海洋环境保护主要措施和海洋环境保护投资等内容。

2. 重点海域污染物总量控制制度

《海洋环境保护法》第3条规定，国家建立并实施重点海域排污总量控制制度，确定主要污染物排放总量控制指标，并对主要污染源分配排放控制数量。重点海域是指国家重点保护的海域和已受到严重污染的海域，由《全国海洋功能区划》划定。受控的主要污染物种类是对海域环境质量恶化起主要作用的污染物。有些地方性法规如《山东省海洋环境保护条例》《福建省海域使用管理条例》也规定了较为详细的重点海域污染物总量控制制度。

3. 船舶油污保险和损害赔偿基金制度

我国《海洋环境保护法》第66条规定，国家完善并实施船舶油污损害民事赔偿责任制度；按照船舶油污损害赔偿责任由船东和货主共同承担风险的原则，建立船舶油污保险、油污损害赔偿基金制度，其实施的具体办法由国务院规定。《防治船舶污染海洋环境管理条例》按照《海洋环境保护法》的相关规定，参照相关国际条约，进一步明确了我国的船舶污染事故损害赔偿机制制度框架和原则要求，采用船舶所有人投保船舶油污损害保险和石油货主摊款设立船舶油污损害赔偿基金的方式，解决船舶油污引起的环境污染及损害赔偿问题，推动了船舶油污损害赔偿机制的建立。

二、典型案例分析

（一）北海市乃志海洋科技有限公司诉北海市海洋与渔业局海洋行政处罚案①

【基本案情】

2016年7月至9月，北海市乃志海洋科技有限公司（以下简称乃志公司）在未依法取得海域使用权的情形下，对其租赁的海边空地（实为海滩涂）利用机械和车辆从外运来泥土、建筑废料进行场地平整，建设临时码头，形成陆域，准备建设冷冻厂。2017年10月，北海市海洋与渔业局（以下简称北海海洋渔业局）对该围填海施工行为进行立案查处，测定乃志公司填占海域面积为0.38公顷。经听取乃志公司陈述申辩意见，召开听证会，并经两次会审，北海海洋渔业局认定乃志公司填占海域行为违法，于2018年4月作出行政处罚，责令乃志公司退还非法占用海域，恢复海域原状，并处非法占用海域期间内该海域面积应缴纳海域使用金十五倍计256.77万元的罚款。乃志公司不服，提起行政诉讼，请求撤销该行政处罚决定。

【争议焦点】

1. 乃志公司是否实施围填海行为并占用涉案海域？
2. 北海海洋渔业局对涉案海域进行勘测定界是否违反法定程序，其作出的行政处罚是否违反法定程序？

---

① 最高人民法院2019年度人民法院环境资源行政典型案例，载于最高人民法院网。

【案件分析】

经审理,本案中乃志公司在未取得海域使用权的情况下,实施围填海活动,非法占用海域0.38公顷,违反《中华人民共和国海域使用管理法》(以下简称《海域使用管理法》)第42条的规定,北海海洋渔业局作出的行政处罚决定正确。北海海洋渔业局享有海洋行政处罚职权,其作出的行政处罚决定认定的事实清楚,证据确凿,适用法律、法规正确,符合法定程序,该院依照《行政诉讼法》第69条、《最高人民法院关于适用〈中华人民共和国行政诉讼法〉的解释》第79条第2款的规定,判决驳回乃志公司的诉讼请求。案件受理费100元,由乃志公司负担。后广西壮族自治区高级人民法院二审维持原判。

本案的典型意义在于,本案系涉非法围填海的海洋行政处罚案件。随着我国海洋经济的发展和人民生活水平的提高,从事海洋产业的单位和个人的用海需求迅速增长。部分企业和个人在未获得海域使用权的情况下,非法围海、占海甚至填海,对海洋生态环境保护和地方可持续发展造成严重影响。我国海岸线漫长,针对非法用海行为的行政管理存在"调查难""处罚难""执行难"等问题。本案的处理对非法围填海的主体认定、处罚正当程序及自由裁量权行使等均具有示范作用,充分表明人民法院坚持用最严格制度最严密法治保护国家海岸线和海洋环境生态安全的决心,对于推进依法用海、管海,服务保障海洋强国战略具有积极意义。

(二)海南省文昌市人民检察院诉文昌市农业农村局海洋行政公益诉讼案[①]

【基本案情】

海南省文昌市人民检察院在履行职责时发现,在文昌市海域内存在大量使用违法定置网(俗称"绝户网")非法捕捞行为。检察机关2016年8月发出检察建议督促进行整改,但定置网非法捕捞行为仍未得到遏制、减少。作为海洋渔业捕捞法定监管部门,文昌市海洋与渔业局(2019年3月,因机构改革,文昌市海洋与渔业局与其他单位合并成立文昌市农业农村局,本案被告遂变更为文昌市农业农村局)未采取有效行政执法措施,致使海域定置网非法捕捞现象长时间、大面积存在。

文昌市检察院于2018年4月25日向文昌市海洋与渔业局发出诉前检察建议,要求依法对定置网进行清理并进行处罚。文昌市海洋与渔业局于2018年6月25日回复称,已在2018年5月4日至5月13日,全市范围开展违规渔具清理专项行动,查处了101张定置网。经检察机关跟进调查,2015年至2018年8月21日,该局没有一宗因使用小于最小网目尺寸(35毫米)定置网的行政处罚案件,且该局仅在禁渔期对违法定置网拆除,从未在非禁渔期对此类违法行为进行查处,对于在禁渔期内使用禁用捕捞工具可能涉嫌犯罪的情况也未依法进行调查并移交处理。文昌市检察院于2018年8月2日、9月3日、12月21日到冯家湾等海域跟进监督发现,该区域仍有大量违法定置网存在。

2018年12月28日,文昌市检察院向海口海事法院提起行政公益诉讼。请求确认被告对辖区海域内大量存在的违法定置网怠于履行职责行政行为违法;判令被告在6个月内继

---

① 最高人民法院2019年度人民法院环境资源行政典型案例,载于最高人民法院网。

续履行法定职责。

【争议焦点】

1. 被告是否存在未完全履行查处辖区内违法定置网的情形，即被诉行政行为是否违法？

2. 本案应否判决被告继续履行查处违法定置网的职责？

【案件分析】

经审理，本案中文昌市农业农村局作为渔业监督管理部门，未尽监管职责，导致涉案海域渔业资源未能得到及时有效地保护，社会公共利益处于持续受侵害状态。经济发展不应是对资源和生态环境的竭泽而渔，生态环境保护也不应是舍弃经济发展的缘木求鱼，而是要坚持在发展中保护、在保护中发展，实现经济社会发展与人口、资源、环境相协调。查处违法定置网对保护海洋渔业资源和海洋生态环境、实现海洋经济的可持续发展具有重要意义。被告作为渔业监督管理部门，应依法继续查处其辖区海域内的违法定置网，严格落实原农业部关于"持续深入开展违规渔具清理整治，做到发现一起、查处一起、公布一起、震慑一方"的指导意见，坚决遏制违法定置网的蔓延态势，切实保护辖区海域内的渔业资源。综上，依照《行政诉讼法》第 72 条以及《最高人民法院、最高人民检察院关于检察公益诉讼案件适用法律若干问题的解释》第 25 条第 1 款第 3 项的规定，判决如下：责令被告文昌市农业农村局在本判决生效之日起六个月内履行查处其辖区海域内违法定置网的法定职责。案件受理费 50 元，由被告文昌市农业农村局负担。

本案的典型意义在于，本案系海洋行政公益诉讼案件。依法查处非法捕捞行为对保护海洋生态环境、实现海洋经济可持续发展具有重要意义。《最高人民法院关于审理发生在我国管辖海域相关案件若干问题的规定（二）》明确规定，在禁渔期内使用禁用的工具或者方法捕捞，构成非法捕捞水产品罪中的情节严重情形，是刑事追责和行政监管的重点对象。本案中，人民法院依法支持检察机关行使监督权，促使渔业监管部门依法履行职责，有力打击、遏制了非法捕捞行为的蔓延态势。本案对捕捞水产品中禁渔期、禁渔区以及禁用工具或者方法的严格遵循，也有助于海洋休养生息，恢复或者增加种群数量，改善海洋生态环境。

（三）三沙市渔政支队申请执行海南临高盈海船务有限公司行政处罚案[①]

【基本案情】

2014 年 8 月，海南临高盈海船务有限公司（以下简称盈海公司）所有的"椰丰 616"号运输船装载 250 吨砗磲贝壳过程中，被海南省海警第三支队查获，将该船押解移送至三沙市渔政支队处理。经鉴定，上述贝壳 98% 为国家一级保护水生野生动物，2% 为国家二级保护水生野生动物，总价格为 37.35 万元。三沙市渔政支队于 2018 年 2 月作出行政处罚，没收砗磲贝壳 250 吨，按实物价值三倍罚款人民币 112.05 万元。盈海公司不服，提起行政诉讼。

---

① 最高人民法院 2019 年度人民法院环境资源行政典型案例，载于最高人民法院网。

【争议焦点】

1. 原告是否构成非法运输国家重点保护水生野生动物产品的行为？
2. 被告作出的处罚决定是否已严重超期？

【案件分析】

经审理，本案中原告运输贝壳98%为国家一级保护水生野生动物，2%为国家二级保护水生野生动物，构成非法运输国家重点保护水生野生动物产品行为，根据《中华人民共和国水生野生动物保护实施条例》第28条中规定：违反野生动物保护法律、法规，出售、收购、运输、携带国家重点保护的或者地方重点保护的水生野生动物或者其产品的，由工商行政管理部门或者其授权的渔业行政主管部门没收实物和违法所得，可以并处相当于实物价值十倍以下的罚款。故三沙市渔政支队的行政处罚决定正确。一审判决，驳回盈海公司的诉讼请求。海南省高级人民法院二审维持原判。2019年7月，三沙市渔政支队在海南日报刊登《催告书》，催促盈海公司在收到该催告十日内履行义务。但盈海公司拒不履行义务。三沙市渔政支队于2019年9月向海口海事法院申请强制执行，该院作出行政裁定，准予执行。

本案的典型意义在于，本案系行政处罚非诉执行案件。本案中执法机关查获"椰丰616"号运输船的地点位于三沙市中建岛北面附近海域，由海口海事法院行使管辖权，体现了我国对该海域的行政和司法管控。涉案砗磲贝壳是国家一、二级保护水生野生动物，人民法院依法支持行政机关对非法运输水生野生动物者施以行政处罚，并在相对人拒不履行义务时，依法准予强制执行，有力地维护了行政机关的执法权威，彰显了司法机关与行政机关合力打击非法运输国家保护水生野生动物行为、维护三沙海域生态环境安全的决心。

三、拓展阅读

1. 秦天宝，2013. 环境法——制度·学说·案例[M]. 武汉：武汉大学出版社.
2. 《中华人民共和国行政处罚法》

第31条 行政机关在作出行政处罚决定之前，应当告知当事人作出行政处罚决定的事实、理由及依据，并告知当事人依法享有的权利。

3. 《中华人民共和国行政诉讼法》

第69条 行政行为证据确凿，适用法律、法规正确，符合法定程序的，或者原告申请被告履行法定职责或者给付义务理由不成立的，人民法院判决驳回原告的诉讼请求。

4. 《中华人民共和国野生动物保护法》

第23条 猎捕者应当按照特许猎捕证、狩猎证规定的种类、数量、地点、工具、方法和期限进行猎捕。

持枪猎捕的，应当依法取得公安机关核发的持枪证。

5. 《海洋行政处罚实施办法》

第34条 海洋行政处罚决定书应当在作出决定后七日内送达当事人。

6.《中华人民共和国海域使用管理法》

第42条 未经批准或者骗取批准,非法占用海域的,责令退还非法占用的海域,恢复海域原状,没收违法所得,并处非法占用海域期间内该海域面积应缴纳的海域使用金五倍以上十五倍以下的罚款;对未经批准或者骗取批准,进行围海、填海活动的,并处非法占用海域期间内该海域面积应缴纳的海域使用金十倍以上二十倍以下的罚款。

7. 杨华,2021. 海洋环境公益诉讼原告主体论[J]. 法商研究,38(03):120-133.

8. 周珂,孙佑海,王灿发,等,2019. 环境与资源保护法[M]. 4版. 北京:中国人民大学出版社.

第七节 野生动物保护法

一、主要知识点

(一)野生生物概述

野生生物包括野生动物和野生植物两大类。人类对野生动物以及植物的保护,在20世纪中叶以前仅仅是为了它们的经济价值。例如,许多国家过去都制定有《狩猎法》,以保护人类的狩猎对象——野生动物的繁殖、增加,维护正常狩猎的秩序,使野生动物得以有效利用。

(二)国外野生生物立法概况

到20世纪中叶,人类逐渐认识到野生动植物在作为自然资源为人类提供经济价值的同时,对保持生物多样性和维持生态系统平衡也具有重要的生态价值。为此,许多国家对《狩猎法》进行了修改或予以废除,并且制定了《野生动物保护法》,或者在有关的法律中制定修改了以强调保护野生动物和维护生态系统平衡为目的的法律规范。1973年3月,21个国家在美国华盛顿签署了为防止商业贸易对野生动植物物种过度利用导致物种灭绝的《濒危野生动植物物种国际贸易公约》(Convention on International Trade in Endangered Species of Wild Fauna and Flora)。在各国物种保护立法方面,美国于1973年通过了《濒危物种法》(Endangered Species Act),实行濒危物种名录制度保护濒危物种和受威胁物种(threatened species)赖以生存的生态系统。1960年,泰国制定了《野生动物保存、保护法》,禁止狩猎被保护的动物。澳大利亚1983年通过的《野生物保护(进出口)管理法》通过对某些动物、植物及其货品的进出口管理,以及对某些外来鸟类的管理,进一步保护野生生物。墨西哥在2000年废除了1952年制定的《联邦狩猎法》,制定了《野生物种保护法》,保护墨西哥境内的野生动物及其居住环境并保证以可持续的方式利用。日本于1963年将《狩猎法》修改为《鸟兽保护法》,2002年又将立法目的扩大到确保生物的多样性。

1990年8月,德国《民法修正案》第90条增加了a款规定:"动物不是物。它们受特别法的保护。法律没有另行规定时,对于动物适用有关物所确定的有效规则。"与此相关的条文还有第 251 条第 2 款第 2 项规定："治愈受害动物所发生的费用，不因其明显超过动物价额而为过巨"；第 903 条第 2 项规定："动物的所有人在行使其权限时，应遵从关于动物保护的特别规定。动物的范围既包括野生动物，也包括家养动物。"1994 年《俄罗斯联邦民法典》第 137 条规定，对动物适用关于财产的一般规则，但以法律和其他法律文件未有不同规定为限。在行使权利时，不允许以违背人道主义的态度残酷地对待动物。2002 年修正的瑞士联邦《民法典》第 64 条规定，动物不是物。对于动物，只要不存在特别规定，适用可适用于物的规定。目前，我国野生生物保护立法除了 1988 年制定的《野生动物保护法》(2016 年修订) 和相关渔业、水资源法律有部分规定外，国务院还制定有《野生植物保护条例》(1996 年) 等。近年来，由于外来物种入侵造成对我国生态环境安全的危害，国务院有关部门还制定了防治外来物种入侵的管理规定。

(三) 我国野生动物立法

野生动物一般指非人工驯养、在自然状态下生存的各种动物，包括哺乳类动物、鸟类、爬行动物，两栖动物、鱼类、软体动物、昆虫，腔肠动物以及其他动物。

为保护、拯救珍贵、濒危野生动物，保护、发展和合理利用野生动物资源，维护生态平衡，我国于 1988 年制定了《野生动物保护法》，在 2016 年的修改中，将立法目的改为"保护野生动物"，删除了"合理利用野生动物资源"的文字。

我国《野生动物保护法》所称野生动物，是指珍贵、濒危的陆生、水生野生动物和有重要生态、科学、社会价值的陆生野生动物（第 2 条）。也就是说该法保护的野生动物，既包括处于自然状态下尚未受到人们通过合法途径获取、控制而成为私有财产所有权客体的各类野生陆生、水生动物，也包括人们通过合法手段豢养、狩猎或养殖的野生动物。至于珍贵、濒危的水生野生动物以外的其他水生野生动物的保护，则适用《中华人民共和国渔业法》（以下简称《渔业法》）的规定（第 2 条第 4 款）。除野生动物保护法外，国务院还分别制定了《陆生野生动物保护实施条例》（林业部 1992 年发布；国务院 2011 年、2016 年修订）和《水生野生动物保护实施条例》（农业部 1993 年发布；2011 年修订，国务院 2016 年修订），这些都对具体的行政保护措施作出了规定。

(四) 我国野生植物及其保护立法

野生植物是指非人工培植、在自然状态下生存的各种植物，包括藻类、菌类、地衣、苔藓、蕨类和种子等植物。实际上森林、草原等都属于野生植物的范畴，过去人对野生植物的保护仅局限于森林、草原等经济植物，专门立法保护野生植物只是近十年的事情。

1984 年，国务院环境保护委员会公布了《国家重点植物保护名录》，1991 年，我国编写了《中国植物红皮书》。1987 年，国务院发布了《野生药材资源保护管理条例》，对濒危野生药材资源实行保护。关于野生植物国际贸易方面，我国于 1980 年加入了《濒危野生动植物种国际贸易公约》，并于 2006 年制定了《濒危野生动植物进出口管理条例》以加强对濒危野生动植物进出口的管理。为防止动植物的病虫害传播，我国于 1991 年制定了《进出境动植物检疫法》（全国人大常委会，1991 年制定；2009 年修正）。关于野生植物新品种保护方面，1998 年我国加入了《国际植物新品种保护公约》(International Convention for the

Protection of New Varieties of Plants),并相应地制定了《植物新品种保护条例》(国务院,1997 年制定;2013 年、2014 年修订)保护植物新品种权,鼓励培育和使用植物新品种。此外,有关自然保护区的法规也对野生植物的保护作出了规定。

为了保护、发展和合理利用野生植物资源,保护生物多样性,维护生态平衡,国务院于 1996 年制定了《野生植物保护条例》,适用于在中国境内从事野生植物的保护发展和利用等活动。《野生植物保护条例》所要保护的野生植物,是指原生地天然生长的珍贵植物和原生地天然生长并具有重要经济、科学研究、文化价值的濒危、稀有植物。至于药野生植物以及城市园林、自然保护区、风景名胜区内的野生植物的保护,则分别适用各有关法律法规的规定(第 2 条)。

二、典型案例分析

(一)安徽省巢湖市人民检察院诉魏安文等 33 人非法捕捞水产品刑事附带民事公益诉讼案①

【基本案情】

2020 年 1 月至 5 月,魏安文明知巢湖水域处于禁渔期,仍事前通谋与邓立军、汪照云等人在巢湖水域非法捕捞水产品,由魏安文收购、销售。后邓立军、汪照云等人采取"下地笼""刀鱼网"等非法方式,捕捞水产品 7.50 万余斤,非法获利 45 万余元,造成渔业资源生态环境严重破坏。安徽省巢湖市人民检察院于 2020 年 10 月提起公诉,指控被告人魏安文等 33 人犯非法捕捞水产品罪,并作为公益诉讼起诉人提起刑事附带民事公益诉讼,请求判令魏安文等 33 人对其非法捕捞、收购水产品造成的渔业资源损失承担连带赔偿责任。

【争议焦点】

1. 被告在特定时间和区域捕捞水产品是否构成犯罪?
2. 被告人魏文安等 33 人是否应承担连带赔偿责任?

【案件分析】

本案中,被告人魏安文等 33 人违反我国《渔业法》的规定,在禁渔期、禁渔区多次进行非法捕捞,情节严重,已经构成非法捕捞水产品罪。魏安文等人非法收购、销售以及非法捕捞水产品的行为,破坏生态环境、损害社会公共利益,应当承担相应的民事责任,并且各被告之间有明确的合谋以及共同的捕捞水产品行为,构成共同犯罪,各侵权人应对环境侵权行为承担连带责任。法院根据各被告人在共同犯罪中的作用,案发后的自首、坦白等情节,以非法捕捞水产品罪判处被告人魏安文等 33 人有期徒刑十八个月至拘役两个月不等,追缴违法所得。依其侵权行为事实,判令魏安文等 33 人对其非法捕捞、收购水产品造成的渔业资源损失承担相应的连带赔偿责任,并通过省级媒体公开向社会公众赔礼道歉。

---

① 2020 年度人民法院环境资源典型案例,载于最高人民法院官网。

本案的典型意义在于，本案系巢湖非法捕捞水产品引发的刑事附带民事公益诉讼案。巢湖是长江中下游五大淡水湖之一，是长江水域重要的生态屏障，水面资源丰富，渔业资源富饶。近年来，巢湖水生生物生存环境日趋恶劣，生物多样性指数持续下降。本案中，魏安文等33人为利益驱使，在禁渔期、禁渔区内非法捕捞、收购、销售白米虾、毛草鱼等水产品，直接导致巢湖水域水生物种数量减少，破坏巢湖渔业资源和水域生态环境，损害巢湖水域的生物多样性和生态平衡。本案发生在长江十年禁渔禁令发布之后，人民法院依法严惩重处，筑牢长江生态安全边界，对引导沿岸渔民的捕捞行为，有效遏制非法捕捞，维护巢湖及长江中下游流域生态系统平衡具有重要意义。

（二）被告人张久长非法采伐国家重点保护植物案①

【基本案情】

2017年3月初，被告人张久长以400元的价格购买重庆市梁平区明达镇某园场内的红豆杉1株。在这之后，张久长上山采挖并雇请他人将该株红豆杉搬运并栽种在自家花园内。3月19日，张久长采挖重庆市梁平区竹山镇猎神村某处的红豆杉1株，在采挖过程中被发现。当日，张久长被公安机关抓获归案。涉案2株红豆杉均已死亡。经鉴定，涉案2株红豆杉系国家一级重点保护野生植物。一审法院以非法采伐国家重点保护植物罪判处张久长有期徒刑三年三个月，并处罚金2万元。一审宣判后张久长积极履行生态修复协议。

【争议焦点】

1. 张久长对国家重点保护植物进行移植的行为是否构成非法采伐国家重点保护植物罪？
2. 张久长积极履行生态修复协议是否能作为量刑情节考虑？

【案件分析】

本案中，被告张久长违反《野生植物保护条例》等规定，非法采挖2株野生红豆杉，移植或准备移植至自家花园。2020年3月21日起施行的《最高人民法院最高人民检察院关于适用〈中华人民共和国刑法〉第344条有关问题的批复》第3条规定："对于非法移栽珍贵树木或者国家重点保护的其他植物，依法应当追究刑事责任的，依照刑法第344条的规定，以非法采伐国家重点保护植物罪定罪处罚。鉴于移栽在社会危害程度上与砍伐存在一定差异，对非法移栽珍贵树木或者国家重点保护的其他植物的行为，在认定是否构成犯罪以及裁量刑罚时，应当考虑植物的珍贵程度、移栽目的、移栽手段、移栽数量、对生态环境的损害程度等情节，综合评估社会危害性，确保罪责刑相适应。"因此认定被告张久长的行为已经构成非法采伐国家重点保护植物罪。二审法院认为，被告张久长主动申请并积极履行生态修复协议约定的修山抚育和补植复绿义务，主动缴纳罚金2万元，认罪、悔罪态度较好，可以从轻处罚，最终以非法采伐国家重点保护植物罪改判张久长有期徒刑三年，缓刑三年，并处罚金2万元。

本案的典型意义在于，本案系非法采伐国家重点保护植物的刑事案件，涉案红豆杉是

---

① 2019年度人民法院环境资源典型案例，载于最高人民法院官网。

我国国家一级重点保护植物，具有重要的科学、经济和观赏价值，属于我国《刑法》第344条规定的"珍贵树木或者国家重点保护的其他植物"。人民法院综合全案，以非法采伐国家重点保护植物罪改判被告人有期徒刑三年，缓刑三年，并处罚金，法院的判决对正确理解《最高人民法院、最高人民检察院关于适用〈中华人民共和国刑法〉第344条有关问题的批复》，规范采挖、移栽珍贵野生植物的行为定性，具有重要的指导意义。同时，对警示引导社会公众树立法律意识，杜绝非法采挖、移栽珍贵野生植物，保护生物多样性，具有较好的教育示范作用。

(三) 汤某等十二人非法捕捞水产品案①

【基本案情】

2016年3月1日至6月30日，岳阳县东洞庭湖为禁渔期、禁渔区。2016年3月24日23时许，在汤某、彭某等六人的授意下，万某等人前往岳阳县东洞庭湖麻拐石水域捕捞螺蛳。3月25日凌晨2时许，万某等人停止捕捞，根据汤某、彭某的指示，先后携带捕捞的螺蛳前往北门船厂码头。3月25日6时许，万某等人被岳阳县渔政局执法大队查获，其捕捞的螺蛳重约7.6吨，所有渔获物由岳阳县渔政局执法大队现场放生。岳阳县人民检察院以汤某等十二人犯非法捕捞水产品罪提起公诉。

【争议焦点】

1. 捕捞的螺蛳是否属于禁渔期、禁渔区的保护物种？
2. 汤某等12人是否构成非法捕捞水产品罪？

【案件分析】

被告汤某等人捕捞的螺蛳虽然不属于《国家重点保护野生动物名录》中的"螺蛳"，即不是滇池螺蛳，因此不属于国家重点保护野生动物。但是本案中捕捞的螺蛳是洞庭湖生态环境的重要组成部分，对于净化水质、促进水藻生长、为鱼类提供食物、维持湖内生态系统的平衡起着重要作用，并且汤某等人在禁渔期、禁渔区内捕捞，就已经构成非法捕捞水产品罪。经法院审理认为，汤某等十二人违反我国《渔业法》的规定，在禁渔期、禁渔区进行非法捕捞，情节严重，构成非法捕捞水产品罪，依法应予惩处。根据各人在共同犯罪中的作用，案发后的自首、坦白等情节，判决汤某、彭某等人犯非法捕捞水产品罪，分别处以二到五个月不等拘役；万某等人犯非法捕捞水产品罪，分别处以三千至五千不等的罚金。

本案的典型意义在于，洞庭湖位于长江中下游荆江南岸，是我国五大淡水湖之一，也是我国重要的调蓄湖泊和生态湿地。近年来，洞庭湖水生生物多样性指数持续下降，多种珍稀物种濒临灭绝，洞庭湖的湖泊、湿地功能退化严重。为加强水生生物物种保护，洞庭湖每年都会设定禁渔期和禁渔区，但依然有不法分子在禁渔期、禁渔区内违法捕捞水产品。本案中，岳阳县东洞庭湖从2016年3月1日至6月30日全面禁渔，被告人汤某等人违反《渔业法》的规定，在禁渔期、禁渔区非法捕捞，已构成非法捕捞罪。本案判决对引导

---

① 长江流域环境资源审判十大典型案例，载于最高人民法院官网。

沿岸渔民的捕捞行为，有效遏制非法捕捞，保护洞庭湖乃至长江中下游流域生物链的完整具有指导意义。

三、拓展阅读

1. 汪劲，2018. 环境法学[M]. 4 版. 北京：北京大学出版社.

2.《中华人民共和国野生动物保护法》

第 2 条第 2 款　本法规定保护的野生动物，是指珍贵、濒危的陆生、水生野生动物和有重要生态、科学、社会价值的陆生野生动物。

3.《中华人民共和国刑法》

第 344 条　非法采伐、毁坏国家重点保护植物罪是指违反国家规定，非法采伐、毁坏珍贵树木或者国家重点保护的其他植物的，或者非法收购、运输、加工、出售珍贵树木或者国家重点保护的其他植物及其制品的，处三年以下有期徒刑、拘役或者管制，并处罚金；情节严重的，处三年以上七年以下有期徒刑，并处罚金。

4.《最高人民法院、最高人民检察院关于适用〈中华人民共和国刑法〉第 344 条有关问题的批复》

第 3 条　对于非法移栽珍贵树木或者国家重点保护的其他植物，依法应当追究刑事责任的，依照刑法第 344 条的规定，以非法采伐国家重点保护植物罪定罪处罚。鉴于移栽在社会危害程度上与砍伐存在一定差异，对非法移栽珍贵树木或者国家重点保护的其他植物的行为，在认定是否构成犯罪以及裁量刑罚时，应当考虑植物的珍贵程度、移栽目的、移栽手段、移栽数量、对生态环境损害程度等情节，综合评估社会危害性，确保罪责刑相适应。

第五章 环境污染防治法

第一节 环境污染防治法概述

一、主要知识点

(一)环境污染的概念与特征

环境科学研究认为,环境污染是某种物质或者能量因人为活动进入环境而造成环境质量破坏的现象。

环境污染具有如下几方面的特征:第一,须伴随人类活动产生。第二,须为物质、能量从一定的设施设备向外界排放或者泄漏。第三,须以环境为媒介。第四,须出现环境质量下降或造成国家或者其他主体合法权益受侵害的结果。

(二)环境污染防治法概述

环境污染防治法也称污染控制法,污染预防法或公害规制法,它是指国家对产生或可能产生环境污染和其他公害的原因活动(包括各种对环境不利的人为活动)实施控制,达到保护生活环境,进而保护人体健康和财产安全目的而制定的同类法律总称。

(三)环境污染防治法的制度体系

综合《环境保护法》和其他单项污染防治法律的规定,环境法的基本制度和单项污染防治的共同性法律制度会贯穿于环境污染防治的全过程。

第一,由政府与经济、环保等部门在宏观决策环节将经济、社会发展与环境保护相协调。第二,由环境主管部门和其他负有环境监管职责的部门在中观决策环节对新建、改建、扩建的建设项目和其他产业投资项目进行审查。第三,由环境主管部门及其委托的环境监察机构或其他依法行使环境监督管理权的部门实施微观执法。

二、典型案例分析

(一)被告单位德清明禾保温材料有限公司、被告人祁尔明污染环境案[①]

【基本案情】

被告单位德清明禾保温材料有限公司(以下简称明禾公司)成立于 2017 年 3 月 8

---

① 最高人民法院 2020 年度人民法院环境资源典型案例,载于最高人民法院网。

日，主要从事聚氨酯硬泡组合聚醚保温材料的生产，以及聚氨酯保温材料、化工原料（除危险化学品及易制毒化学品）、塑料材料、建筑材料的批发零售，法定代表人为被告人祁尔明。2017年8月至2019年6月，被告人祁尔明在明知三氯一氟甲烷系受控消耗臭氧层物质，且被明令禁止用于生产使用的情况下，仍向他人购买，并用于被告单位明禾公司生产聚氨酯硬泡组合聚醚保温材料。期间，被告单位明禾公司共计购买三氯一氟甲烷849.50吨。经核算，被告单位明禾公司在使用三氯一氟甲烷生产过程中，造成三氯一氟甲烷废气排放为3049.70千克。

【争议焦点】

1. 被告单位明禾公司是否构成刑事犯罪？
2. 被告人祁尔明作为被告单位法定代表人是否构成刑事犯罪，如果构成，应承担怎样的刑事责任？

【案件分析】

经审理，本案中被告单位明禾公司违反国家规定，使用三氯一氟甲烷用于生产保温材料并出售，严重污染环境，其行为已构成污染环境罪。被告人祁尔明作为被告单位法定代表人，明知三氯一氟甲烷禁止用于生产，主动购入用于公司生产保温材料并销售，造成环境严重污染，也应当以污染环境罪追究刑事责任。一审法院以污染环境罪，判处被告单位明禾公司罚金70万元，判处被告人祁尔明有期徒刑10个月，并处罚金5万元。该案一审判决已发生法律效力。

本案的典型意义在于，其系全国首例因违法使用受控消耗臭氧层物质（ODS）被判处实刑的污染环境刑事案件。三氯一氟甲烷（俗称氟利昂）为受控消耗臭氧层物质，属于对大气污染的有害物质。我国是《保护臭氧层维也纳公约》和《关于消耗臭氧层物质的蒙特利尔议定书》的缔约国之一，一贯高度重视国际环境公约履约工作，于2010年9月27日即发布《中国受控消耗臭氧层物质清单》，其中三氯一氟甲烷作为第一类全氯氟烃，被全面禁止使用。本案的正确审理和判决，明确表明人民法院严厉打击涉ODS违法行为的"零容忍"态度，对聚氨酯泡沫等相关行业和社会公众具有良好的惩戒、警示和教育作用，体现了司法机关坚定维护全球臭氧层保护成果，推动构建人类命运共同体的责任担当。

（二）广西壮族自治区来宾市人民检察院诉佛山市泽田石油科技有限公司等72名被告环境污染民事公益诉讼案①

【基本案情】

佛山市泽田石油科技有限公司（以下简称泽田公司）于2016年4月成立，原法定代表人黄鸿昌。同年10月变更为黄应顺，2019年5月又变更为黄鸿昌。自2016年起，经刘士义主动联系，泽田公司等4家企业明知其无危险废物经营许可证，仍分别将废酸油渣交由其处置。刘士义安排柯金水、韦苏文非法将危险废物运输至广西境内武宣县交由韦世榜非

---

① 最高人民法院2020年度人民法院环境资源典型案例，载于最高人民法院网。

法贮存、处置。运输事宜系卓元祥等39名司机(所驾驶车辆分别挂靠在柳江县宏祥汽车运输有限公司等18家运输公司、物流公司)自"货车帮"平台获悉。梁全邦、韦武模为他人非法处置危险废物提供场地。上述人员因犯污染环境罪已被另案追究刑事责任。经鉴定,武宣县共有5个堆放点受到污染,废酸油渣重量5681.18吨,污染土壤重量917.68吨,共造成生态环境损害1941.56万元、鉴定评估费252.10万元。广西壮族自治区来宾市人民检察院提起民事公益诉讼,请求泽田公司等72名被告承担环境污染侵权责任。

【争议焦点】

1. 泽田公司等4家企业是否承担环境污染侵权责任?如果承担,是否承担连带责任?
2. 卓元祥等39名司机及其挂靠公司是否承担环境污染侵权责任?
3. 刘士义等人是否承担环境污染侵权责任?如果承担,是否承担连带责任?

【案件分析】

经审理,本案中泽田公司等4家企业明知对方无危险废物处置资质仍将废酸油渣交由刘士义等人处置,造成环境污染,应承担侵权责任。卓元祥等39名司机及其挂靠的18家运输公司、物流公司对所运输物质不知情,不构成侵权。一审判决相关主体对武宣县5个堆放点的损失承担连带赔偿责任,并明确了每一堆放点的具体数额。一审判决后,泽田公司、黄鸿昌、黄应顺不服,提起上诉。广西壮族自治区高级人民法院二审认为,4家企业虽均有非法处置废酸油渣的行为,但相互之间并无共同意思联络,不能简单以共同侵权而全案适用连带责任。二审改判泽田公司等按照其侵权事实对各个堆放点的损失按份平担责任,刘士义等人承担连带责任。

本案的典型意义在于,其系跨省区倾倒固体危险废物污染环境所引发的环境损害民事公益诉讼。本案涉及72名被告,包括4家废酸油渣生产企业、5名企业投资管理人员,4名废酸油渣收集、贮存、利用和处置者,2名提供场所便利者,39名运输司机及挂靠的18家运输公司、物流公司,具有污染事件参与者众多、污染地点分散、环境污染损失重大等显著特点。人民法院深入剖析危险废物的生产者、提供者与危险废物的收集、贮存、利用、处置者以及堆放场地提供者的行为不同程度地交叉、结合,依法正确处理了数人环境侵权下的责任承担,对类似案件的处理具有较好的示范作用。本案二审由广西壮族自治区高级人民法院院长亲自担任审判长,新闻媒体高度关注,本案的审理起到了很好的法治宣传效果。

三、拓展阅读

1. 刘艳红,2020.民法典绿色原则对刑法环境犯罪认定的影响[J].中国刑事法杂志(06):3-19.

2. 赵睿英,李倩,2020.环境污染中单位犯罪刑事责任研究[J].中国人民公安大学学报(社会科学版),36(02):122-127.

3.《中华人民共和国民法典》第7章 环境污染和生态破坏责任

第1229条 因污染环境、破坏生态造成他人损害的,侵权人应当承担侵权责任。

第1230条 因污染环境、破坏生态发生纠纷,行为人应当就法律规定的不承担责任或者减轻责任的情形及其行为与损害之间不存在因果关系承担举证责任。

第1231条 两个以上侵权人污染环境、破坏生态的,承担责任的大小,根据污染物的种类、浓度、排放量,破坏生态的方式、范围、程度,以及行为对损害后果所起的作用等因素确定。

第1232条 侵权人违反法律规定故意污染环境、破坏生态造成严重后果的,被侵权人有权请求相应的惩罚性赔偿。

第1233条 因第三人的过错污染环境、破坏生态的,被侵权人可以向侵权人请求赔偿,也可以向第三人请求赔偿。侵权人赔偿后,有权向第三人追偿。

第1234条 违反国家规定造成生态环境损害,生态环境能够修复的,国家规定的机关或者法律规定的组织有权请求侵权人在合理期限内承担修复责任。侵权人在期限内未修复的,国家规定的机关或者法律规定的组织可以自行或者委托他人进行修复,所需费用由侵权人负担。

第1235条 违反国家规定造成生态环境损害的,国家规定的机关或者法律规定的组织有权请求侵权人赔偿下列损失和费用:

(一)生态环境受到损害至修复完成期间服务功能丧失导致的损失;
(二)生态环境功能永久性损害造成的损失;
(三)生态环境损害调查、鉴定评估等费用;
(四)清除污染、修复生态环境费用;
(五)防止损害的发生和扩大所支出的合理费用。

第二节 大气污染防治法

一、主要知识点

(一)大气污染防治法概述

大气污染(air pollution),一般指大气因某种物质的介入,导致其化学、物理、生物或者放射性等方面特性发生改变,从而影响大气的有效利用,危害人体健康或财产安全,以及破坏自然生态系统、造成大气质量恶化的现象。大气污染的来源主要分为固体污染源和移动污染源两类。

(二)大气污染的监督管理体制

国务院和地方各级人民政府防治大气污染的具体职责有以下四个方面:一是将大气环境保护工作纳入国家和地方各级的国民经济和社会发展计划;二是合理规划工业布局;三是加强防治大气污染的科学研究;四是采取各种防治大气污染的措施。《中华人民共和国大气污染防治法》(以下简称《大气污染防治法》)还赋予省、自治区、直辖市人民政府对在防治大气污染,保护和改善大气环境方面成绩显著的单位和个人给予奖励的职责。

(三)大气污染的基本法律制度

在大气污染防治立法方面,我国以《环境保护法》为基本法律,并以《大气污染防治法》为专门性法律对大气污染问题进行规制。该法自 1987 年 9 月 5 日第六届全国人民代表大会常务委员会第二十二次会议通过后,分别在 1995 年和 2018 年进行两次修正,以及 2000 年和 2015 年进行两次修订。最新的《大气污染防治法》是根据 2018 年 10 月 26 日第十三届全国人民代表大会常务委员会第六次会议《关于修改〈中华人民共和国野生动物保护法〉等十五部法律的决定》进行的第二次修正,内容不断增加,对控制我国大气污染起到很大作用。

二、典型案例分析

(一)佛山市三英精细材料有限公司诉佛山市顺德区人民政府环保行政处罚案①

【基本案情】

2011 年 12 月 2 日,广东省佛山市顺德区环境运输和城市管理局(以下简称区环运局)以佛山市三英精细材料有限公司(以下简称三英公司)在生产过程中排放废气的臭气浓度超标为由,对该公司作出《限期治理决定书》,要求 2012 年 1 月 31 日前完成排放臭气浓度治理达到《恶臭污染物排放标准》的要求,并经环运局验收合格;逾期未申请验收或未完成限期治理任务,将按规定责令停业、关闭;要求该公司分析臭气浓度超标排放原因,制定限期治理达标计划以及落实各项污染防治措施,确保污染物达标排放。2012 年 2 月 9 日,三英公司向区环运局申请治理验收。顺德区环境保护监测站受区环运局委托,于同年 4 月 26 日、6 月 28 日对该公司进行臭气排放监测,两次监测报告均显示臭气浓度未达标。区环运局遂于 2012 年 8 月 29 日组织验收组现场检查并对法定代表人进行调查询问,告知该公司验收结果:存在未提交限期治理方案、废气处理技术不能确保无组织废气达标排放、排放废气的臭气浓度超标、使用的燃油不符合环保要求 4 个方面的问题,未通过限期治理验收。2013 年 1 月 11 日,顺德区人民政府作出《行政处罚告知书》,同年 3 月 18 日经听证后作出《行政处罚决定书》,决定三英公司自收到《行政处罚决定书》之日起停业、关闭。该公司不服提起行政诉讼,请求法院撤销上述《行政处罚决定书》。

【争议焦点】

1. 顺德区人民政府作出处罚决定的职权依据及行政程序有无异议?
2. 本案中作为证据的废气污染物监测报告是否合法合规?

【案件分析】

经审理,原告认为上述两次臭气排放监测的采样点与频次不符合法定要求,未能排除其他干扰因素,故监测报告的结论不能作为定案依据。经查,顺德区环境保护监测站具有

---

① 最高人民法院发布人民法院环境保护行政案件十大案例,载于最高人民法院网。

废气污染物检测的法定资质，该监测站两次臭气采样点即监测位置为三英公司厂界敏感点，符合《恶臭污染物排放标准》及原国家环境保护总局《关于恶臭物无组织排放检测问题的复函》规定。原告认为臭气监测采样点的设置不合法的主张于法无据，其也未提供充分证据证明上述臭气监测采样点存在其他干扰因素。至于采样频次问题，该监测站两次臭气监测均采用了4次×3点的监测频次并取其中最大测定值，但频次间隔不足2小时，存在一定瑕疵。但该瑕疵不足以推翻监测报告结论的正确性。由于原告在限期治理期限届满后，经两次监测臭气排放浓度仍未达到《恶臭污染物排放标准》的要求，且存在其他相关环保问题，经区环运局报请顺德区人民政府依照《广东省珠江三角洲大气污染防治办法》有关规定对原告作出停业、关闭的行政处罚决定，认定事实清楚，证据充分，适用法律正确，遂判决驳回原告诉讼请求。原告上诉后，广东省高级人民法院二审判决驳回上诉，维持原判。

本案的典型意义在于，当前环境污染成为群众严重关切的社会问题。治理污染要从源头抓起，本案中行政机关对排污不达标企业提出限期治理要求，仍未达标的，依法作出责令停产、关闭的处罚，于法有据。人民法院在审理此类行政案件中，一方面要依法审查行政机关的执法职权、执法依据和执法程序；另一方面对于废气污染物监测报告等专业性判断和专家证据，也要从证据审查角度给予充分尊重，对合法形成的证据予以采信。人民法院对环境保护管理机关严格处罚污染物排放不达标企业的合法行政行为，应依法予以坚决支持。

（二）北京市朝阳区自然之友环境研究所诉现代汽车（中国）投资有限公司大气污染责任纠纷案①

【基本案情】

北京市环境保护局经抽检，认定现代汽车（中国）投资有限公司（以下简称现代汽车）自2013年3月1日至2014年1月20日进口中国并在北京地区销售的全新胜达3.0车辆的排气污染数值排放超过京V标准的限值，并据此作出行政处罚决定。北京市朝阳区自然之友环境研究所（以下简称自然之友）提起本案诉讼。一审审理中，一审法院委托对涉案车辆超标排放的大气环境污染物对环境的影响及修复进行了鉴定。

【争议焦点】

1. 向大气排放污染物的行为是否侵害了社会公众的精神性环境权益？是否需要承担赔礼道歉等民事责任？
2. 现代汽车是否可以引用慈善信托机制进行公益诉讼赔偿？

【案件分析】

经审理，本案中双方达成如下调解协议：现代汽车已经停止在北京地区销售不符合排放标准的全新胜达3.0车辆，已经通过技术改进等方式对所有在北京地区销售的不符合排放标准的全新胜达3.0车辆进行维修并达排放标准。现代汽车向信托受托人长安国际信托

---

① 最高人民法院2019年度人民法院环境资源典型案例，载于最高人民法院网。

股份有限公司交付信托资金120万元,用于保护、修复大气环境,防治大气污染,支持环境公益事业;现代汽车就本案所涉及销售车辆不符合排放标准一事向社会公众致歉,并承诺支持环境公益事业等。上述调解协议已经依法公示、确认。

本案的典型意义在于,其系全国首例将慈善信托机制引入公益诉讼专项资金制度的环境民事公益诉讼案件。公益诉讼赔偿金的管理和使用,直接关系到公益诉讼目的的实现。本案中,在人民法院主持下,双方达成调解,以公益诉讼赔偿金为信托财产,设立专项慈善信托,借助信托机构的资金管理经验,充分发挥公益诉讼赔偿金的资金效用。由现代汽车出资修建充电桩从而间接实现保护大气环境的目的,也进一步拓展了替代性修复的方式。同时,人民法院对该项信托设立由公益组织代表、环境专家、法学专家组成的信托决策委员会,作为信托监察人,切实保障信托资金真正用于"保护、修复大气环境,防治大气污染,支持环境公益事业"的目的,是对公益诉讼专项资金管理、使用和监督制度的有益探索。

三、拓展阅读

1. 窦海阳,2018. 大气污染所致生态环境损害及救济之辨析——基于"大气污染公益诉讼第一案"展开[J]. 中国社会科学院研究生院学报(02):122-128.

2. 常纪文,2017. 区域大气污染侵权救济的法理难题及其解决建议[J]. 法学杂志,38(04):32-39,47.

3. 晋海,赵思静,2016. 大气污染环境侵权实证研究——以142个大气污染环境侵权案件为样本[J]. 长白学刊(04):64-72.

4.《中华人民共和国大气污染防治法》

第99条 违反本法规定,有下列行为之一的,由县级以上人民政府生态环境主管部门责令改正或者限制生产、停产整治,并处十万元以上一百万元以下的罚款;情节严重的,报经有批准权的人民政府批准,责令停业、关闭:

(一)未依法取得排污许可证排放大气污染物的;

(二)超过大气污染物排放标准或者超过重点大气污染物排放总量控制指标排放大气污染物的;

(三)通过逃避监管的方式排放大气污染物的。

第三节 水污染防治法

一、主要知识点

(一)水污染防治法概述

依照《水污染防治法》的解释,水污染(water pollution)是指水体因某种物质的介入,而导致其化学、物理、生物或者放射性等方面特性的改变，从而影响水的有效利用，危害人体健康或者破坏生态环境，造成水质恶化的现象(第102条)。

水体的污染源主要有两种形式，一种是"点源"(point source)，主要指工业污染源和生活污染源，其中包括工业废水、城市生活污水等；另一种是"面源"(non-point source)，主要是指农村污水和灌溉水，此外还有因地质的溶解以及降水对大气的淋洗所导致水体的污染。

(二)水污染防治的制度措施

水污染防治的制度措施分为水污染防治的一般规定以及对不同领域水污染防治的专门规定。根据《水污染防治法》的相关规定，具体措施如下：第一，国务院环境保护主管部门应当会同国务院卫生主管部门，根据对公众健康和生态环境的危害和影响程度，公布有毒有害水污染物名录，实行风险管理。排放前款规定名录中所列有毒有害水污染物的企业、事业单位和其他生产经营者，应当对排污口和周边环境进行监测，评估环境风险，排查环境安全隐患，并公开有毒有害水污染物信息，采取有效措施防范环境风险。第二，禁止向水体排放油类、酸液、碱液或者剧毒废液。禁止在水体清洗装贮过油类或者有毒污染物的车辆和容器。第三，含病原体的污水应当经过消毒处理；符合国家有关标准后，方可排放。第四，禁止向水体排放、倾倒工业废渣、城镇垃圾和其他废弃物。

(三)水污染的基本法律制度

1984年我国制定了第一部防治陆地水体污染的综合性单行法《水污染防治法》，为了贯彻该法，国务院于1989年颁布了《水污染防治法实施细则》。根据1996年修订的《水污染防治法》，2000年国务院颁布了新的《水污染防治法实施细则》。2008年对《水污染防治法》进行了再次修订。现行版本为2017年6月27日第十二届全国人民代表大会常务委员会第二十八次会议修正，自2018年1月1日起施行。

二、典型案例分析

(一)中华环保联合会、贵阳公众环境教育中心与贵阳市乌当区定扒造纸厂水污染责任纠纷案①

【基本案情】

贵阳市乌当区定扒造纸厂(以下简称定扒纸厂)自2003年起经常将生产废水偷偷排入南明河或超标排放锅炉废气，多次受到当地环境保护行政主管部门处罚。但该纸厂仍采取夜间偷排的方式逃避监管，向南明河排放污水。中华环保联合会、贵阳公众环境教育中心提起诉讼，请求判令定扒纸厂立即停排污水，消除危险并支付原告支出的合理费用。贵州

---

① 最高人民法院9起环境资源审判典型案例，载于北大法宝网。

省清镇市人民法院(以下简称清镇法院)受理案件的同时,即依原告申请采取了拍照、取样等证据保全措施,固定了证据,并裁定责令定扒纸厂立即停止排污。经法院委托贵阳市环境中心监测站对定扒纸厂排放的废水取样检测,废水中氨氮含量等指标均严重超过国家允许的排放标准,其排污口下游的南明河水属劣五类水质。经原告申请,法院协调由贵阳市两湖一库基金会从环境公益诉讼援助基金中先行垫付上述检测费用。清镇法院确定由一名审判员和两名环保专家担任人民陪审员共同组成合议庭。审理过程中,合议庭充分发挥专家作用,召开专家咨询委员会会议对被告的排污行为进行论证,依法采信了专家意见。该院还针对其他几家纸厂排污行为提出由环境保护行政主管部门对这些纸厂进行查处的司法建议,将南明河的污染问题一并解决。

【争议焦点】

1. 定扒纸厂是否承担侵权等民事责任?
2. 中华环保联合会、贵阳公众环境教育中心请求定扒纸厂立即停排污水,消除危险并支付原告支出的合理费用等行为是否合理?

【案件分析】

经审理,本案中定扒纸厂取得的排污许可证载明,其能够排放的污染物仅为二氧化硫、烟尘等,不包含废水。但定扒纸厂却采取白天贮存、夜间偷排的方式,利用溶洞向南明河排放严重超标工业废水,从直观上、实质上都对南明河产生了污染,严重危害了环境公共利益,故其应当承担侵权民事责任。清镇法院于 2011 年 1 月作出判决,判令定扒纸厂立即停止向南明河排放污水,消除对南明河产生的危害,并承担原告合理支出的律师费用及贵阳市两湖一库基金会垫付的检测费用。

本案的典型意义在于,为加大环境司法保护力度,贵阳市积极探索环境保护案件集中管辖和三审合一的模式,即由清镇法院生态保护法庭负责审理贵阳市辖区内所有涉及环境保护的刑事、行政、民事一审案件。本案被告地处贵阳市乌当区,清镇法院系按照上述环境污染案件跨行政区域管辖的规定受理并审理本案。本案审理中,合议庭在受理案件的同时保全证据,及时采取先予执行措施,协助原告申请环保基金垫付评估、鉴定、分析检测费用,依法采信专家意见,邀请环保专家担任人民陪审员,进行了一系列有益的探索。清镇法院还注意与环境保护行政主管部门协调联动,及时采取措施制止被告及其他纸厂的排污行为,使南明河的生态环境得到改善。

(二)上海市松江区叶榭镇人民政府与蒋荣祥等水污染责任纠纷案[①]

【基本案情】

浩盟车料(上海)有限公司(以下简称浩盟公司)、上海日新热镀锌有限公司(以下简称日新公司)与上海佳余化工有限公司(以下简称佳余公司)存在盐酸买卖关系,并委托佳余公司处理废酸。佳余公司委托未取得危险废物经营许可证的蒋荣祥从上述两公司运输和处理废酸。2011 年 2 月至 3 月,蒋荣祥多次指派其雇佣的驾驶员董胜振将从 3 个公

---

① 最高人民法院 9 起环境资源审判典型案例,载于北大法宝网。

司收集的共计6车废酸倾倒至叶榭镇叶兴路红先河桥南侧的雨水井中，导致废酸经雨水井流入红先河，造成严重污染。污染事故发生后，上海市松江区叶榭镇人民政府（以下简称叶榭镇政府）为治理污染，拨款并委托松江区叶榭水务管理站对污染河道进行治理。经审计确认红先河河道污染治理工程款、清理管道污染淤泥工程款、土地征用及迁移补偿费、勘察设计费、合同公证及工程质量监理费、审计费等合计887266元。因本次污染事故，蒋荣祥、董胜振分别被判处有期徒刑二年和一年三个月，佳余公司、浩盟公司、日新公司分别被上海市环境保护局罚款46万元、16万元、16万元。叶榭镇政府提起诉讼，请求判令蒋荣祥、董胜振、佳余公司、浩盟公司、日新公司连带赔偿经济损失887266元。

【争议焦点】

1. 蒋荣祥、董胜振、佳余公司、浩盟公司、日新公司是否应当承担经济赔偿责任？
2. 叶榭镇政府请求判令蒋荣祥、董胜振、佳余公司、浩盟公司、日新公司承担连带赔偿责任这一行为是否合理？

【案件分析】

经审理，本案中叶榭镇政府作为被污染河道的主管单位，有权对污染河道进行治理，也有权作为原告提起诉讼。蒋荣祥以营利为目的，在未取得危险废物经营许可证的情况下，指派其雇员将废酸倾倒至叶榭镇政府境内通向红先河的雨水井中，造成严重污染，应当承担民事赔偿责任。董胜振盲目听从蒋荣祥的指派，故意将废酸倒入雨水井中导致红先河严重污染，应当与其雇主蒋荣祥承担连带赔偿责任。佳余公司、浩盟公司、日新公司在生产过程中所产生的废酸属于危险废物，应向当地环境保护行政主管部门申报，并移交到有相应资质的单位进行处理。但上述3个公司均未办理法定手续，擅自处理废酸，与此后红先河严重污染有直接的因果关系，对本次污染事故具有重大过错，理应与蒋荣祥承担连带赔偿责任，综合3个公司运出并倾倒的废酸数量及佳余公司在本次事故中所起作用等因素，酌情确定各自对损害后果承担的赔偿责任比例。一审法院于2012年6月作出判决，判令蒋荣祥赔偿叶榭镇政府各项经济损失887266元，董胜振承担连带赔偿责任；佳余公司、浩盟公司、日新公司分别对蒋荣祥应当赔偿的款项承担20%、65%、15%的连带赔偿责任。

本案的典型意义在于，危险废物不但严重威胁人体健康，也会对人类赖以生存的生态环境造成巨大破坏，必须依法进行申报和处理。本案中，蒋荣祥在未取得危险废物经营许可证的情况下擅自倾倒废酸，致使红先河严重污染，应承担全部赔偿责任。董胜振作为蒋荣祥雇佣的驾驶员，对未经处理的废酸倾倒至雨水井可能造成的危害后果应当具有预见能力，但其盲目听从蒋荣祥的指派，故意将废酸倒入雨水井中，应与蒋荣祥承担连带赔偿责任。佳余公司、浩盟公司与日新公司未办理法定手续，擅自将废酸交由不具备资质的个人运输并排放，应根据各自违法处理危险废物的数量以及对事故发生所起作用等因素按份额与蒋荣祥共同承担责任。虽然环境保护行政主管部门已对上述3个公司进行了行政罚款，蒋荣祥、董胜振也被处以刑罚，但均不能免除或减轻其民事赔偿责任。通过刑事责任、行政责任、民事责任3种责任方式的综合运用，提高污染者的违法成本，并对潜在的污染者形成有效震慑，达到防治危险废物污染的目的。

三、拓展阅读

1. 柳利霞，2021. 环境侵权中修复责任的体现——以水污染侵权纠纷为例[J]. 法制博览(07)：5-8.

2. 安娜，2017. 我国水污染侵权民事责任制度研究[J]. 哈尔滨学院学报，38(04)：52-55.

3.《中华人民共和国水污染防治法》

第 85 条　有下列行为之一的，由县级以上地方人民政府环境保护主管部门责令停止违法行为，限期采取治理措施，消除污染，处以罚款；逾期不采取治理措施的，环境保护主管部门可以指定有治理能力的单位代为治理，所需费用由违法者承担：

(一)向水体排放油类、酸液、碱液的；

(二)向水体排放剧毒废液，或者将含有汞、镉、砷、铬、铅、氰化物、黄磷等的可溶性剧毒废渣向水体排放、倾倒或者直接埋入地下的；

(三)在水体清洗装贮过油类、有毒污染物的车辆或者容器的；

(四)向水体排放、倾倒工业废渣、城镇垃圾或者其他废弃物，或者在江河、湖泊、运河、渠道、水库最高水位线以下的滩地、岸坡堆放、存贮固体废弃物或者其他污染物的；

(五)向水体排放、倾倒放射性固体废物或者含有高放射性、中放射性物质的废水的；

(六)违反国家有关规定或者标准，向水体排放含低放射性物质的废水、热废水或者含有病原体的污水的；

(七)未采取防渗漏等措施，或者未建设地下水水质监测井进行监测的；

(八)加油站等的地下油罐未使用双层罐或者采取建造防渗池等其他有效措施，或者未进行防渗漏监测的；

(九)未按照规定采取防护性措施，或者利用无防渗漏措施的沟渠、坑塘等输送或者存贮含有毒污染物的废水、含病原体的污水或者其他废弃物的。

有前款第三项、第四项、第六项、第七项、第八项行为之一的，处二万元以上二十万元以下的罚款。有前款第一项、第二项、第五项、第九项行为之一的，处十万元以上一百万元以下的罚款；情节严重的，报经有批准权的人民政府批准，责令停业、关闭。

第四节　海洋环境污染防治法

一、主要知识点

(一)海洋环境污染防治法概述

海洋污染(ocean pollution)，一般是指直接或间接地把物质或能量引入海洋环境，产生损害海洋生物资源、危害人体健康、妨碍渔业和海上其他合法活动、损坏海水使用素质和减损环境质量等有害影响。

从人为原因导致的海洋污染看，海洋污染物的来源主要有三个：一是陆地型污染源，这是指从陆地向海域排放污染物的场所、设施等，包括工厂直接入海的排污管道、混合入海排油管道、入海河流、沿海油田以及港口等；二是海上型污染源，这是指船舶或海上设施、海洋倾废等；三是大气型污染源，主要是指大气降水或大气沉降使污染物进入海洋。

(二) 海洋环境污染防治的制度措施

海洋环境污染防治的制度措施主要从以下几方面进行规制：第一，海洋环境污染防治的一般措施，分为对保护海水水质实行标准管制以及对重点海域排污实施总量控制。第二，防治陆源污染物对海洋环境的污染损害。第三，防治海岸工程建设项目对海洋环境的污染损害。第四，防治海洋工程建设项目对海洋环境的污染损害。第五，防治倾倒废弃物对海洋环境的污染损害。第六，防治船舶及有关作业活动对海洋环境的污染损害。

(三) 海洋环境污染的基本法律制度

20 世纪 70 年代以来，我国陆续颁布了有关防止海洋污染损害的法律法规。1974 年国务院颁布了《防止沿海水域污染暂行条例》，1982 年颁布了《海洋环境保护法》，1999 年第九届全国人大常委会对该法进行了修订。为实施《海洋环境保护法》，国务院先后颁布了《海洋石油勘探开发环境保护管理条例》(1983 年)、《防止船舶污染海域管理条例》(1983 年)、《海洋倾废管理条例》(1985 年)、《防治陆源污染物损害海洋环境管理条例》(1990 年)、《防治海洋工程建设项目污染损害海洋环境管理条例》(2006 年)、《防治海岸工程建设项目污染损害海洋环境管理条例》(2007 年)。2017 年 11 月 4 日，第十二届全国人民代表大会常务委员会第三十次会议决定，通过对《中华人民共和国海洋环境保护法》作出修改。自 2017 年 11 月 5 日起施行。

二、典型案例分析

(一) 上海晟敏投资集团有限公司与普罗旺斯船东 2008-1 有限公司、法国达飞轮船有限公司、罗克韦尔航运有限公司船舶污染损害责任纠纷案[①]

【基本案情】

2013 年 3 月，普罗旺斯船东 2008-1 有限公司(以下简称普罗旺斯公司)所有并由法国达飞轮船有限公司(以下简称达飞公司)光船租赁的"达飞佛罗里达"轮与罗克韦尔航运有限公司(以下简称罗克韦尔公司)所有的"舟山"轮发生碰撞，致使"达飞佛罗里达"轮泄漏燃油共计 613.28 吨。上海海事行政主管部门组织包括上海晟敏投资集团有限公司(以下简称晟敏公司)在内的各清污单位进行清污作业。另案生效法律文书认定，"达飞佛罗里达"

---

① 最高人民法院 2019 年度人民法院环境资源典型案例，载于最高人民法院网。

轮与"舟山"轮对涉案碰撞事故各承担50%的责任。准许罗克韦尔公司设立非人身伤亡海事赔偿责任限制基金，普罗旺斯公司、达飞公司设立海事赔偿责任限制基金，晟敏公司在债权登记期间就涉案费用申请债权登记并得以准许。晟敏公司诉至法院，请求普罗旺斯公司、达飞公司、罗克韦尔公司连带支付应急处置费2299.53万元及利息。

【争议焦点】

1. 晟敏公司是否有权向责任方主张由此产生的合理费用？
2. 罗克韦尔公司是否承担赔偿责任？如果承担，承担何种赔偿责任？

【案件分析】

经审理，本案中晟敏公司对碰撞事故引发的污染损害进行防污清污措施，有权向责任方主张由此产生的合理费用。综合全案证据材料，确认该合理费用数额为923.40万元。普罗旺斯公司、达飞公司分别为漏油船舶的所有人和登记光船承租人，应承担上述费用。罗克韦尔公司并非漏油船舶，不应承担连带责任。一审判决晟敏公司对普罗旺斯公司、达飞公司享有防污清污费923.40万元的债权，其就上述债权可参与普罗旺斯公司、达飞公司为涉案碰撞事故设立的非人身伤亡海事赔偿责任限制基金分配。浙江省高级人民法院二审维持原判。最高人民法院再审认为，原审确认的船舶使用费、作业人员费用标准过低，应予调整。除本金外，晟敏公司主张的防污清污费利息也应支持。罗克韦尔公司系具有过错的第三人，应当按照其50%过错承担赔偿责任。最高人民法院改判普罗旺斯公司、达飞公司支付防污清污费人民币1580.46万元(含已预付费用人民币757.72万元)及利息；罗克韦尔公司支付防污清污费人民币790.23万元及利息。

本案的典型意义在于，其系船舶污染损害责任纠纷。近年来，船舶碰撞产生的燃油泄漏事件，是造成海洋污染的重要原因，污染后果往往特别严重。传统"谁漏油，谁负责"的观点难以保障海洋生态环境的治理修复。本案判决，依法适用国际公约、国内法和司法解释，认定碰撞船舶所有人作为有过错的第三人也应承担赔偿责任，全面反映了对污染者与第三人实行无过错责任原则、过错责任原则的基本内涵，即原则上污染者负全责，另有过错者相应负责。本案的审理对于厘清船舶污染损害责任纠纷中的责任主体、责任份额及责任承担方式，为具有海上船舶溢油清除服务等资质的第三方公司参与海洋污染治理提供了司法支持，具有积极的示范意义。

(二)大连市海洋与渔业局与昂迪玛海运有限公司、博利塔尼亚汽船保险协会海域污染损害赔偿纠纷再审审查案①

【基本案情】

葡萄牙籍油轮"阿提哥"轮(77399总吨)于2005年4月3日在大连险礁岩(38°57.34′N，121°54.53′E)搁浅，船体破损泄漏原油，造成海洋污染。昂迪玛海运有限公司、博利塔尼亚汽船保险协会分别为该轮所有人、油污责任保险人。大连市海洋与渔业局于2005年5月23日向大连海事法院起诉，请求判令昂迪玛公司与保险协会连带赔偿损失人民币

---

① 最高人民法院第二批涉"一带一路"建设典型案例，载于最高人民法院网。

5907.6万元(含海洋环境容量损失和海洋生态服务功能损失人民币5647.6万元、调查估损鉴定费人民币260万元)。

【争议焦点】

1. 本案中，大连市海洋与渔业局是否为本案的适格主体？
2. 大连市海洋与渔业局请求判令被告赔偿损失人民币5907.6万元这一行为是否合理？

【案件分析】

经审理，本案中大连市海洋与渔业局属于依法行使海洋环境监督管理权的部门，是请求本案油污损害赔偿的适格主体；但大连市海洋与渔业局未能证明其于污染事故发生后实际采取恢复措施，相反，根据国家海洋环境监测中心司法鉴定所的报告，溢油影响海域在未采取任何措施的情况下已实际恢复，遂判决驳回大连市海洋与渔业局的诉讼请求。大连市海洋与渔业局不服，提起上诉。

辽宁省高级人民法院二审认为，大连市海洋与渔业局诉请的海洋生态环境损失包括海洋生态服务功能损失和海洋环境容量损失，属于对海洋环境损害提出的赔偿请求；大连市海洋与渔业局在二审庭审中提供其已经支付了人民币50万元的评估监测费用的凭证，该费用属于合理费用，应由昂迪玛公司承担。辽宁省高级人民法院遂作出二审判决，撤销一审判决；判令昂迪玛公司赔偿大连市海洋与渔业局评估监测损失人民币50万元；驳回大连市海洋与渔业局的其他诉讼请求。大连市海洋与渔业局不服二审判决，向最高人民法院申请再审。

最高人民法院经审查认为，中华人民共和国系《1992年国际油污损害民事责任公约》的缔约国，一、二审判决适用该公约解决本案纠纷正确。根据该公约第一条第6项的规定，对环境损害的赔偿应当限于已经实际采取或者将要采取的合理恢复措施的费用。该公约第3条第4项规定，除非符合该公约，否则不得向船舶所有人提出污染损害赔偿请求。大连市海洋与渔业局提出的海洋生态环境损失能否得到赔偿取决于该损失是否属于公约规定的赔偿范围。大连市海洋与渔业局并无证据证明其已经对受污染海域采取了实际恢复措施并产生费用，其虽根据损失评估报告主张污水处理费用人民币5520万元属于"将要采取的合理恢复措施"，但是根据国家海洋局北海环境监测中心及国家海洋环境监测中心司法鉴定所的检测结论，本案溢油事故发生25天后的2005年4月28日，溢油海域的水质未超过海水水质二类标准；到2005年10月，海洋环境已经恢复，大连市海洋与渔业局也无证据证明对该海域进行污水处理的必要性，因此，一、二审判决认定上述费用不属于公约规定的实际采取或将要采取的合理恢复措施的费用，并无不当。最高人民法院于2015年12月29日裁定驳回大连市海洋与渔业局的再审申请。

本案的典型意义在于，其属于"一带一路"沿线地区发生的海上环境污染损害赔偿纠纷，当事船舶的所有人和油污责任险保险人分别为西班牙和英国公司，本案也是"一带一路"沿线国家当事人之间发生的纠纷。最高人民法院切实贯彻法发〔2015〕9号《关于人民法院为"一带一路"建设提供司法服务和保障的若干意见》的规定，发挥了良好的示范指引作用。中国作为一个负责任的海事大国，严格依照《维也纳条约法公约》的规定，根据条约用语通常所具有的含义按其上下文并参照条约的目的及宗旨进行善意解释，具体明确《1992

年国际油污损害民事责任公约》下的环境损害赔偿限于合理恢复措施的费用(含监测评估费用)，确保国际条约适用的统一性、稳定性和可预见性。在现行公约体系下，船舶油污损害赔偿有其特殊性，但部分当事人因不能准确领会公约精神，索赔有关船舶油污造成的海洋生态环境损害时不以恢复措施费用索赔，而以海洋生态服务功能损失和海洋环境容量损失索赔，该索赔损失项目与公约不匹配，属于公约明确排除于赔偿范围之外的请求，该案裁定对于指导依法行使海洋环境监督管理权的部门准确索赔类似海洋生态损害有重要意义。尽管原告系中国国家机关，本案三级法院坚持以法律为准绳，以事实为依据，坚决驳回原告没有事实和法律依据的诉讼请求，充分体现了中国法院严格贯彻对中外当事人平等保护原则。

三、拓展阅读

1. 王秀卫，2021. 海洋生态环境损害赔偿制度立法进路研究——以《海洋环境保护法》修改为背景[J]. 华东政法大学学报，24(01)：76-86.

2. 陆远航，赵微，2020. 海洋环境污染犯罪刑事立法存在的问题及应对[J]. 社会科学家(12)：115-119.

3.《中华人民共和国海洋环境保护法》

第73条 违反本法有关规定，有下列行为之一的，由依照本法规定行使海洋环境监督管理权的部门责令停止违法行为、限期改正或者责令采取限制生产、停产整治等措施，并处以罚款；拒不改正的，依法作出处罚决定的部门可以自责令改正之日的次日起，按照原罚款数额按日连续处罚；情节严重的，报经有批准权的人民政府批准，责令停业、关闭：(一)向海域排放本法禁止排放的污染物或者其他物质的；(二)不按照本法规定向海洋排放污染物，或者超过标准、总量控制指标排放污染物的；(三)未取得海洋倾倒许可证，向海洋倾倒废弃物的；(四)因发生事故或者其他突发性事件，造成海洋环境污染事故，不立即采取处理措施的。

有前款第(一)、(三)项行为之一的，处三万元以上二十万元以下的罚款；有前款第(二)、(四)项行为之一的，处二万元以上十万元以下的罚款。

第78条 违反本法第39条第2款的规定，经中华人民共和国管辖海域，转移危险废物的，由国家海事行政主管部门责令非法运输该危险废物的船舶退出中华人民共和国管辖海域，并处五万元以上五十万元以下的罚款。

第五节 土壤污染防治法

一、主要知识点

(一)土壤污染防治法概述

土壤是指陆地生物生长或生活的地壳岩石表面的疏松表层，其厚度一般在2米左右。

土壤污染一般指土壤因物质、生物或者能量的介入，其原有特性或者质量发生改变，从而发生影响土壤有效利用、危害人体健康或者破坏生态环境的现象。

依照《中华人民共和国土壤污染防治法》（以下简称《土壤污染防治法》）的解释，土壤污染是指因人为因素导致某种物质进入陆地表层，引起土壤化学、物理、生物等方面特性的改变，影响土壤功能和有效利用，危害公众健康或者破坏生态环境的现象。防止土壤污染，应当坚持预防为主、保护优先、分类管理、风险管控、污染担责和公众参与的原则。

为防治土壤污染、保障公众健康、推动土壤资源永续利用，2018年8月，全国人大常委会审议通过了新制定的《土壤污染防治法》，该法自2019年1月1日起施行。

（二）土壤污染防治的综合性制度与措施

1. 规划制度

《土壤污染防治法》规定，将土壤污染防治工作纳入环境保护规划，并应根据环境保护规划要求、土地用途、土壤污染状况普查和监测结果等，编制土壤污染防治规划。

2. 标准制度

《土壤污染防治法》明确要求制定国家土壤污染风险管控标准，对国家土壤污染风险管控标准中未作规定的项目，可以制定地方土壤污染风险管控标准，并支持对土壤环境背景值和环境基准的研究。

3. 普查制度

《土壤污染防治法》规定，国务院有关部门每10年至少组织一次全国土壤污染状况普查。为了弥补普查时间跨度较大的不足，还规定了国务院有关部门、设区的市级以上地方人民政府可以根据实际情况组织开展部分地区土壤污染状况普查。

4. 监测制度

《土壤污染防治法》规定国家实行土壤环境监测制度。即生态环境主管部门制定监测规范，组织监测网络，统一规划国家土壤环境监测站（点）的设置，地方人民政府有关部门还应加强对有关地块的重点监测和土壤污染重点监管单位周边土壤的定期监测。

（三）土壤污染的风险管控和修复制度

根据不同类型土地的特点，《土壤污染防治法》分设专节规定了农用地和建设用地的土壤污染风险管控和修复，设置了不同的制度和措施。一是对农用地建立了分类管理制度。规定按照土壤污染程度和相关标准，将农用地划分为优先保护类、安全利用类和严格管控类，分别规定不同的管理措施，明确相应的风险管控和修复要求：将符合条件的优先保护类耕地划为永久基本农田，实行严格保护；对安全利用类农用地，结合主要作物品种和种植习惯等情况，制定并实施安全利用方案；对严格管控类农用地，应当划定特定农产品禁止生产区域、开展土壤和农产品协同监测与评价，并鼓励采取调整种植结构、退耕还林还草、退耕还湿、轮作休耕、轮牧休牧等风险管控措施。二是对建设用地建立土壤污染风险管控和修复名录制度，规定进出名录管理地块的条件、程序以及应当采取的风险管控和修复措施与禁止行为要求。

二、典型案例分析

(一)中山市围垦有限公司与苏洪新等5人、中山市慈航农业投资有限公司土壤污染责任纠纷案①

【基本案情】

中山市围垦有限公司(以下简称围垦公司)系涉案地块土地使用权人。2015年3月,围垦公司将涉案地块租赁给中山市慈航农业投资有限公司(以下简称慈航公司)经营使用。2016年6月,慈航公司擅自将上述地块转租给苏洪新填土。2016年8月,经万荣均介绍,胡锦勇分两次将李日祥经营的洗水场内的废弃物运输至苏洪新处用于上述填土工程。胡胜栋也参与了上述运输行为。2017年7月,中山市环境科学学会针对上述污染行为提起环境公益诉讼。广东省广州市第二中级人民法院2018年9月作出生效民事判决,判令李日祥等5人、慈航公司共同赔偿生态环境受到损害至恢复原状期间服务功能损失费用205.21万元,修复涉案地块(原为水塘)水质至地表水第Ⅲ类标准、土壤第Ⅲ类标准。围垦公司于本案诉至法院,请求苏洪新等5人、慈航公司连带清偿因委托第三方清运、处理涉案违法倾倒的固体废物以及打井钻探取样、检测支付的费用共计102.87万元,并恢复涉案污染土地原状、实施涉案土地的土壤修复、周边生态环境修复和周边水体的净化处理。

【争议焦点】

1. 围垦公司作为涉案土地使用权人,是否可就涉案土地污染受到的人身、财产损害提起民事诉讼并就其实际损害获得赔偿?

2. 围垦公司关于委托第三方清运、处理涉案违法倾倒固体废物以及打井钻探取样、检测支付费用应否得到赔偿?

【案件分析】

经审理,本案中围垦公司作为涉案土地使用权人,可就涉案土地污染受到的人身、财产损害提起民事诉讼并就其实际损害获得赔偿。但围垦公司关于委托第三方清运、处理涉案违法倾倒固体废物以及打井钻探取样、检测支付费用等诉讼请求,证据不足,不予支持;关于涉案污染土地恢复原状、土壤及周边环境修复的诉讼请求,已包含在另案环境公益诉讼判决范围内。一审判决驳回围垦公司的诉讼请求。广东省中山市中级人民法院二审维持原判。

本案的典型意义在于,本案系土壤(水)污染责任纠纷案件。针对同一污染行为,环境公益诉讼和私益诉讼之间应如何衔接。《最高人民法院关于适用〈中华人民共和国民事诉讼法〉的解释》第288条规定:"人民法院受理公益诉讼案件,不影响同一侵权行为的受害人根据民事诉讼法第119条规定提起诉讼。"本案中,围垦公司作为涉案地块的土

---

① 最高人民法院2019年度人民法院环境资源典型案例,载于最高人民法院网。

地使用权人,有权就其因涉案地块污染受到的人身、财产损害提起诉讼。但应就其主张负有举证证明责任,举证不能的,应承担不利法律后果。同时,受害人在私益诉讼中也可就与其人身、财产合法权益保护密切相关的生态环境修复提出主张。本案系因公益诉讼另案生效判决在先,该案已委托专业机构对环境损害进行鉴定评估,确定了生态环境损害费用和污染治理的可行性修复方案,受害人也应受该案生效判决既判力约束,故对其已在公益诉讼生效判决范围之内的诉讼请求,不再重复支持。本案的正确审理,对厘清环境公益诉讼和私益诉讼之间的关系,引导当事人进行合理化诉讼安排具有示范意义。

(二)铜仁市人民检察院诉贵州玉屏湘盛化工有限公司、广东韶关沃鑫贸易有限公司土壤污染责任民事公益诉讼案①

【基本案情】

贵州玉屏湘盛化工有限公司(以下简称湘盛公司)、广东韶关沃鑫贸易有限公司(以下简称沃鑫公司)均未取得危险废物经营许可证。2010年5月,两公司建立合作关系,沃鑫公司提供原料给湘盛公司加工,加工费为生产每吨硫酸240元,硫酸产品及废渣由沃鑫公司负责接收销售。2011年11月1日,两公司签订《原料购销协议》,以湘盛公司名义对外向中金岭南丹霞冶炼厂购买硫精矿原料。2011年11月1日至2015年7月6日,湘盛公司共取得硫精矿6.69万吨,用于生产硫酸。2015年3月30日至2018年3月30日,湘盛公司整体承包给沃鑫公司独立经营,期间曾发生高温水管破裂事故,导致生产车间锅炉冷却水直接排入厂外河流。上述生产过程中,生产原材料和废渣淋溶水、生产废水流入厂区外,造成厂区外一、二号区域土壤污染。经鉴定,一号区域为灌草地,重金属污染面积约达3600平方米,全部为重度污染。二号区域为农田,重金属污染面积达3.95万平方米,91%的土壤为重度污染,7%的土壤为中度污染,2%的土壤为轻度污染。污染地块的种植农作物重金属超标。县环境保护局于2015年、2016年两次责令湘盛公司拆除排污暗管、改正违法行为,处以行政罚款。2016年9月,湘盛公司及其法定代表人梁长训、沃鑫公司余军因犯污染环境罪被追究刑事责任。2017年12月,贵州省环境科学研究设计院出具《损害评估报告》,确认涉案土壤污染损害费用包括消除危险费用、污染修复、期间生态服务功能损失共计639.7万元。

【争议焦点】

1. 贵州省环境科学研究设计院出具的《损害评估报告》是否具有合法性?

2. 湘盛公司、沃鑫公司的生产行为与污染后果之间是否具有因果关系?

3. 湘盛公司、沃鑫公司是否构成共同侵权?是否应当承担民事责任?应当承担连带责任还是按份责任?承担责任的范围如何认定?

4. 涉案土壤污染侵权责任承担方式如何确定?《损害评估报告》能否作为认定具体损失及费用的依据?

---

① 最高人民法院2019年生态环境保护典型案例,载于最高人民法院网。

【案件分析】

经审理，本案中湘盛公司、沃鑫公司均无危险废物经营许可证，不具备危废处理资质。两公司生产过程中实施了污染行为，涉案污染土壤中重金属与湘盛公司生产原料、废渣及排放废水中所含重金属成分相同，具有同源性，且污染土壤区域的重金属含量均远高于对照检测点，足以认定两公司排污行为与涉案土壤及地上农作物中度污染之间的因果关系。两公司先为合作，后为承包，主观上具有共同故意，客观上共同实施了污染行为，应承担连带责任。一审法院判决湘盛公司、沃鑫公司立即停止侵害，在对生产厂区进行综合整改及环境监控，未通过相关环保行政职能部门监督验收前，不得生产；对厂区留存全部原料及废渣进行彻底无污染清除，逾期则应当支付危废处置费60.3万元，聘请第三方处置；对涉案土壤进行修复，逾期则支付修复费用230万元，聘请第三方修复；赔偿生态环境期间服务功能损失127.19万元，承担本案鉴定费38.6万元。

本案的典型意义在于，本案是由检察机关提起的土壤污染民事公益诉讼案件。土壤是经济社会可持续发展的重要物质基础。尤其本案所涉二号区域用途为农用耕地，其地上农作物及农产品的安全更是直接关乎群众身体健康。本案审理法院依法启动鉴定程序对涉案专业问题作出技术判断，鉴定机构出具的评估报告同时提供了土壤污染的风险判定和具体修复方案，为推动后续土壤修复治理提供了专业技术支撑。本案审理法院还向县政府发出司法建议，建议通过征用程序改变二号区域的农用耕地用途，消除被污染土地继续种植农作物可能带来的人体健康风险。同时，突出保护农用耕地、基本农田的价值理念，将农用耕地用途改变导致农用耕地功能丧失纳入期间服务功能损失，建立了民事裁判与行政执法之间的衔接路径。本案的正确审理，为涉案土壤污染构建了"责任人修复+政府监管+人民法院强制执行+人民检察院监督"的全新复合治理路径，有力地推进了污染土壤的修复治理，确保实现涉地农业生产环境安全，体现了司法保护公益的良好效果。

三、拓展阅读

1. 秦天宝，董芳，2016. 我国土壤污染防治立法探究[J]. 中国环境管理，8(05)：31-35.

2.《中华人民共和国土壤污染防治法》

第96条　污染土壤造成他人人身或者财产损害的，应当依法承担侵权责任。土壤污染责任人无法认定，土地使用权人未依照本法规定履行土壤污染风险管控和修复义务，造成他人人身或者财产损害的，应当依法承担侵权责任。

土壤污染引起的民事纠纷，当事人可以向地方人民政府生态环境等主管部门申请调解处理，也可以向人民法院提起诉讼。

3. 王伟，2015. 农产品产地土壤污染防治立法研究[M]. 北京：中国法制出版社.

第六节 噪声污染防治法

一、主要知识点

(一)噪声污染防治法概述

环境噪声污染则是指所产生的环境噪声超过国家规定的环境噪声排放标准,并干扰他人正常生活、工作和学习的现象。与"环境噪声"的概念相比较,在环境噪声排放标准规定的数值以内排放的噪声可称为环境噪声;超过环境噪声排放标准规定的数值排放噪声并产生了干扰现象的,则称为环境噪声污染。

环境噪声具有如下特点:第一,环境噪声具有无形性和多发性,不会导致二次污染;第二,环境噪声具有局限性和暂时性,当声源一旦停止运作,环境噪声即刻完全消失;第三,环境噪声具有危害性及其不易评估性,会对周围局部存在的人群或物造成多方面的干扰、影响和危害。

所以,早在20世纪50年代我国制定的《工厂安全卫生规程》中就对工厂内各种噪声源规定了防治措施。在1957年我国全国人大常务委员会制定的《治安管理处罚条例》中,也对在城市任意发放高大声响、影响周围居民的工作和休息且不听制止者规定了处罚条款。1973年,国务院发布的《关于保护和改善环境的若干规定(试行草案)》中专门对工业和交通噪声的控制作出了规定。1989年,国务院公布了专门的《环境噪声污染防治条例》(已失效),为全面开展防治环境噪声污染的行政管理提供了行政法规的依据。1996年,在全面总结环境噪声污染防治工作经验的基础上,我国制定施行了《中华人民共和国环境噪声污染防治法》(以下简称《环境噪声污染防治法》)。

(二)噪声污染防治的管理体制

国务院环境保护行政主管部门对全国环境噪声污染防治实施统一监督管理。

县级以上地方人民政府环境保护行政主管部门对本行政区域内的环境噪声污染防治实施统一监督管理。

各级公安、交通、铁路、民航等主管部门和港务监督机构,根据各自的职责,对交通运输和社会生活噪声污染防治实施监督管理。

(三)环境标准制度

1. 声环境质量标准制度

国务院环境保护行政主管部门依据不同的功能区制定国家声环境质量标准。县级以上地方人民政府根据国家声环境质量标准,划定本行政区域内各类声环境质量标准的适用区域,并进行管理。声环境质量标准是衡量区域环境是否受到环境噪声污染的客观判断标准,也是制定环境噪声排放标准的主要依据。同时,声环境质量标准还是城市规划部门划定建筑物与交通干线防噪声距离的法定标准之一。

2. 噪声排放标准制度

国务院环境保护行政主管部门根据国家声环境质量标准和国家经济、技术条件，制定国家环境噪声排放标准。

二、典型案例分析

（一）孟德玉诉天津东南新城城市建设投资有限公司噪声污染责任纠纷案①

【基本案情】

2015年10月，孟德玉购买天津东南新城城市建设投资有限公司（以下简称东南新城公司）开发建设的住宅楼一楼住宅一套。因东南新城公司设置于该住宅楼下的地下供热管道及供热泵存在噪声，孟德玉自2015年12月1日起在外租房居住。天津市津南区环境监察支队对涉案房屋进行了噪声检测。检测报告显示，涉案房屋夜间室内噪声等效声级值（L_{eq}）为：主卧37.8，小卧37.0，次卧33.6，客厅39.1。孟德玉诉至法院，要求判令东南新城公司消除侵害，并赔偿其在外租房费用6.60万元。

【争议焦点】

1. 本案中涉案房屋的噪声是否超标？
2. 本案如存在噪声侵害，责任主体如何确定？

【案件分析】

经审理，本案中东南新城公司作为房地产开发企业，未能依照《住宅设计规范》（GB 50096—1999）的相关规定对公共用电机房进行隔声减震处理，造成涉案房屋噪声排放标准高于《社会生活环境噪声排放标准》（GB 22337—2008）规定的排放限值，应对由此造成的噪声污染承担责任。一审法院判决，东南新城公司在5个月的期间内对涉案供热设备及管道进行降噪改造达到《社会生活环境噪声排放标准》规定的标准，并赔偿孟德玉租房费用损失2.75万元。天津市第二中级人民法院二审维持原判。

本案的典型意义在于，本案系商品房住宅楼内地下供热管道及供热泵噪声污染纠纷案件。本案参照《社会生活环境噪声排放标准》，认定住宅楼内供热管道、供热泵持续发出噪声，干扰居民正常生活并超过国家规定的环境噪声排放标准，构成噪声污染，具有妥当性和合理性。本案判决东南新城公司进行降噪改造并赔偿相应损失，同时考虑改造措施及住房人居住需求，限定明确的改造期限，有利于裁判结果的有效执行，督促房地产开发企业自觉承担消除住宅噪声污染的社会责任，维护人民群众宁静生活的权益。

（二）吴国金诉中铁五局（集团）有限公司、中铁五局集团路桥工程有限责任公司噪声污染责任纠纷案②

【基本案情】

在中铁五局（集团）有限公司（以下简称中铁五局）、中铁五局集团路桥工程有限责任

---

① 最高人民法院2019年度环境资源典型案例，载于最高人民法院网。
② 最高人民法院十起环境侵权典型案例，载于最高人民法院网。

公司(以下简称路桥公司)施工期间,距离施工现场 20~30 米的吴国金养殖场出现蛋鸡大量死亡、生产软蛋和畸形蛋等情况。吴国金聘请 3 位动物医学方面的专家到养殖场进行探查,认为蛋鸡不是因为疫病死亡,而是在突然炮声或长期噪声影响下受到惊吓,卵子进入腹腔内形成腹膜炎所致。吴国金提起诉讼,请求中铁五局、路桥公司赔偿损失 150 万余元。

【争议焦点】
1. 原告养殖场蛋鸡的损失与被告施工产生的噪声之间是否具有因果关系?
2. 如何确定吴国金养殖场因噪声而导致的损失?

【案件分析】
经审理,本案中吴国金养殖场蛋鸡的损失与中铁五局、路桥公司施工产生的噪声之间具有因果关系,中铁五局、路桥公司应承担相应的侵权责任。按照举证责任分配规则,吴国金应证明其具体损失数额。虽然吴国金所举证据无法证明其所受损失的具体数额,但中铁五局、路桥公司对于施工中产生的噪声造成吴国金损失的事实不持异议,表示愿意承担赔偿责任。但在此情况下,一审法院依据公平原则,借助养殖手册、专家证人所提供的基础数据,建立计算模型,计算出吴国金所受损失并判令中铁五局、路桥公司赔偿 35 万余元。贵州省贵阳市中级人民法院二审肯定了一审法院以养殖手册及专家意见确定本案实际损失的做法,终审判令中铁五局、路桥公司赔偿吴国金 45 万余元。

本案的典型意义在于,为如何确定环境损害数额提供了借鉴。环境损害数额的确定,往往需要通过技术手段鉴定。但在鉴定困难、鉴定成本过高或不宜进行鉴定的情况下,人民法院可以参考专家意见,结合案件具体案情,依正当程序合理确定损失数额。本案中,吴国金能够证明其开办养鸡场在先,两个被告施工行为在后,在两个被告施工期间其养殖的蛋鸡出现异常死亡,并提交专家论证报告及其自行记载的蛋鸡死亡数量,但是难以举证证明损害的具体数额。在此情况下,受案法院并没有机械地因吴国金证据不足,判决驳回其诉讼请求,而是充分考虑噪声污染的特殊性,在认定蛋鸡受损系与两个被告施工噪声存在因果关系的基础上,通知专家就本案蛋鸡损失等专业性问题出庭作证,充分运用专家证言、养殖手册等确定蛋鸡损失基础数据,并在专家的帮助下建立蛋鸡损失计算模型,得出损失数额并判决支持了吴国金部分诉请,在确定环境损害数额问题上做了有益尝试。

三、拓展阅读

《中华人民共和国环境噪声污染防治法》
第 2 条 本法所称环境噪声,是指在工业生产、建筑施工、交通运输和社会生活中所产生的干扰周围生活环境的声音。

本法所称环境噪声污染,是指所产生的环境噪声超过国家规定的环境噪声排放标准,并干扰他人正常生活、工作和学习的现象。

第 10 条 国务院环境保护行政主管部门分别不同的功能区制定国家声环境质量标准。
县级以上地方人民政府根据国家声环境质量标准,划定本行政区域内各类声环境质量标准的适用区域,并进行管理。

第61条 受到环境噪声污染危害的单位和个人,有权要求加害人排除危害;造成损失的,依法赔偿损失。

赔偿责任和赔偿金额的纠纷,可以根据当事人的请求,由环境保护行政主管部门或者其他环境噪声污染防治工作的监督管理部门、机构调解处理;调解不成的,当事人可以向人民法院起诉。当事人也可以直接向人民法院起诉。

第七节 固体废物污染环境防治法

一、主要知识点

(一)固体废物污染环境防治法概述

固体废物是指在生产、生活和其他活动中产生的丧失原有利用价值或者虽未丧失利用价值但被抛弃或者放弃的固态、半固态和置于容器中的气态的物品、物质以及法律、行政法规规定纳入固体废物管理的物品、物质。

1995年10月,全国人大常务委员会通过了《中华人民共和国固体废物污染环境防治法》(以下简称《固体废物污染环境防治法》)。这部法律系统地规定了防治固体废物处理的基本原则、监管体制、制度措施、法律责任等内容,为固体废物污染环境防治工作、控制固体废物污染转移以及危险废物的特别管理提供了法律依据和保障。2004年,我国对《固体废物污染环境防治法》进行了修订。新修订的法律强调:国家采取有利于固体废物综合利用活动的经济、技术政策和措施,对固体废物实行充分回收和合理利用,促进清洁生产和循环经济发展。该法于2013年、2015年、2016年又先后三次被修正,于2020年修订。

(二)固体废物污染防治的基本规定

1. 固体废物管理体制

《固体废物污染环境防治法》规定:国务院环境保护部门对全国固体废物污染环境的防治工作实施统一监督管理。国务院有关部门在各自的职责范围内负责固体废物污染环境防治的监督管理工作。县级以上地方人民政府环境保护部门对本行政区域内固体废物污染环境的防治工作实施统一监督管理。县级以上地方人民政府有关部门在各自的职责范围内负责固体废物污染环境防治的监督管理工作。环境保护部门对固体废物污染环境的防治工作实施统一监督管理。

2. "三化"原则

"三化"原则是指固体废物的减量化、资源化和无害化。

减量化是指最大限度地合理开发利用资源,尽可能地减少资源消耗,降低固体废物的产生量和排放量。资源化是指对已经产生的固体废物进行回收、加工、循环利用等。无害化是指对已经产生又无法或暂时不能再利用的固体废物进行无害或低危害的安全处理、处置,以防止、减少固体废物的污染危害。

3. 全过程管理原则

全过程管理是指对固体废物从产生、收集、贮存、运输、利用直到最终处置的全部过程及各个环节,都实行控制管理和开展污染防治。

(三)固体废物污染防治的分类管理规定

固体废物具有来源广泛、成分复杂的特征,因此《固体废物污染环境防治法》明确规定主管部门针对不同的固体废物制定不同的对策或措施,并确立了对固体废物实施分类管理的原则,将固体废物分为工业固体废物、生活垃圾以及危险废物三类。其中对工业固体废物、生活垃圾采取一般管理措施,对危险废物采取特别管理措施。

1. 工业固体废物

工业固体废物,是指在工业生产活动中产生的固体废物。在我国,对工业固体废物污染环境的监督管理工作主要由环境保护部门负责实施。

2. 生活垃圾

生活垃圾,是指在日常生活中或者为日常生活提供服务的活动中产生的固体废物以及法律、行政法规规定视为生活垃圾的固体废物。

《固体废物污染环境防治法》分别规定了地方政府、环卫部门、垃圾处理企业以及居民等在生活垃圾排放、收集、运输、处置等环节的责任。

3. 危险废物

危险废物,是指列入国家危险废物名录或者根据国家规定的危险废物鉴别标准和鉴别方法认定的具有危险特性的固体废物。我国对具有严重危险性质的危险废物实行严格控制和重点管理,《固体废物污染环境防治法》对危险废物的污染防治提出了较一般废物更为严格的标准和更高的技术要求。

二、典型案例分析

(一)东莞市沙田镇人民政府诉李永明固体废物污染责任纠纷案[1]

【基本案情】

2016年3~5月,李永明违反国家规定向沙田镇泥洲村倾倒了约60车600吨重金属超标的电镀废料,严重污染环境,其行为已构成污染环境罪。2016年7~9月,东莞市沙田镇人民政府(以下简称沙田镇政府)先后两次委托检测机构对污染项目进行检测,分别支出检测费用17500元、31650元。2016年8~9月,东莞市环境保护局召开专家咨询会,沙田镇政府为此支付专家评审费13800元。沙田镇政府委托有关企业处理电镀废料共支出2941000元。2016年12月,经对涉案被污染地再次检测,确认重金属含量已符合环保要求,暂无须进行生态修复,沙田镇政府为此支付检测费用19200元。沙田镇政府委托法律

---

[1] 最高人民法院生态环境保护典型案例,载于最高人民法院网。

服务所代理本案，支付法律服务费39957元。

【争议焦点】

1. 李永明倾倒固体废弃物的数量如何认定？该行为导致沙田政府的损失数额如何确定？

2. 沙田政府本身是否存在过错？若存在，该过错是否构成减轻李永明赔偿责任的理由？

【案件分析】

经审理，本案中沙田镇政府为清理沙田镇泥洲村渡口边的固体废物支出检测费用68350元、专家评审费13800元、污泥处理费2941000元，以上合计3023150元。沙田镇政府系委托具有资质的公司或个人来处理对应事务，并提交了资质文件、合同以及付款单据予以证明。李永明倾倒的固体废物数量占沙田镇政府已处理的固体废物总量的25.6%，故李永明按照比例应承担的损失数额为773926.4元。沙田镇政府为本案支出的法律服务费也应由李永明承担。沙田镇政府对于侵权行为的发生及其损害结果均不存在过错。一审法院判决李永明向沙田镇政府赔偿电镀废料处理费、检测费、专家评审费773926.4元，法律服务费39957元。广东省东莞市中级人民法院二审判决李永明向沙田镇政府赔偿电镀废料处理费、检测费、专家评审费773926.4元。

本案的典型意义在于，本案系固体废物污染责任纠纷。生态环境是人民群众健康生活的重要因素，也是需要刑事和民事法律共同保护的重要法益。生效刑事判决审理查明的事实，在无相反证据足以推翻的情况下，可以作为民事案件认定事实的根据。本案审理法院正确适用《环境保护法》，在依法惩治污染环境罪的同时，对于沙田镇政府处理环境污染产生的损失依法予以支持，体现了"谁污染、谁治理"的原则，全面反映了污染环境犯罪成本，起到了很好的震慑作用。本案对于责任的划分，特别是对地方政府是否存在监管漏洞、处理环境污染是否及时的审查判断，也起到了一定的规范、指引作用。本案的审理和判决对于教育企业和个人依法生产、督促政府部门加强监管有着较好的推动和示范作用。

（二）广东省广州市人民检察院诉广州市花都区卫洁垃圾综合处理厂、李永强固体废物污染环境民事公益诉讼案①

【基本案情】

2007年1月开始，李永强担任广州市花都区卫洁垃圾综合处理厂（以下简称卫洁垃圾厂）的实际投资人及经营者。2007年5月，李永强代表卫洁垃圾厂与广州市花都区炭步镇三联竹湖经济合作社先后签订土地租用协议、合作种植树木合同及补充协议，租用竹湖大岭北约400亩土地合作种植树木，卫洁垃圾厂可运送经筛选的垃圾上山开坑填埋、覆盖后种树。后李永强组织工人将未经处理的垃圾、垃圾焚烧后产生的炉渣堆放在后山，时间长达十年。经检测，卫洁垃圾厂倾倒垃圾的方量为407390.10立方米，质量为24.78万吨。经鉴定，服务功能损失费用为1714.35万元。广州市花都区人民政府成立工作小组对垃圾场进行前期整治，工程费用约348.60万元。在整治处理阶段，当地政府以政府采购的方

---

① 最高人民法院2020年度人民法院环境资源典型案例，载于最高人民法院网。

式委托中标企业联合体于 2020 年 9 月底前完成清理整治主要工作，于 2020 年 12 月 20 日前完成全部清理整治工作并通过验收，工程费用为 10995.57 万元。生态环境修复费用合计 11344.19 万元，监测、鉴定、勘测费用合计 44.89 万元。此外，广东省地质测绘院补充测量费用 5000 元，深圳普尼测试公司进行土壤、地下水监测花费 45100 元。广东省广州市人民检察院提起民事公益诉讼，请求卫洁垃圾厂赔偿上述费用，其实际投资人李永强在企业对上述费用不能清偿时承担赔偿责任。

【争议焦点】

1. 被告卫洁垃圾厂是否应承担 11344.19 万元的涉案场地生态环境修复费用？
2. 被告卫洁垃圾厂是否应支付广东省地质测绘院补充测量产生的 5000 元及深圳普尼测试公司进行土壤、地下水监测产生的 45100 元合理费用？

【案件分析】

经审理，本案中作为经营生态保护和环境治理的卫洁垃圾厂受利益驱使，无视社会公共利益，恣意丢弃原生垃圾，造成生态环境在近十年时间里持续受损，受损的生态环境已无法在短期内恢复。一审判决卫洁垃圾厂支付涉案场地生态环境修复费用、服务功能损失费用、鉴定费及其他合理费用共计约 1.31 亿元，李永强对上述债务时承担补充清偿责任，卫洁垃圾厂、李永强在省级媒体上公开赔礼道歉。该案一审判决已经发生法律效力。

本案的典型意义在于，本案系涉农村固体废物污染的环境民事公益诉讼案件。近年来，生活垃圾处理问题日益凸显，社会广泛关注。尤其是生活垃圾作为固体废弃物由于可运输、可填埋，其污染行为更具隐蔽性，难以被发现查处。本案中，行为人向农村土地大量倾倒未经处理的垃圾、垃圾焚烧后产生的炉渣，时间长达十年，对农村生态环境以及农产品安全造成严重危害，影响极其恶劣。人民法院判令垃圾厂除承担修复费用外，还承担服务功能损失、鉴定费和其他合理费用，其经营者也要承担补充责任，为落实最严格制度最严密法治理念保护生态环境提供了司法范例。本案的处理还极大震慑了向农村偷运、偷埋生活垃圾行为，委托第三方机构进行清理整治工作的方式为解决农村面临的生态环境治理问题、贯彻绿色发展理念、服务乡村振兴提供了司法经验，也为进一步规范城市生活垃圾的处置，增强人民群众环保意识，解决"垃圾围城"之困发出了司法警示。

三、拓展阅读

《中华人民共和国固体废物污染环境防治法》

第 5 条　固体废物污染环境防治坚持污染担责的原则。

产生、收集、贮存、运输、利用、处置固体废物的单位和个人，应当采取措施，防止或者减少固体废物对环境的污染，对所造成的环境污染依法承担责任。

第 16 条　国务院生态环境主管部门应当会同国务院有关部门建立全国危险废物等固体废物污染环境防治信息平台，推进固体废物收集、转移、处置等全过程监控和信息化追溯。

第 20 条　产生、收集、贮存、运输、利用、处置固体废物的单位和其他生产经营者，应当采取防扬散、防流失、防渗漏或者其他防止污染环境的措施，不得擅自倾倒、堆放、丢弃、遗撒固体废物。

禁止任何单位或者个人向江河、湖泊、运河、渠道、水库及其最高水位线以下的滩地和岸坡以及法律法规规定的其他地点倾倒、堆放、贮存固体废物。

第八节 放射性污染防治法

一、主要知识点

(一)放射性污染防治法概述

放射性物质是指能够产生放射性以及辐射的元素及其化合物。放射性污染则是指由于人类活动造成物料、人体、场所、环境介质表面或者内部出现超过国家标准的放射性物质或者射线,从而造成危害的现象。

我国对于放射性污染的立法主要侧重于安全防治领域,坚持预防为主、防治结合的管理模式。早在20世纪六七十年代,国务院就制定了《放射性工作卫生防护暂行规定》。1986年,国务院制定了《民用核设施安全监督管理条例》。翌年,国务院制定了《核材料管理条例》,国家环境保护局制定了《城市放射性废物管理办法》。1989年,国务院制定了《放射性同位素与射线装置放射防护条例》。1990年,国务院制定了《放射环境管理办法》。2003年6月,第十届全国人大常务委员会通过了《中华人民共和国放射性污染防治法》(以下简称《放射性污染防治法》),这是我国首部关于放射性污染防治的法律。2006年,国家环境保护总局和商务部联合颁布《限制进口放射性同位素目录》,国家环境保护总局和卫生部制定《射线装置分类办法》。2007年,国务院公布《民用核安全设备监督管理条例》,国家环境保护总局公布《进口民用核安全设备监督管理规定》。

(二)放射性污染防治的基本规定

1. 放射性污染防治的管理体制

根据我国环境保护领域统一管理与分工负责相结合的行政管理体制,放射性污染防治的管理体制也相应规定,国务院环境保护行政主管部门对全国放射性污染防治工作依法实施统一监督管理。国务院卫生行政部门和其他有关部门依据国务院规定的职责,对有关的放射性污染防治工作依法实施监督管理。

2. 安全管理原则

我国《放射性污染防治法》规定,国家对放射性污染的防治,实行预防为主、防治结合、严格管理、安全第一的方针。

3. 总体规划制度

县级以上人民政府应当将放射性污染防治工作纳入环境保护规划。

4. 放射性污染防治标准制度

国家放射性污染防治标准由国务院环境保护行政主管部门根据环境安全要求、国家经济技术条件制定。

5. 环境监测制度

国家建立放射性污染监测制度。国务院环境保护行政主管部门会同国务院其他有关部门组织环境监测网络，对放射性污染实施监测管理。

6. 资质管理制度

国家对从事放射性污染防治的专业人员实行资格管理制度；对从事放射性污染监测工作的机构实行资质管理制度。

7. 环境标识制度

放射性物质和射线装置应当设置明显的放射性标识和中文警示说明。生产、销售、使用、贮存、处置放射性物质和射线装置的场所，以及运输放射性物质和含放射源的射线装置的工具，应当设置明显的放射性标志。

8. 特别管理制度

含有放射性物质的产品，应当符合国家放射性污染防治标准；不符合国家放射性污染防治标准的，不得出厂和销售。使用伴生放射性矿渣和含有天然放射性物质的石材做建筑和装修材料，应当符合国家建筑材料放射性核素控制标准。

(三)放射性污染防治的分类管理规定

1. 核设施管理

根据《放射性污染防治法》及相关行政法规规定，我国在核设施管理领域的法律规定主要有：核设施审批制度；规划限制区制度。

2. 核技术利用

目前，我国核技术利用领域的相关立法主要有《放射性同位素与射线装置安全和防护条例》《放射性同位素与射线装置安全许可管理办法》，规定了：放射性同位素和射线装置许可、登记及环境影响评价制度；放射性同位素管理；放射源管理。

3. 铀(钍)矿和伴生放射性矿开发利用的管理

报告审批制度；开发利用单位的义务。

4. 放射性废物的管理

根据《放射性污染防治法》《城市放射性废物管理办法》，这一领域主要有以下规定：减量化；达标排污；污染者负担义务；分类处置制度；放射性废物处置的禁止性规定。

二、典型案例分析

倪恩纯诉天津市生态环境局不履行环境保护监督管理职责案[①]

【基本案情】

2004年起，倪恩纯在普利司通(天津)轮胎有限公司(以下简称普利司通公司)放射性

---

① 最高人民法院2019年度人民法院环境资源典型案例，载于最高人民法院网。

岗位工作。2014年被诊断为多发性骨髓瘤。2015年2月至6月，倪恩纯要求天津市生态环境局公开对普利司通公司无辐射安全许可证使用PT机的行为进行查处和日常监管记录等相关信息。天津市生态环境局于2015年4月对普利司通公司进行了处罚，但无2004年至2013年年底对普利司通公司PT机的日常监查记录。倪恩纯提起行政诉讼，请求确认天津市生态环境局对普利司通公司未尽监督管理职责属行政不作为违法。

【争议焦点】

1. 倪恩纯是否具有诉讼主体资格？
2. 倪恩纯起诉是否超过起诉期限？
3. 天津市生态环境局是否具有法定职责以及是否存在未依法履行职责的情形？

【案件分析】

经审理，本案中倪恩纯认为因生态环境局不履行监管职责使自己的合法权益遭受侵害，其有权提起行政诉讼，具有诉讼主体资格。倪恩纯在2014年患病后，开始关注普利司通公司使用射线装置的情况，并采取各种方式到天津市生态环境局要求取得相关信息，并申请信息公开等，说明普利司通公司违法行为一直存在，相应环保部门的监督管理职责也一直存续，没有届满时间段的强制规定。故倪恩纯本次诉讼未超过起诉期限。天津市生态环境局作为普利司通公司环境影响评价文件的审批部门，具有相应的监督检查职责，其在2009年普利司通公司申请射线装置环境影响报告的行政许可时，即应知道该企业有安装使用射线装置的计划，但直至2015年因倪恩纯举报才对普利司通公司进行检查，在监督管理上存在疏漏。一审判决，确认天津市生态环境局自2009年至2013年年底未对普利司通公司射线装置的安全和防护工作履行法定监督管理职责的行为违法。北京市第四中级人民法院二审维持原判。

本案的典型意义在于，本案系放射性污染中行政机关未尽监管职责引发的行政不作为案件。射性污染会破坏生物机体，产生辐射致癌、白血病等方面的损害以及遗传效应等，对生态环境安全和人民群众生命健康危害极大。根据《放射性同位素与射线装置安全和防护条例》第46条规定，县级以上人民政府环境保护主管部门和其他有关部门应当按照各自职责对生产、销售、使用放射性同位素和射线装置的单位进行监督检查。本案判决认定天津市生态环境局未就使用射线装置单位履行法定监督管理职责，构成行政不作为违法，对促进行政机关依法、及时、全面履行职责，加强对放射性物质的监管，切实保护人民群众生命健康权益具有积极意义。

三、拓展阅读

《中华人民共和国放射性污染防治法》

第13条 核设施营运单位、核技术利用单位、铀（钍）矿和伴生放射性矿开发利用单位，必须采取安全与防护措施，预防发生可能导致放射性污染的各类事故，避免放射性污染危害。

核设施营运单位、核技术利用单位、铀（钍）矿和伴生放射性矿开发利用单位，应当对其工作人员进行放射性安全教育、培训，采取有效的防护安全措施。

第 44 条　国务院核设施主管部门会同国务院环境保护行政主管部门根据地质条件和放射性固体废物处置的需要，在环境影响评价的基础上编制放射性固体废物处置场所选址规划，报国务院批准后实施。

有关地方人民政府应当根据放射性固体废物处置场所选址规划，提供放射性固体废物处置场所的建设用地，并采取有效措施支持放射性固体废物的处置。

第 59 条　因放射性污染造成他人损害的，应当依法承担民事责任。

第六章 自然保护法

第一节 自然保护区法

一、主要知识点

(一)自然保护区保护的法律规定

自然保护区是指对有代表性的自然生态系统、濒危野生动植物物种的天然集中分布区、有特殊意义的自然遗迹等保护对象所在的陆地、陆地水体或者海域,依法划定一定面积予以特殊保护和管理的区域。

(二)自然保护区保护的主要法律规定

我国自然保护区保护的立法除了一些环境和资源保护法律的规定外,主要有国务院颁发的《中华人民共和国自然保护区条例》(以下简称《自然保护区条例》)、《森林和野生动物类型自然保护区管理办法》以及原国家环境保护局和原国家土地管理局联合发布的《自然保护区土地管理办法》所组成。其主要规定包括以下几个方面:

1. 关于自然保护区管理体制的规定

建立国家对自然保护区实行综合管理与分部门管理相结合的管理体制。即:国务院环境保护行政主管部门负责全国自然保护区的综合管理;国务院林业、农业、地质矿产、水利海洋等有关行政主管部门在各自的职责范围内,主管有关的自然保护区;县级以上地方人民政府负责自然保护区管理的部门的设置和职责,由省、自治区、直辖市人民政府根据当地具体情况确定。

2. 关于自然保护区建立条件的规定

建立自然保护区必须具备一定的条件,而且具备规定条件的区域就应当建立自然保护区。按照《自然保护区条例》的规定,只要具备下列条件之一,就应当建立自然保护区:

①典型的自然地理区域、有代表性的自然生态系统区域以及已经遭受破坏但经保护能够恢复的同类自然生态系统区域。

②珍稀、濒危野生动植物物种的天然集中分布区域。

③具有特殊保护价值的海域、海岸、岛屿、湿地、内陆水域、森林、草原和荒漠。

④具有重大科学文化价值的地质构造、著名溶洞、化石分布区、冰川、火山、温泉等自然遗迹。

⑤经国务院或者省、自治区、直辖市人民政府批准，需要予以特殊保护的其他自然区域。

3. 关于自然保护区分级的规定

根据自然保护区的重要程度和影响大小，自然保护区分为国家级自然保护区和地方级自然保护区。在国内外有典型意义、在科学上有重大国际影响或者有特殊科学研究价值的自然保护区，列为国家级自然保护区。除列为国家级自然保护区的以外，其他具有典型意义或者重要科学研究价值的自然保护区列为地方级自然保护区。地方级自然保护区又可分为省级、市级和县级。

4. 关于自然保护区分区保护的规定

自然保护区可以分为核心区、缓冲区和实验区。自然保护区内保存完好的天然状态的生态系统以及珍稀、濒危动植物的集中分布地，应当划为核心区。该区禁止任何单位和个人进入。因科学研究的需要，必须进入核心区从事科学研究观测、调查活动的，应当事先向自然保护区管理机构提交申请和活动计划，并经省级以上人民政府有关自然保护区行政主管部门批准。进入国家级自然保护区核心区的，必须经国务院有关自然保护区行政主管部门批准。自然保护区核心区内原有居民确有必要迁出的，由自然保护区所在地的地方人民政府予以妥善安置。

自然保护区核心区外围可以划定一定面积的缓冲区，只准进入从事科学研究观测活动。该区域内禁止开展旅游和生产经营活动。因教学科研目的，需要进入该区从事非破坏性的科学研究、教学实习和标本采集活动的，应当事先向自然保护区管理机构提交申请和活动计划，经自然保护区管理机构批准。自然保护区缓冲区外围划为实验区。经批准可以进入该区从事科学试验、教学实习、参观考察、旅游以及驯化、繁殖珍稀濒危野生动植物等活动。

批准建立自然保护区的人民政府认为必要时，还可以在自然保护区的外围划定出一定面积的外围保护地带。

5. 关于自然保护区管理措施的规定

为了保护和管理自然保护区，国家规定了一系列保护管理措施。其中主要的有：

①设立自然保护区管理机构，明确其职责。要求有关自然保护区行政主管部门应当在自然保护区内设立专门的管理机构，配备专业技术人员，负责自然保护区的具体管理工作。另外，自然保护区所在地的公安机关，可以根据需要在自然保护区设置公安派出机构，维护自然保护区内的治安秩序。

②明确自然保护区管理经费的来源。管理自然保护区所需的经费，由自然保护区所在地的县级以上地方人民政府安排。国家对国家级自然保护区的管理应给予适当的资金补助。

③禁止和限制自然保护区内的人为活动。除了对自然保护区不同区域特殊的保护管理措施外，还有一些对自然保护区一般的保护管理措施。包括：禁止在自然保护区内进行砍伐、放牧、狩猎、捕捞、采药、开垦、烧荒、开矿、采石、挖沙等活动（除非法律、法规另有规定）；严禁开设与自然保护区保护方向不一致的参观、旅游项目；外国人进入自然保护区的，接待单位应当报经有关自然保护区行政主管部门批准进入自然保护区的外国

人，应当遵守有关自然保护区的法律、法规和规定；在自然保护区的核心区和缓冲区内，不得建设任何生产设施；在自然保护区的实验区内，不得建设污染环境、破坏资源或者景观的生产设施；建设其他项目，其污染物排放不得超过国家和地方规定的污染物排放标准；在自然保护区的实验区内已经建成的设施，其污染物排放超过国家和地方规定的排放标准的，应当限期治理，造成损害的，必须采取补救措施。另外，在自然保护区的外围保护地带建设的项目，也不得损害自然保护区的环境质量；已经造成损害的，应当限期治理。对违反规定，破坏自然保护区的单位和个人给予行政处罚或者依法追究刑事责任。

6. 关于自然保护区土地管理措施的规定

在我国自然保护区建设和管理的过程中，于1995年7月国家环境保护局与国家土地管理局联合发布了《自然保护区土地管理办法》。其主要保护管理措施：一是查清自然保护区土地状况，建立土地资源地籍档案；二是进行自然保护区土地登记，明确所有权和使用权；三是确保自然保护区土地的法定用途，禁止侵占、买卖、转让自然保护区土地或者擅自改变用途；四是加强执法监督，及时查处违法行为。

二、典型案例分析

（一）张理春诉丰都县三抚林场合同纠纷案①

【基本案情】

2006年3月20日，原告张理春与被告丰都县三抚林场签订《竹笋收购资格确认合同》，约定丰都县三抚林场将夹垭口管护站辖区竹林的竹笋收购资格承包给张理春独家采收，收购年限为30年，允许张理春进行间伐改造，以利于增加竹林面积，增强竹林品质，增加竹笋产量。由于涉案采收竹笋的竹林位于丰都县南天湖市级自然保护区内的核心区和缓冲区，合同履行过程中，丰都县三抚林场于2017年6月26日向张理春发出通知及律师意见书，称上述合同因违反了《合同法》《自然保护区条例》的效力性、强制性规定而无效，合同不再履行。2017年7月10日，张理春向丰都县法院提起诉讼，请求依法认定《竹笋收购资格确认合同》有效，继续履行。

【争议焦点】

1. 本案是否属于环境资源案件？是否应由审理环境资源的法院管辖？
2. 双方当事人签订的《竹笋收购资格确认合同》是否违反法律的效力性规范？

【案件分析】

本案所涉及的《竹笋收购资格确认合同》是关于对竹笋收购的合同，双方因该合同发生的确认合同效力的案件是一般普通的民事案件，并非涉及环境资源的侵权或权属争议纠纷，系一般合同纠纷案件，不应属于环境资源案件，不属于审理环境资源的法院管辖的案件。且再审认为，自然保护区是对有代表性的自然生态系统、珍稀濒危野生动植物物种的天然集成中分布地予以特殊保护和管理的区域。建立自然保护区的目的是保护珍贵的、稀

---

① 重庆市高级人民法院生态环境保护十大典型案例。

有的动植物资源，保护代表不同自然地带的自然环境的生态系统。其意义在于保留自然本底、储备物种等。因此，在自然保护区的管理中最重要的原则是保持其原有的生态状态，尽量减少人类活动的干预。根据《森林法》第 31 条规定、《自然保护区条例》第 18 条、第 28 条规定，涉案《竹笋收购资格确认合同》违反了《森林法》和《自然保护区条例》的前述禁止性规定，如果认定前述合同、协议有效并继续履行，将对自然环境和生态造成破坏，损害环境公共利益。根据《合同法》第 52 条第 4 项、第 5 项之规定，《竹笋收购资格确认合同》应属无效。原二审判决认定前述合同有效并判令双方继续履行，属适用法律错误，本院予以纠正。

本案的典型意义在于，本案系在自然保护区内收购、采伐竹笋引发的合同纠纷。自然保护区是指对有代表性的自然生态系统、珍稀濒危野生动植物物种的天然集中分布、有特殊意义的自然遗迹等保护对象所在的陆地、陆地水体或者海域，依法划出一定面积予以特殊保护和管理的区域。管理自然保护区的重要原则就是保持其自然的生态状态，减少人类活动的干预。涉案合同的履行地位于自然保护区内的核心区和缓冲区，进入该区域采伐竹笋，将导致竹林由自然生长变为人工抚育、惊吓到竹林中栖息的野生动物、抢夺野生动物的食物等，必然破坏该区域的自然生态状态，损害环境公共利益。非特殊原因进入自然保护区系《森林法》《自然保护区条例》明确禁止的行为，本案再审认定合同无效，贯彻了法律对自然保护区的特殊保护，体现了用最严格制度最严密法治保护生态环境的司法理念。

（二）贵州省江口县人民检察院诉铜仁市国土资源局、贵州梵净山国家级自然保护区管理局行政公益诉讼案①

【基本案情】

2005 年，铜仁市国土资源局向紫玉公司颁发采矿许可证，许可其在梵净山国家级自然保护区进行采矿，梵净山国家级自然保护区管理局（以下简称梵净山保护区管理局）也对紫玉公司的采矿行为予以认可。紫玉公司在没有办理环境影响评价、安全生产许可、占用林地许可、生物多样性影响评价的情况下，边建设边生产，置报批的开采方案不顾，采取爆破方式破坏性开采，资源毁坏率达 80%，产生 90% 以上的废渣碎石，还将部分矿洞转让给当地村民组，造成资源巨大浪费、生态环境严重破坏，保护区内堆积长数百米、宽数十米、深度难以测算的尾矿废渣，压覆植被，形成地质灾害隐患。2016 年 6 月采矿权期限届满，铜仁市国土资源局接收了紫玉公司延续采矿权申请并收取了相应费用。

【争议焦点】

1. 国土资源局和梵净山保护区管理局是否怠于履行监督管理法定职责？
2. 国土资源局和梵净山保护区管理局是否滥用职权？

【案件分析】

铜仁市国土资源局作为铜仁市人民政府地质矿产行政主管部门，应当依法履行其权限范围内的矿业权设置、审批登记、矿山运营及停用后治理等监督管理职责。梵净山保护区

---

① 2020 年度人民法院环境资源典型案例，载于北大法宝网。

管理局作为梵净山国家级自然保护区管理机构，应当在法律法规授权及相应行政主管机关委托的权限范围内正确履行自然保护区管理职责。梵净山保护区管理局、铜仁市国土资源局在未取得国务院授权的行政主管部门同意，未办理环境影响评价的情况下在自然保护区设置采矿权并许可紫玉公司采矿的行为违法。对紫玉公司破坏性开采，浪费矿产资源、破坏生态环境等行为，铜仁市国土资源局和梵净山保护区管理局均怠于履行监督管理法定职责，并有滥用职权许可其违法开采的行为，应确认违法。

本案的典型意义在于，本案涉及国家级自然保护区矿产资源和生态环境的保护。紫玉公司所开采矿区处于自然保护区内。铜仁市国土资源局、梵净山保护区管理局违法发放采矿许可证并怠于履行监管职责，致使自然保护区生态环境遭到严重破坏，矿产资源遭到极大浪费。本案判决确认铜仁市国土资源局、梵净山保护区管理局违法并要求其依法履行职责，监督紫玉公司修复受损生态环境，对于加强自然保护区生态环境和自然资源保护，矫正"靠山吃山""牺牲环境谋发展"的错误发展观，树立绿色发展理念，坚守生态红线，还自然以宁静、和谐、美丽具有重要意义。

（三）岳西县美丽水电站诉岳西县环境保护局环境保护行政决定案①

【基本案情】

1994年国务院确定鹞落坪自然保护区为国家级自然保护区。2001年国家环境保护总局批准了《国家级鹞落坪自然保护区总体规划（2001—2015）》。2005年美丽水电站在位于鹞落坪自然保护区核心区的包家乡鹞落坪村开工建设。2006年岳西县水利局批复同意建设。2009年岳西县环境保护局以美丽水电站位于自然保护区实验区为由，补办环评批准手续。2017年安徽省第五环境保护督察组等先后对鹞落坪自然保护区内的违法建设进行督察，要求迅速查处。岳西县环境保护局经立案调查，认定美丽水电站是在设立国家级自然保护区后建设，机房、明渠和涵洞位于鹞落坪自然保护区的缓冲区，蓄水坝位于保护区的核心区。岳西县环境保护局作出岳环责停字〔2017〕15号《责令停产整治决定书》，责令美丽水电站立即停止生产；作出岳环限拆字〔2017〕04号《责令限期拆除设施设备通知书》，责令美丽水电站限期自行拆除电站上网断路器，移除主变压器。美丽水电站不服，诉至法院，请求撤销《责令停产整治决定书》，确认《责令限期拆除设施设备通知书》违法。

【争议焦点】

1. 被上诉人是否具有作出被诉行政行为的法定职权？
2. 一审判决认定事实是否正确？

【案件分析】

根据《自然保护区条例》第20条规定、岳西县人民政府批准作出的《岳西县环境保护局主要职责、内设机构和人员编制规定》第2条主要职责部分规定，被上诉人在接到安徽省第五环境保护督察组、安徽省环境保护厅、安庆市环境保护局作出对鹞落坪自然保护区内的违法建设进行查处的督察函后，对鹞落坪自然保护区内建设的十座水电站进行立案调查

---

① 中国法院网。

并作出相应处理决定,属履行其职责行为。同时,《自然保护区条例》第32条规定,被上诉人从鹞落坪国家级自然保护区管理委员会调取的《鹞落坪国家级自然保护区总体规划(2001—2015)》《安徽鹞落坪国家级自然保护区功能区划图》《鹞落坪自然保护区境内电站位置一览表》(按照《2001—2015鹞落坪国家级自然保护区总体规划》区域位置图编制),以及安徽省第五环境保护督察组等单位作出的督察函等相关证据,可认定岳西县美丽水电站建立在鹞落坪自然保护区内,机房建设在缓冲区,蓄水坝建设在核心区。作为环保部门关于同意上诉人补办环评手续的批复,《关于岳西县包家乡美丽水电站项目环境影响报告书的批复》不能作为认定上诉人水电站所处位置的证据,也不能据此否定该水电站建设违反了《自然保护区条例》第32条的规定。且被上诉人表示,考虑到上诉人建设时办理了一些审批手续及相关历史因素,岳西县人民政府已同意给予其相应的补偿。据此,被上诉人作出责令停产整治决定,有事实和法律依据。

本案的典型意义在于,本案系在自然保护区内开发利用自然资源引发的行政案件。长江流域重点生态功能区、生态环境脆弱区及自然保护区较多,人民法院在审理上述区域的环境污染、生态破坏及自然资源开发利用案件时,需要坚持保护优先的理念,正确处理好生态环境保护和经济发展的关系,将构建生态功能保障基线、环境质量安全底线、自然资源利用上线三大红线作为重要因素加以考量,保障重点区域实现扩大环境容量和生态空间的重要目标。鹞落坪自然保护区内有大别山区现存面积最大的天然次生林,植物区系复杂,生态系统完整,在保护生物多样性及涵养水源方面具有极为重要的价值。鹞落坪自然保护区设立在先,美丽水电站建立时虽然取得了相关部门的批复,但该水电站机房建设在自然保护区的缓冲区,蓄水坝建设在保护区核心区,违反了《自然保护区条例》的规定。人民法院支持行政机关依法行政,依法认定美丽水电站应予关闭和拆除,为保护长江流域自然保护区提供了坚强的司法后盾。

(四)灵宝豫翔水产养殖有限公司诉三门峡市城乡一体化示范区管理委员会、灵宝市大王镇人民政府强制拆除案①

【基本案情】

2014年9月11日,灵宝市农业局渔政管理站为灵宝豫翔水产养殖有限公司(以下简称豫翔公司)颁发了水域滩涂养殖证,核准养殖面积84亩。豫翔公司经营中在该证核准的84亩外未经批准又自行扩建100余亩,其所建鱼塘及附属设施位于河南省黄河湿地国家级自然保护区核心区或缓冲区内。养殖证到期后,灵宝市大王镇人民政府于2017年8月24日向豫翔公司发出整改通知。2018年11月22日,灵宝市大王镇人民政府向豫翔公司送达拆除通知。11月26日,三门峡市城乡一体化示范区农业农村工作办公室向豫翔公司下发责令停止黄河湿地违法行为通知。12月9日,豫翔公司称因塘内存鱼数量较大,冬季作业困难,短期无法清塘,向灵宝市大王镇人民政府请求把拆除期限延长到2019年5月底。2019年4月28日,三门峡市城乡一体化示范区农业农村工作办公室向豫翔公司发出通知,责令豫翔公司立即停止违法违规行为,3天之内自行拆除其位于黄河湿地、河道范围内的

---

① 河南省高级人民法院典型案例,载于河南省高级人民法院网。

违法建筑物、构筑物和其他设施。逾期不拆除的，将组织多部门联合进行拆除。豫翔公司对该通知未提起行政复议或者行政诉讼。2019年5月26日，三门峡市陕州区人民检察院向三门峡市城乡一体化示范区农业农村办公室发出检察建议，建议对豫翔公司等违法行为予以查处，保护黄河湿地安全。29日，在三门峡市城乡一体化示范区农业农村办公室工作人员在场、豫翔公司同意的情况下，灵宝市大王镇人民政府委托后地村村民委员会组织机械设备和人员对鱼塘进行贯通，清理建筑垃圾，恢复湿地。此后，豫翔公司提起行政诉讼。

【争议焦点】

1. 豫翔公司在河南省黄河湿地国家级自然保护区核心区、缓冲区内建设鱼塘及其附属设施是否应予拆除？

2. 灵宝市大王镇人民政府对其鱼塘及附属设施等财产实施的拆除行为是否合法？

【案件分析】

根据《自然保护区条例》第32条规定、《河南省湿地保护条例》第25条第10项的规定，禁止在湿地保护区擅自建造建筑物、构筑物。本案中豫翔公司在河南省黄河湿地国家级自然保护区核心区、缓冲区内建设建筑物、挖筑鱼塘行为属于法规、地方性法规禁止的违法行为，其建设的鱼塘及其附属设施属于违法建筑，依法应予拆除。

自2017年8月24日起，灵宝市大王镇人民政府、三门峡市城乡一体化示范区农业农村办公室先后就豫翔公司在河南省黄河湿地国家级自然保护区核心区、缓冲区内建设鱼塘及其附属设施作出整改通知、拆除通知书、责令停止黄河湿地违法行为通知书、三示范农办文[2019]016号责令停止违法违规行为通知书，已经告知了豫翔公司的违法事实，整改内容，给予其足够的陈述申辩期限和自我整改期限。豫翔公司收到后，既未提出陈述、申辩，也没行政复议或诉讼，仅通过递交《关于灵宝豫翔水产公司情况的紧急汇报》提出其已主动组织清塘6个，因短期清理困难，请求将拆除期限延长至2019年5月底。镇政府于2019年5月底委托后地村拆除鱼塘的时间与豫翔公司申请延期的时间一致。另有大王镇后地村党支部书记樊国正、现场具体开挖的挖掘机司机关冰冰出具的证明和豫翔公司递交的《关于灵宝豫翔水产公司情况的紧急汇报》能够相互印证，证实后地村实施的拆除行为是在豫翔公司及其股东同意的情况下进行的。可见，豫翔公司对拆除行为并无异议。灵宝市大王镇人民政府主张其拆除是帮助配合豫翔公司的理由成立。本案拆除鱼塘及其附属设施的行为并非强制拆除行为，而是在豫翔公司同意并配合下进行的合法拆除行为。原审判决结果正确，但理由不当。

本案的典型意义在于，本案系人民法院贯彻《自然保护区条例》《河南省湿地保护条例》，支持地方政府加强黄河湿地保护的典型案例。河南黄河湿地国家级自然保护区跨三门峡、洛阳、焦作三市和济源产城融合示范区，面积680平方公里，是黄河八个重要湿地之一，对该区域沿黄生态环境具有重要支撑作用。但长期以来，一些个人为了自身利益需要，在黄河湿地内违规进行乱占、乱建等违法行为，对黄河湿地的生态环境造成了严重破坏，亟须进行依法整治。本案的执法和诉讼过程反映出行政机关、检察机关、审判机关发挥职能作用，协同配合，对黄河湿地内的"四乱"现象打出了有力的组合拳，取得了良好的法律效果和社会效果，为保护"母亲河"、保护黄河流域生态环境提供了有力的司法保障。

（五）云南凯鸿建筑工程有限公司诉屏边苗族自治县国土资源局、屏边苗族自治县人民政府确认行政行为违法及行政赔偿案①

【基本案情】

云南凯鸿建筑工程有限公司（以下简称凯鸿公司）拥有屏边蒿枝地实验矿狮子山采石场、屏边水塘狮子山大理石矿两个采石场的采矿许可证，有效期均自2011年12月28日至2016年12月28日。两个采石场均位于屏边大围山国家级自然保护区范围内，属环保部督查要求整改的项目。2016年12月29日，凯鸿公司的采矿许可证到期后，屏边苗族自治县国土资源局（以下简称屏边县国土局）分别制作并向其送达了《停工通知书》《限期拆除通知》等，要求凯鸿公司停止对采石场的开采。通知明确，经研究，屏边苗族自治县人民政府（以下简称屏边县政府）将于2017年2月17日组织相关部门对凯鸿公司矿区范围内的开采机械设备及地上建筑物和其他设施进行强制拆除，2017年2月17日，屏边县政府组织人员对采石场进行拆除。

【争议焦点】

1. 被告的强制拆除行为是否合法？
2. 原告是否是合法开采？
3. 凯鸿公司上诉请求屏边县国土局及屏边县政府连带赔偿其损失的问题？

【案件分析】

《中华人民共和国行政强制法》第35条、第37条规定，本案中被告屏边县国土局作出的《限期拆除通知》中，未告知原告享有陈述权和申辩权。在对原告的采石场进行拆除前，也未制作强制执行决定，而是以通知的方式告知原告将对原告所有的采石场进行拆除，通知未告知原告申请行政复议或者提起行政诉讼的途径和期限，也没有写明通知所适用的法律、法规。行政程序违反了上述法律的相关规定。《中华人民共和国矿产资源法》（以下简称《矿产资源法》）第39条至第44条并未规定可以强制拆除。因此，被告强制拆除行为应当确认为违法。

《矿产资源法》第3条第3款、第20条第5项及《矿产资源开采登记管理办法》第7条第1款规定，原告收到屏边县国土局的《办理采矿权延期登记事项告知书》后，在办理采矿权延期登记过程中，因其采矿地点位于屏边县大围山国家自然保护区范围内，屏边县政府的职能部门住建、环保、林业、旅游发展委员会，云南省大围山国家级自然保护区屏边管理分局等多部门在审查后，均不同意为原告办理延期手续。原告明知其申请材料不完善，延期手续无法办理，但仍在采矿许可证到期的情况下继续开采，属非法开采。被告制作了《停工通知书》和《限期拆除通知书》，责令原告停止开采和限期拆除开采设备，并送达了原告。因此，原告主张的提交了采矿权延期申请材料，部分单位拒绝批准采矿权延期申请，也未作出任何答复，应根据《行政许可法》第50条第2款之规定，行政机关逾期未作

---

① 《人民法院案例选》(2019年第12辑总第142辑)[M]．北京：人民法院出版社，2020.3.

决定,视为准予延期的诉讼理由不成立。

《中华人民共和国国家赔偿法》(以下简称《国家赔偿法》)第 4 条、第 36 条第 8 项规定,被告在对原告的采矿设备进行拆除前,将可移动的设备已经全部归还原告,对需要拆除的设备,在拆除过程中也未进行损毁,并进行了妥善保存。之所以现在还存放在被告处,是因原告不愿领取所致,并非被告扣押。因此,原告提出的赔偿其采矿权、设备设施、前期投入损失等不应支持。

本案的典型意义在于,非经国务院授权的有关主管部门同意在国家级自然保护区范围内开采矿产资源的行为,属于在自然保护区内开展不符合功能定位的开发建设活动,为法律所严禁。行政机关在制止此类行为的过程中,未依照法定程序拆迁,该行政行为应确认违法。本案行政相对人负有对行政行为造成其合法权益损害的举证责任,如果未能举证证明其合法权益受到损害的,应承担举证不能的法律后果。凯鸿公司因未对其合法权益受到损害提交充分证据,故行政机关采取的行政行为虽被确认违法,但不应承担赔偿责任。判例对行政机关依法行政、依规行政具起到监督指引作用,对类案的审判具有借鉴意义。

(六)朱仁才与江苏大丰沿海开发集团有限公司租赁合同纠纷案①

【基本案情】

原告江苏大丰沿海开发集团有限公司是盐城市大丰区人民政府出资设立的国有独资企业。2018 年 3 月 1 日,原被告根据大丰区人民政府大政发〔2010〕145 号文件和 2010 年第 67 号市长办公会议精神,签订了《养殖租赁合同》,原告将川北区域的鱼塘 223.6 亩租赁给被告,租赁期限自 2018 年 3 月 1 日起至 2020 年 2 月 28 日止,两年租金 357760 元,被告朱仁才已缴清租金,从事养殖。合同到期后,原被告双方没有续签合同,原告多次要求被告将鱼塘交还给原告,被告不同意移交。原告经公开招标与新承租人签订了《养殖租赁合同》。因被告拒绝交还塘口导致原告不能履行《养殖租赁合同》,原告受到损失。原被告双方签订的《养殖租赁合同》第 5 条第 4 款约定,合同终止时乙方(被告)必须将鱼塘无条件按时交还甲方(原告),甲方不作任何补偿;合同第 6 条第 3 款约定乙方逾期交塘,甲方按租金标准的 200%向乙方追缴鱼塘占用费。乙方同时承担逾期交还的一切责任。现请求法院支持原告的上述诉讼请求。被告答辩称涉案鱼塘为自然保护区的缓冲区,鱼塘从事养殖的行为违反法律、行政法规的禁止性规定,因而合同无效。

【争议焦点】

1. 涉案鱼塘是否为自然保护区的缓冲区?
2. 合同是否因违反法律、行政法规的禁止性规定而无效?

【案件分析】

经调查涉案鱼塘位于江苏盐城国家级珍禽自然保护区实验区,而非核心区、缓冲区。《自然保护区条例》第 28 条规定:禁止在自然保护区的缓冲区开展旅游和生产经营活动。因教学科研的目的,需要进入自然保护区的缓冲区从事非破坏性的科学研究、教

---

① 北大法宝。

学实习和标本采集活动的,应当事先向自然保护区管理机构提交申请计划和活动计划,经自然保护管理机构批准。2014年1月1日施行的《畜禽规模养殖污染防治条例》第11条规定:禁止在下列区域内建设畜禽养殖场、养殖小区:(一)饮用水水源保护区,风景名胜区;(二)自然保护区的核心区和缓冲区;(三)城镇居民区、文化教育科学研究区等人口集中区域;(四)法律、法规规定的其他禁止养殖区域。因此,使用涉案鱼塘从事养殖的行为不违反法律、行政法规的禁止性规定,且被告朱仁才也未举证证明已经建成的涉案鱼塘在养殖过程中存在污染环境、破坏资源或者景观,以及污染物排放超过国家和地方规定的排放标准的情形,对被告关于《养殖租赁合同》无效的抗辩意见,法院不予采纳。

本案的典型意义在于,本案系涉自然保护区的珍禽自然保护区实验区。自然保护区是维护生态多样性,构建国家生态安全屏障,建设美丽中国的重要载体。现行法律对自然保护区实行最严格的保护措施,人民法院在审理相关案件时,应注意发挥环境资源行政审判的监督和预防功能,对涉及环境公共利益的行政许可进行审查。本案判决基于经营合同性质效力以及自然保护区生态环境保护的双重考量,对涉案合同判决有效,符合保障自然保护区生态文明安全的理念和要求。

三、拓展阅读

1.《中华人民共和国自然保护区条例》

第18条 自然保护区可以分为核心区、缓冲区和实验区。自然保护区内保存完好的天然状态的生态系统以及珍稀、濒危动植物的集中分布地,应当划为核心区,禁止任何单位和个人进入;除依照本条例第27条的规定经批准外,也不允许进入从事科学研究活动。核心区外围可以划定一定面积的缓冲区,只准进入从事科学研究观测活动。缓冲区外围划为实验区,可以进入从事科学试验、教学实习、参观考察、旅游以及驯化、繁殖珍稀、濒危野生动植物等活动。

第20条 县级以上人民政府环境保护行政主管部门有权对本行政区域内各类自然保护区的管理进行监督检查;县级以上人民政府有关自然保护区行政主管部门有权对其主管的自然保护区的管理进行监督检查。被检查的单位应当如实反映情况,提供必要的资料。检查者应当为被检查的单位保守技术秘密和业务秘密。

第27条 禁止任何人进入自然保护区的核心区。因科学研究的需要,必须进入核心区从事科学研究观测、调查活动的,应当事先向自然保护区管理机构提交申请和活动计划,并经省级以上人民政府有关自然保护区行政主管部门批准;其中,进入国家级自然保护区核心区的,必须经国务院有关自然保护区行政主管部门批准。自然保护区核心区内原有居民确有必要迁出的,由自然保护区所在地的地方人民政府予以妥善安置。

第28条 禁止在自然保护区的缓冲区开展旅游和生产经营活动。因教学科研的目的,需要进入自然保护区的缓冲区从事非破坏性的科学研究、教学实习和标本采集活动的,应当事先向自然保护区管理机构提交申请和活动计划,经自然保护区管理机构批准。从事前款活动的单位和个人,应当将其活动成果的副本提交自然保护区管理机构。

第32条 在自然保护区的核心区和缓冲区内，不得建设任何生产设施。在自然保护区的实验区内，不得建设污染环境、破坏资源或者景观的生产设施；建设其他项目，其污染物排放不得超过国家和地方规定的污染物排放标准。在自然保护区的实验区内已经建成的设施，其污染物排放超过国家和地方规定的排放标准的，应当限期治理；造成损害的，必须采取补救措施。在自然保护区的外围保护地带建设的项目，不得损害自然保护区内的环境质量；已造成损害的，应当限期治理。限期治理决定由法律、法规规定的机关作出，被限期治理的企业事业单位必须按期完成治理任务。

2.《河南省湿地保护条例》

第25条 在湿地保护范围内禁止下列行为：（一）设立开发区、产业园区；（二）围垦湿地、填埋湿地；（三）擅自采砂、取土、采矿；（四）擅自排放湿地水资源或者堵截湿地水系与外围水系的通道；（五）非法砍伐林木、采集野生植物；（六）投放有毒有害物质，倾倒废弃物或者排放不达标生活污水、工业废水；（七）破坏野生动物繁殖区和栖息地、鱼类洄游通道，猎捕野生动物；（八）擅自引进外来物种；（九）破坏湿地保护设施；（十）擅自建造建筑物、构筑物；（十一）其他破坏湿地资源的活动。

3.《中华人民共和国矿产资源法》

第3条第3款、第20条第5项 在国家规定的自然保护区、重要风景区，国家重点保护的不能移动的历史文物和名胜古迹所在地，非经国务院授权的有关主管部门同意，不得开采矿产资源。

4.《畜禽规模养殖污染防治条例》

第11条 禁止在下列区域内建设畜禽养殖场、养殖小区：（一）饮用水水源保护区，风景名胜区；（二）自然保护区的核心区和缓冲区；（三）城镇居民区、文化教育科学研究区等人口集中区域；（四）法律、法规规定的其他禁止养殖区域。

第二节 风景名胜区法

一、主要知识点

风景名胜区是指按法定的条件和程序划定的，自然景物、人文景物比较集中、环境优美，并具有一定观赏、文化或科学价值，可供人们游览、休息或进行科学、文化活动的区域。按其形成的原因和主要构成因素，可分为天然风景名胜区和人工风景名胜区。天然风景名胜区是指主要由天然环境因素组成的风景区，如长江三峡风景名胜区、黄果树风景区等。人工风景名胜区是指主要由人工建筑组成的风景区，如承德避暑山庄外八庙风景区等。

在风景名胜区保护的立法方面，我国制定和颁布了《风景名胜区管理暂行条例》《风景名胜区管理暂行条例实施办法》《国家重点风景名胜区审查办法》，同时还在《环境保护法》《中华人民共和国城市规划法》《矿产资源法》等法律中对风景名胜区的保护作出了规定。综合各有关法律、法规的规定，其主要内容包括以下几个方面：

(一)制定规划，全面保护

《风景名胜区管理暂行条例》规定，各级风景名胜区都应当制定风景名胜区规划。其内容要求包括：确定风景名胜区性质；划定风景名胜区范围及其外围保护地带；划分景区和其他功能区；确定保护和开发利用风景名胜资源的措施；确定接待容量和游览活动的组织管理措施；统筹安排公用、服务及其他设施；估算投资和效益；其他需要规划的事项。

(二)划分级别，重点保护

按景物的观赏、文化、科学价值和环境质量、规模大小、旅游条件等，我国的风景名胜区分为三级，即市(县)级、省级和国家重点风景名胜区。

(三)保护风景名胜区的主要措施

1. 明确管理体制，设立管理机构

国务院建设行政主管部门主管全国风景名胜区工作；地方各级人民政府建设行政主管部门主管本地区的风景名胜区工作；风景名胜区依法设立人民政府，全面负责风景名胜区的保护、利用、规划和建设；没有设立人民政府的，应当设立管理机构，在所属人民政府领导下，主持风景名胜区的管理工作。设在风景名胜区内的所有单位，除各自业务受上级主管部门领导外，都必须服从管理机构对风景名胜区的统一规划和管理。

2. 禁止侵占风景名胜区的土地和进行破坏景观的建设

按照规定，风景名胜区的土地，任何单位和个人都不得侵占；在风景名胜区及其外围保护地带内的各项建设，都应当与景观相协调，不得建设破坏景观、污染环境、妨碍游览的设施；在游人集中的游览区内，不得建设宾馆、招待所以及休养、疗养机构；在珍贵景物周围和重要景点上，除必需的保护和附属设施外，不得增建其他工程设施。

3. 保护风景名胜区的动植物

风景名胜区的动植物是构成风景名胜的重要因素和条件，一旦遭到破坏，就有可能丧失其风景名胜区的价值和功能，因此必须十分重视风景名胜区动植物的保护。为此，有关立法要求：应当通过封山育林、植树绿化、护林防火和防治病虫害工作，保护好风景名胜区的林木植被和动植物物种的生长、栖息条件；风景名胜区及其外围保护地带内的林木，不分权属，都应当按照规划进行抚育管理，不得砍伐；确需进行更新、抚育性采伐的，须经地方主管部门批准；对古树名木，严禁采伐；在风景名胜区内采集标本、野生药材和其他林副产品，必须经管理机构同意，并应限定数量，在指定的范围内进行。

4. 在风景名胜区开展旅游活动，不得对风景名胜区造成破坏

要求风景名胜区内的居民和游览者应当爱护风景名胜区的景物、林木植被、野生动物和各项设施，遵守有关的规章制度。要求风景名胜区管理机构应当按照规划确定的游览接待容量，有计划地组织游览活动，不得无限制地超量接纳游览者。

二、典型案例分析

(一)被告人伍瑞华等15人盗伐林木、滥伐林木、故意毁坏财物、妨害作证、强迫交易案①

【基本案情】

2003年至2018年,被告人伍瑞华纠集被告人伍兆威、周元春,并与被告人江宇等人,形成垄断林业资源、称霸乡村山场、扰乱市场秩序的恶势力犯罪团伙。该团伙成员多次结伙实施故意毁坏财物、盗伐林木、滥伐林木、强迫交易、妨害作证等一系列犯罪行为,共计盗伐林木117.07立方米、滥伐林木2541.39立方米、故意毁坏林木256.04立方米。此外,团伙成员伍兆威还在团伙外分别伙同被告人伍瑞春等人盗伐林木115.56立方米、滥伐林木37.05立方米、故意毁坏林木12.75立方米。福建省武夷山市人民法院一审认为,被告人伍瑞华等人应定性为恶势力犯罪团伙。伍瑞华系主犯,以盗伐林木罪、滥伐林木罪、故意毁坏财物罪、强迫交易罪、妨害作证罪,数罪并罚,判处有期徒刑二十年,并处罚金25万元。涉案的其他14名被告人也被分别以不同罪名,判处有期徒刑十年至六个月不等,并处罚金5.5万元至0.5万元不等。福建省南平市中级人民法院二审,对周元春的部分犯罪、江家福的量刑处理和胡良才的执行方式作出改判,对其他原审被告人的定罪量刑,予以维持。

【争议焦点】

1. 本案量刑是否过重?
2. 本案处罚金额是否符合标准?

【案件分析】

根据《刑法》第345条的规定及根据司法解释,盗伐、滥伐国家级自然保护区内的森林或者其他林木的,从重处罚。且所谓数量较大是指:在林区盗伐林木材积2~5立方米或者幼树100~250株;在非林区盗伐林木材积1~2.5立方米或者幼树50~125株。因此,本案的量刑适当,处罚金额也符合标准。

本案的典型意义在于,本案系在武夷山国家公园园区内盗伐、滥伐林木的刑事案件。武夷山国家公园是我国唯一一个既是世界人与生物圈保护区,又是世界文化和自然双遗产地的风景名胜区,属全国主体功能区规划中的禁止开发区域,已纳入全国生态保护红线区域管控范围。近年来,福建武夷山茶叶的经济效益突显,少数人为了私利铤而走险。本案就是一起典型的以严重破坏生态资源方式来达到敛财目的的恶势力团伙犯罪案,各被告人多次结伙实施毁坏、盗伐、滥伐国有或集体林木的违法犯罪行为,先后破坏林地600余亩、林木蓄积量达3100立方米,影响极为恶劣。人民法院统筹运用刑事责任和经济制裁手段,用最严格司法保护武夷山国家公园的森林资源和生态环境。

---

① 福建省高级人民法院典型案例,载于福建省高级人民法院网。

(二)怀集县凤岗镇白坭村热水坑村民小组与怀集县凤岗镇人民政府、广东燕峰峡旅游发展有限公司确认合同无效纠纷①

【基本案情】

2004年2月1日,怀集县凤岗镇人民政府(以下简称凤岗镇政府)作为甲方与作为乙方的热水坑村民小组谭方良等22名户主代表签订《开发热水坑旅游资源协议书》,约定双方共同开发乙方的旅游资源。同日,凤岗镇政府又作为甲方与作为乙方的怡金科公司签订《合作开发热水坑旅游资源协议书》,约定双方共同开发甲方热水坑旅游资源。根据该协议书第16条的规定,该土地上已有锦峰矿泉水公司进行经营且欠下"补偿费"需凤岗镇政府在签订协议后垫付给热水坑村民小组。怡金科公司又作为甲方与以孔少英、孔舒婷为代表人的燕峰峡旅游发展有限公司(以下简称燕峰峡公司)签订《转让协议书》,甲方将坐落于怀集县凤岗镇热水坑的机修车间、仓库、土地、矿泉水生产经营权等物业转让给乙方。怡金科公司已在2005年取得涉案土地的土地使用证,地类为工业用地;该两地块变更土地使用人为燕峰峡公司。凤岗镇政府作为甲方又与作为乙方的燕峰峡公司签订《协议书》,甲方同意将与怡金科公司于2004年2月1日签订的《合作开发热水坑旅游资源协议书》中属怡金科公司的权利和义务全部转让给乙方,由乙方继续履行该协议,甲方协助乙方租赁土地、山地、水资源等。2008年4月期间,原怀集县国土资源局曾对凤岗镇白坭村热水坑第一经济合作社作出《国土资源行政处罚决定书》,称其所属土地未经批准,擅自出租给凤岗镇政府的行为违反了《土地管理法》第63条的规定,遂依照《土地管理法》第81条、第83条和《土地管理法实施条例》第39条的规定,决定对其限期改正,没收非法所得,并处罚款的处罚。后怀集县自然资源局出具涉案地块红线图,明确红线范围内为怀集县土地利用总体规划允许建设区,属风景名胜特殊用地。

【争议焦点】

1. 本案一审判决将涉案土地认定为风景名胜用地,适用法律是否错误?
2. 本案中的合同是否无效?

【案件分析】

本案系确认合同无效纠纷。第一,凤岗镇政府与热水坑村民小组于2004年2月1日签订的《开发热水坑旅游资源协议书》明确约定,凤岗镇政府将在涉案土地上进行旅游资源的开发,热水坑村民小组知悉并同意在涉案土地上进行旅游项目开发。即热水坑村民小组从主观上是知道涉案土地将用于旅游开发。第二,根据上述协议第16条可知,在签订涉案协议书前,涉案土地上已有锦峰矿泉水公司进行经营且欠下"补偿费"需凤岗镇政府在签订协议后垫付给热水坑村民小组。即从客观上,在签订涉案合同时已有构筑物的存在。第三,尽管在2008年期间,原怀集县国土资源局曾对凤岗镇白坭村热水坑第一经济合作社作出《国土资源行政处罚决定书》,但根据凤岗镇政府在一审期间提交的怀集县自然资源局

---

① 北大法宝。

出具的涉案土地的"红线图",明确"红线范围内为怀集县土地利用总体规划(2010—2020年)允许建设区,属风景名胜特殊用地"。即相关行政职能部门对涉案土地的规划已进行了调整,允许建设。在受到相关行政职能部门处理后,双方均没有对此协议提出任何异议并继续依约履行。第四,涉案《开发热水坑旅游资源协议书》与《合作开发热水坑旅游资源协议书》相对比,无论从合同的名称还是内容上均大致相同,而且签订的时间均为同一日。同时,从合同内容上看,凤岗镇政府并没有明显的牟利行为或不当行为,反而从维护当地村民、村集体等利益、维护社会稳定的角度,凤岗镇政府进行了额外的义务承担(如垫付第三方公司的欠款等)。第五,涉案合同已经履行了十多年,热水坑村民小组均已依约享受了权利;同时,第三方也在涉案土地上进行了大量的投资建设。因此,如涉案合同的解除或无效,从社会效果上看,均将损害各方的利益,也不利于社会的稳定和经济的发展。综上,综合证据材料及客观实际,一审判决认定涉案《开发热水坑旅游资源协议书》有效并无不当,本院予以维持。

本案的典型意义在于,本案系在红线范围内引发的合同纠纷。管理自然保护区的重要原则就是保持其自然的生态状态,减少人类活动的干预。涉案合同的履行地位于自然保护区内的核心区和缓冲区,人民法院在审理上述区域的环境污染、生态破坏及自然资源开发利用案件的同时,需要坚持保护优先的理念,正确处理好生态环境保护和经济发展的关系,将构建生态功能保障基线、环境质量安全底线、自然资源利用上线三大红线作为重要因素加以考量,保障重点区域实现扩大环境容量和生态空间的重要目标。

(三)被告人罗圣桂、邱元妹、周应军非法捕捞水产品案①

【基本案情】

2017年6月,被告人罗圣桂、邱元妹,因犯非法捕捞水产品罪,被判处拘役五个月,缓刑六个月。2019年9月,被告人罗圣桂、邱元妹为主,被告人周应军协助,两次在湖南西洞庭湖国家级自然保护区坡头轮渡附近水域,采取电捕鱼方式捕鱼共800公斤。湖南省汉寿县人民法院一审认为,被告人罗圣桂、邱元妹、周应军违反保护水产资源法规,在禁渔区使用禁用的方法捕捞水产品共800公斤,情节严重,其行为构成非法捕捞水产品罪。以非法捕捞水产品罪分别判处罗圣桂有期徒刑七个月、邱元妹有期徒刑六个月、周应军拘役一个月。湖南省常德市中级人民法院二审维持原判。

【争议焦点】

1. 原判量刑是否过重?
2. 原审认定其非法捕捞水产品的数量是否有误?

【案件分析】

被告人罗圣桂、邱元妹、周应军违反保护水产资源法规,在禁渔区使用禁用的方法捕捞水产品,情节严重,其行为构成非法捕捞水产品罪。罗、邱购买作案工具,为主实施捕捞行为起了主要作用,系主犯,应按其全部参与的犯罪予以处罚,周协助二人捕捞系从

---

① 中华人民共和国最高人民法院网。

犯，应从轻。邱有自首，认罪认罚，可从轻，罗、周有坦白，认罪认罚，可从轻。罗、邱有前科，酌情从重。公安机关扣押在案的电机、渔网，系犯罪工具，应予没收。依照《刑法》第 340 条、第 26 条第 1 款、第 4 款、第 27 条、第 67 条第 1 款、第 3 款、第 64 条规定，判决罗犯非法捕捞水产品罪，有期徒刑七个月；邱犯非法捕捞水产品罪，有期徒刑六个月；被告人周应军犯非法捕捞水产品罪，判处拘役一个月；供犯罪所用的电机 1 台、渔网 1 副，依法予以没收，上缴国库。

根据证据显示，2019 年 9 月 20 日、21 日晚 3 人在禁渔区西洞庭湖国家级自然保护区使用禁用的电鱼方法捕捞水产品，分别捕捞水产品数量达 500 公斤、300 公斤，证据间能够相互印证。依据法律规定，违反保护水产资源法规，在禁渔区使用禁用的方法捕捞水产品，情节严重的，应处三年以下有期徒刑、拘役、管制或者罚金，原审法院根据本案事实、犯罪的性质以及上诉人罗、邱系主犯，邱有自首，罗有坦白，二人均有前科等量刑情节属量刑适当。

本案的典型意义在于，本案系非法捕捞水产品刑事案件。湖南西洞庭湖国家级自然保护区，是国际重要湿地、东亚候鸟重要越冬地和长江生物多样性保护的重要节点。近年来，虽渔民上岸政策全面实施，但仍有少数人为利益驱使，在禁渔区以禁止方式非法捕捞水产品。本案被告人罗圣桂、邱元妹作为主犯，系在非法捕捞水产品罪缓刑考验期限期满后，再次非法捕捞水产品，无悔罪表现。人民法院严格贯彻宽严相济、罚当其罪原则，判处被告人实刑，对引导沿岸渔民的捕捞行为，维护湿地生态系统平衡具有重要意义。

三、拓展阅读

1.《风景名胜区条例》

第 8 条 风景名胜区划分为国家级风景名胜区和省级风景名胜区。

第 9 条 申请设立风景名胜区应当提交的文件资料包括与拟设立风景名胜区内的土地、森林等自然资源和房屋等财产的所有权人、使用权人协商的内容和结果。

第 10 条 设立国家级风景名胜区，由省、自治区、直辖市人民政府提出申请，国务院建设主管部门会同国务院环境保护主管部门、林业主管部门、文物主管部门等有关部门组织论证，提出审查意见，报国务院批准公布；设立省级风景名胜区，由县级人民政府提出申请，省、自治区人民政府建设主管部门或者直辖市人民政府风景名胜区主管部门，会同其他有关部门组织论证，提出审查意见，报省、自治区、直辖市人民政府批准公布。

第 11 条 申请设立风景名胜区的人民政府应当在报批前，与风景名胜区内的土地、森林等自然资源和房屋等财产的所有权人、使用权人充分协商。因设立风景名胜区对风景名胜区内的土地、森林等自然资源和房屋等财产的所有权人、使用权人造成损失的，应当依法给予补偿。

第 26、27 条 禁止在风景名胜区内开山、采石、开矿、开荒、修坟立碑等破坏景观、植被和地形地貌的活动；禁止违反风景名胜区规划，在风景名胜区内设立各类开发区和在核心景区内建设宾馆、招待所、培训中心、疗养院以及与风景名胜资源保护无关的其他建筑物；已经建设的，应当按照风景名胜区规划，逐步迁出。

第40条　在风景名胜区内进行开山、采石、开矿等破坏景观、植被、地形地貌的活动，在核心景区内建设宾馆、招待所、培训中心、疗养院以及与风景名胜资源保护无关的其他建筑物的，由风景名胜区管理机构责令停止违法行为、恢复原状或者限期拆除，没收违法所得，并处 50 万元以上 100 万元以下的罚款；县级以上地方人民政府及其有关主管部门批准实施的，对直接负责的主管人员和其他直接责任人员依法给予降级或者撤职的处分；构成犯罪的，依法追究刑事责任。

第41条　违反本条例规定，在风景名胜区内从事禁止范围以外的建设活动，未经风景名胜区管理机构审核的，由风景名胜区管理机构责令停止建设、限期拆除，对个人处 2 万元以上 5 万元以下的罚款，对单位处 20 万元以上 50 万元以下的罚款。

2.《中华人民共和国刑法》

第340条　违反保护水产资源法规，在禁渔区、禁渔期或者使用禁用的工具、方法捕捞水产品，情节严重的，处三年以下有期徒刑、拘役、管制或者罚金。

第三节　文化遗迹法

一、主要知识点

文化遗迹地，又称为自然和文化遗产迹地，是指具有一定科学、文化、历史、教育、观赏价值的自然或人文景物、现象及其保留或遗迹地。按其形成原因，可分为自然遗迹和人文遗迹。自然遗迹是指由于自然过程形成的具有一定科学、文化、艺术、观赏价值的自然客体及其保留或遗迹地。如奇峰异石、洞穴、瀑布、火山口、陨石坠落地、冰川遗迹、典型的地质剖面、生物化石产地、古树名木等。人文遗迹是指由于人类活动所创造的具有一定科学、历史、文化、教育或观赏价值的人工客体及其保留或遗迹地。如古建筑、古墓、石窟、摩崖石刻、古人类活动遗址、重大历史事件发生地、革命活动遗址等。

我国对其保护的手段大致有三个：一是分布在自然保护区、风景名胜区范围内的文化遗迹地，作为自然保护区、风景名胜区的组成部分加以保护；二是对规模较大的文化遗迹地，划为单独的自然保护区或风景名胜区加以特别保护；三是定为不同级别的文物保护单位加以保护。

为了保护文化遗迹地，除了《自然保护区条例》《风景名胜区管理暂行条例》和有关法律的规定外，还颁布了《中华人民共和国文物保护法》《中华人民共和国文物保护法实施细则》《水下文物保护管理条例》《地质遗迹保护管理规定》等法律、法规和规章。这些立法所规定的主要保护管理措施有：

①划分等级，有重点地保护。
②限制文化遗迹地内的工程建设。
③控制文化遗址的迁移、拆除和改作他用。
④严格限制文化遗迹地的考古发掘。

二、典型案例分析

(一)张永明、毛伟明、张鹭故意损毁名胜古迹案①

【基本案情】

2017年4月,被告人张永明、毛伟明、张鹭三人通过微信联系,约定前往三清山风景名胜区攀爬"巨蟒出山"岩柱体(又称巨蟒峰)。2017年4月15日凌晨4时左右,张永明、毛伟明、张鹭三人携带电钻、岩钉(即膨胀螺栓,不锈钢材质)、铁锤、绳索等工具到达巨蟒峰底部。被告人张永明首先攀爬,毛伟明、张鹭在下面拉住绳索保护张永明的安全。在攀爬过程中,张永明在有危险的地方打岩钉,使用电钻在巨蟒峰岩体上钻孔,再用铁锤将岩钉打入孔内,用扳手拧紧,然后在岩钉上布绳索。张永明通过这种方式于早上6时49分左右攀爬至巨蟒峰顶部。在张永明、毛伟明攀爬开始时,张鹭为张永明拉绳索做保护,之后张鹭回宾馆拿无人机,再返回巨蟒峰,沿着张永明布好的绳索于早上7时30分左右攀爬至巨蟒峰顶部,在顶部使用无人机进行拍摄。在工作人员劝说下,张鹭、张永明先后于上午9时左右、9时40分左右下到巨蟒峰底部并被民警控制。经现场勘查,张永明在巨蟒峰上打入岩钉26个。经专家论证,三名被告人的行为对巨蟒峰地质遗迹点造成了严重损毁。

【争议焦点】

1. 本案聘请有专门知识的人进行检验是否合情合理合法?
2. 本案的证据采集问题及损害结果数额确认有无问题?
3. 检察机关提起的诉讼是否属于民事公益诉讼的范围?
4. 张永明在巨蟒峰上打岩钉的行为是否属于侵权行为?
5. 三人是否具有损害环境资源的过错?

【案件分析】

本案中,三名被告打入26个岩钉的行为对巨蟒峰造成严重损毁的程度,目前全国没有法定司法鉴定机构可以进行鉴定,但是否构成严重损毁又是被告人是否构成犯罪的关键。根据《最高人民法院关于适用〈中华人民共和国刑事诉讼法〉的解释》第87条规定,本案依法聘请有专门知识的人进行检验,聘请的4名专家,都长期从事地学领域的研究,具有对巨蟒峰受损情况这一地学领域的专门问题进行评价的能力,均属"有专门知识的人"。经现场实地勘查、证据查验,4名专家从专业的角度对打岩钉造成巨蟒峰的损毁情况给出了专业意见。且本案"专家意见"的形成程序合法,可以作为定罪量刑的参考。

遗迹、风景名胜区作为自然资源,依法属于国家所有即全民所有。作为一种环境要素,自然遗迹、风景名胜具有原始性、稀缺性特征,一旦遭到破坏即难以恢复。对此,我国《环境保护法》明确将其纳入为环境因素加以保护。故任何对自然遗迹、风景名胜区景观的破坏行为,除损害财产本身外,更损害社会公众对自然遗迹、风景名胜区所享有的游

---

① 中华人民共和国最高人民法院网。

憩权益和对独特景物观赏的权益。本案诉讼目的即在于保护不特定多数人对世界自然遗产地的游憩权和景物的观赏权，被诉行为对与遭到破坏的自然资源互相依存的生态环境系统造成损害。此时，民事环境公益诉讼既有环境污染的公益诉讼，也有包括损害自然资源在内的生态破坏公益诉讼。

《环境保护法》明确将自然遗迹、风景名胜区作为环境要素加以保护，规定一切单位和个人都有保护环境的义务，因污染环境和破坏生态造成损害的，应当承担侵权责任。《风景名胜区条例》及《江西省三清山风景名胜区管理条例》均明确风景名胜区内的居民与游览者禁止在景物上涂污、刻画。本案中，举轻以明重，既然法律禁止对风景名胜区内的景物刻画，那么三名被告打岩钉攀爬巨蟒峰的行为当然在禁止之列，该行为必然会对巨蟒峰造成一定程度的损害，侵害社会公众的环境权益。专家检验报告认定三名被告被诉行为破坏了巨蟒峰的自然性、原始性、完整性，而且26枚岩钉会直接诱发加重物理、化学、生物风化形成新的裂隙，加快花岗岩柱体的侵蚀过程，甚至造成崩解，同时还加重了巨蟒峰具有多组多向节理结构面的最细段的脆弱性。可见，虽三名被告的行为尚未导致巨蟒峰直接崩解、断裂，但对巨蟒峰造成断裂甚至崩解存在着重大的风险，这种具有损害社会公共利益的重大风险本身就是损害结果，理应承担侵权损害赔偿责任。

本案的典型意义在于，是全国首例故意损毁自然遗迹入刑的刑事案件，也是全国首例检察机关针对损毁自然遗迹提起的生态破坏环境民事公益诉讼案。本案对三名被告人的入刑及判令赔偿生态环境损失，不仅是对其所实施行为的否定，更是警示世人不得破坏国家保护的名胜古迹，特别是在推进生态文明建设的进程中，只有实行最严格的制度最严密的法治，才能更好地保护我们的生态环境，从而引导社会公众树立正确的生态文明观，珍惜和善待人类赖以生存和发展的自然资源和生态环境。

(二) 贵州省榕江县人民检察院诉榕江县栽麻镇人民政府环境保护行政管理公益诉讼案①

【基本案情】

贵州省榕江县栽麻镇宰荡侗寨和归柳侗寨分别于2012年、2016年列入中国传统村落保护名录。贵州省榕江县人民检察院在履行职责中发现乱搭乱建、违法占地、占用河道建房等问题突出，造成民族传统文化遭受严重破坏。贵州省榕江县栽麻镇人民政府（以下简称栽麻镇政府）存在怠于履行保护职责的行为。2018年5月7日，贵州省榕江县人民检察院（以下简称检察院）向栽麻镇政府发出检察建议书。两个月后，上述问题仍未解决。2018年12月，检察院提起行政公益诉讼，请求：确认栽麻镇政府对中国传统村落宰荡侗寨和归柳侗寨怠于履行监管职责的行为违法；要求其继续履行对荡侗寨和归柳侗寨的监管保护职责。

【争议焦点】

1. 传统村落保护区是否属于文化遗产地？

---

① 北大法宝。

2. 农户擅自新建、改建、扩建行为是否致风貌受到严重破坏？

【案件分析】

栽麻镇政府对宰荡侗寨和归柳侗寨依法负有监管保护职责。上述传统村落保护区范围内，出现大批农户擅自新建、改建、扩建(构)筑物，致宰荡侗寨和归柳侗寨的传统格局和风貌受到严重破坏，使国家利益和社会公共利益受到侵害。栽麻镇政府虽对部分违法违章建筑进行整治，取得一定效果，但仍应继续履行其法定职责。一审判决，确认栽麻镇政府对传统村落宰荡侗寨和归柳侗寨怠于履行监管职责的行为违法；应继续履行其监管职责。

本案的典型意义在于，本案系全国首例以保护传统村落为目的的环境行政公益诉讼案件。传统村落，是拥有物质形态的文化遗产，也是农耕文化不可再生的人文遗迹，具有较高的历史、文化、社会和科学艺术价值。目前，贵州省黔东南苗族侗族自治州共有 426 个传统苗族或侗族村落列为中国传统村落。近年来，因有的地方政府未落实传统村落发展规划和控制性保护措施，缺乏正确引导，导致村民翻修旧房、新建住房等行为无序，传统村落原貌遭到破坏。本案中，人民法院确认栽麻镇政府怠于履行传统村落保护监管职责的行为违法，并责令其继续履行职责，有力地强化了行政机关保护传统村落的责任意识，同时督促当地群众自觉维护传统村落的风貌布局。

(三) 王现军盗掘古文化遗址、古墓葬案①

【基本案情】

2016 年 9 月至 2017 年 7 月，被告人户燕军、李富强等 6 人在安阳市殷都区梅园庄北街等多处地方实施盗掘行为。其中，在殷都区梅园庄北街盗挖出两个青铜戈，后被李富强以 3000 元的价格出售。经国家文物出境鉴定河南站鉴定，该系列盗掘行为破坏了殷墟遗址的商代文化层，盗掘位置分别位于全国重点文物保护单位殷墟遗址保护区的重点保护区、一般保护区、建设控制地带。其行为构成盗掘古文化遗址、古墓葬罪。一审法院判决户燕军、李富强等 6 人犯盗掘古文化遗址、古墓葬罪，判处有期徒刑十五年至十二年不等，均剥夺政治权利二年，并处罚金二十万元至十五万元不等。

【争议焦点】

1. 殷墟遗址是否属于文化遗产地？
2. 本案量刑是否过重？

【案件分析】

法院经审理认为：殷墟遗址已被列入世界文化遗产名录，具有重要的保护价值。户燕军、李富强等 6 人盗掘全国重点文物保护单位保护区范围内的古文化遗址、古墓葬，根据《中华人民共和国刑法》第 328 条第 1 款，盗掘古文化遗址、古墓葬罪是指盗掘具有历史、艺术、科学价值的古文化遗址、古墓葬的行为。被告的行为已构成盗掘古文化遗址、古墓葬罪。因此，本案的量刑适当。

本案的典型意义在于，黄河文化是中华文明的重要组成部分，黄河流域分布着大量的

---

① 北大法宝。

古文化遗址和古墓葬群。其中，殷墟遗址被列入世界文化遗产名录，具有重要的保护价值。包括古文化遗址在内的人文遗迹在文化、科学、历史、美学、教育、环境等方面都具有极高价值，是环境保护不可分割的组成部分。本案判决体现了人民法院严厉打击破坏古文化遗址和古墓葬行为，保护、传承、弘扬黄河文化的政策导向，对提高公众文物保护意识具有教育指引作用。

三、拓展阅读

1.《风景名胜区条例》

第 24 条　明确风景名胜区内的居民与游览者对相关的景物、水体等负有保护义务。

第 26 条　禁止在景物或设施上刻画、涂污。

2.《中华人民共和国刑法》

第 328 条　盗掘古文化遗址、古墓葬罪，盗掘具有历史、艺术、科学价值的古文化遗址、古墓葬的，处三年以上十年以下有期徒刑，并处罚金；情节较轻的，处三年以下有期徒刑、拘役或者管制，并处罚金；有下列情形之一的，处十年以上有期徒刑或者无期徒刑，并处罚金或者没收财产：

（一）盗掘确定为全国重点文物保护单位和省级文物保护单位的古文化遗址、古墓葬的；

（二）盗掘古文化遗址、古墓葬集团的首要分子；

（三）多次盗掘古文化遗址、古墓葬的；

（四）盗掘古文化遗址、古墓葬，并盗窃珍贵文物或者造成珍贵文物严重破坏的。

第七章 环境法律责任

一、主要知识点

(一)环境法律责任概述

法律责任是法得以实现的最终环节，环境与资源保护法律责任是环境与资源保护法学理论体系的重要组成部分。与传统的法律责任相比，环境与资源保护法律责任既有传承也有创新，在价值取向、规则设计等方面表现出一定的特殊性，是环境与资源保护法学基本理论学习与研究重点之一。环境与资源保护法律责任主要可分为环境行政责任、环境民事责任与环境刑事责任三大类。

(二)环境行政责任

环境行政责任，是指环境行政法律关系主体由于违反环境行政法律规范或不履行环境行政法律义务，所应依法承担的行政法上的法律后果。《环境保护法》第 59~63、67、68 条对环境行政责任作了明确规定，此外，《大气污染防治法》《水污染防治法》《海洋环境保护法》《固体废物污染环境防治法》《水法》《森林法》《草原法》《行政诉讼法》《中华人民共和国行政处罚法》(以下简称《行政处罚法》)、《中华人民共和国行政复议法》《国家赔偿法》等法律都有相关的规定。环境行政责任是适用最为广泛的一种环境法律责任形式。

环境行政责任的特点主要包括两个方面：第一，环境行政责任是由环境行政法律关系主体承担的法律责任。根据行政法的一般原理，环境行政法律关系主体包括环境行政主体、环境行政公务员和环境行政相对人。广义的环境行政责任包括环境行政主体、公务员以及行政相对人所承担的行政责任；狭义的环境行政责任仅包括环境行政主体和公务员所承担的行政责任。第二，环境行政责任是由环境行政违法行为引起的法律责任。环境行政责任必须以环境行政违法行为为前提，没有环境行政违法行为就没有环境行政责任。环境行政违法行为，是指环境行政法律关系主体违反环境法律规范，造成环境破坏或侵害其他行政关系的行为。

(三)环境民事责任

广义上的环境民事责任包括污染环境行为引起的民事责任和破坏资源行为引起的民事责任。由于破坏资源行为引起的民事责任与传统民事责任大致类似，因此，狭义上的环境民事责任主要是指污染环境行为引起的民事责任，简称"环境民事责任"。

我国《环境保护法》第 64 条规定："因环境污染和破坏生态造成损害的，应当依照《中华人民共和国侵权责任法》的有关规定承担侵权责任。"《中华人民共和国侵权责任法》(以下简称《侵权责任法》)第65条规定:"因污染环境造成损害的,污染者应当承担侵权责任。"因此,从类型划分的角度来看,环境民事责任属于侵权责任的一种。

由于环境民事责任以无过错责任原则为归责原则,因此,其构成要件主要包括三个方面,分别是环境侵权行为、损害事实和因果关系。我国《侵权责任法》第15条对承担侵权责任的方式作了明确规定,主要有停止侵害、排除妨碍、消除危险、返还财产、恢复原状、赔偿损失、赔礼道歉、消除影响以及恢复名誉等。在我国环境民事纠纷解决主要通过环境协商、行政调解、环境仲裁以及环境民事诉讼等机制。

(四)环境刑事责任

环境刑事责任,是指国家依据刑法给予危害环境的行为的否定性评价。从危害行为实施者的角度看,是行为者因实施刑法禁止的对环境有危害行为而应承担的法律后果。作为国家对危害环境行为最为严厉的责任追究形式,环境刑事责任既有与其他法律责任相同的地方,也有其自身的特点,主要是环境刑事责任的保护范围在不断扩大,责任认定以专门的环境刑事责任法律规范为依据,并且具有严厉的惩治性以及在制裁手段上广泛运用财产刑。

环境法律责任的综合性就体现在其包罗了环境民事责任、环境刑事责任和环境行政责任,以及生产者延伸责任等新型责任,反映在立法上就是责任规则规定在不同法律中,呈现出环境法律责任规则分散化的格局,而且不仅是形式的分散,更主要的是实质内容上缺乏相互衔接和协调。环境法律责任的作用是保障环境法的实施,责任规则的分散化无助于制度落实和整体性环境保护目标的实现,甚至可能因为责任配置不当而导致执行中的冲突。

二、典型案例分析

(一)环境行政责任典型案例分析

1. 陈德龙诉成都市成华区环境保护局环保行政处罚案①

【基本案情】

陈德龙系个体工商户龙泉驿区大面街道办德龙加工厂业主,自2011年3月开始加工生产钢化玻璃。2012年11月2日,成华区环保局在德龙加工厂位于成都市成华区保和街道办事处天鹅社区一组B-10号的厂房检查时,发现该厂涉嫌私自设置暗管偷排污水。成华区环保局经立案调查后,依照相关法定程序,于2012年12月11日作出成华环保罚字〔2012〕1130-01号行政处罚决定,认定陈德龙的行为违反《水污染防治法》第22条的规定,遂根据《水污染防治法》第75条第2款的规定,作出责令立即拆除暗管,并处罚款10万元的处罚决定。陈德龙不服,遂诉至法院,请求撤销该处罚决定。德龙加工厂曾因实施"未办理环评手续、环保设施未验收即投入生产"的违法行为受到过行政处罚。

【争议焦点】

1. 陈德龙私自设置暗管排放废水的行为是否构成违法?

---

① 人民法院环境资源审判保障长江经济带高质量发展典型案例,载于最高人民法院官网。

2. 成华区环保局是否属于适格执法主体？

3. 成华区环保局所作的处罚是否合法？

【案件分析】

本案系典型的逃避监管和查处的环境违法案件。德龙加工厂工商登记注册地虽然在成都市龙泉驿区，但其生产加工形成环境违法事实的具体地点在成都市成华区，根据《行政处罚法》第 20 条、《环境行政处罚办法》第 17 条的规定，成华区环保局具有作出被诉处罚决定的行政职权；环境监测站出具的《检测报告》，认为德龙加工厂排放的废水符合排放污水的相关标准，但德龙加工厂私设暗管排放的仍旧属于污水，违反了《水污染防治法》第 22 条第 2 款的规定；该生产点所排放的生产污水是否达标并不影响德龙加工厂私设暗管规避监管这一违法事实的成立；德龙加工厂本案违法行为系二次违法行为，成华区环保局对德龙加工厂作出罚款 10 万元的行政处罚并无不妥；德龙加工厂的工商登记注册地虽然在龙泉驿区，但有关证据能够证明涉案地点在成华区，根据相关法律规定，成华区环保局具有作出被诉行政处罚的行政职权；陈德龙租赁成华区保和街道办事处天鹅社区厂房的目的是用于德龙加工厂的钢化玻璃生产加工，涉案生产点是否办理工商登记、租赁者是否为陈德龙个人，并不影响涉案生产点的经营主体为德龙加工厂这一客观事实，故成华区环保局将德龙加工厂作为处罚对象并无不当；成华区环保局在《水污染防治法》第 75 条第 2 款所规定的幅度内，一审法院综合考虑德龙加工厂系二次违法等事实，作出罚款 10 万元的行政处罚并无不当；二审法院维持原判。

本案的典型意义在于，在认定执法主体时，一、二审法院依据法律关于违法行为发生地管辖的规定，在查明生产加工形成环境违法事实具体地点的基础上，准确界定了行政职权的行使主体，避免了执法监管的空白。在认定处罚对象时，一、二审法院认为，尽管涉案生产点未办理工商登记，涉案厂房租赁者为陈德龙个人，但根据陈德龙系个体工商户德龙加工厂业主这一事实，以及涉案厂房生产加工的产品与德龙加工厂生产经营范围的关联性，可以认定涉案生产点的实际经营主体为德龙加工厂，违法行为的实施者和被处罚对象应为德龙加工厂，从而避免了违法行为人利用其身份的隐藏性、模糊性逃避监管和处罚。在认定违法行为时，一、二审法院从《水污染防治法》第 22 条的立法目的出发，认为只要存在私设暗管等规避环境执法部门监管的行为，无论其排放的污染物是否达标，是否对环境实际造成了影响，均应受到处罚，从而更加有效地打击规避监管的违法行为。本案的处理有利于揭开该类逃避监管和查处的环境违法行为的面纱，为环保执法部门的执法提供有价值的参考，具有较好的示范意义。

2. 贵州省金沙县人民检察院诉毕节市七星关区大银镇人民政府不当履职案①

【基本案情】

2010 年以来，毕节市七星关区大银镇人民政府（以下简称大银镇政府）将该镇集镇及邻近村寨产生的固体生活垃圾收集后，雇请专人运输倾倒在该镇羊桥村石人脚公路旁。该镇大量垃圾露天堆放，散发出难闻气体，严重危害当地生态环境、影响当地群众的生活。

---

① 长江流域环境资源审判十大典型案例，载于最高人民法院官网。

期间，因垃圾倾倒在公路上影响该处正常通行，大银镇政府于 2016 年 3 月底组织修建了简易围墙将垃圾场与公路隔开，除此之外并未对场内垃圾进行任何处理。七星关区人民检察院于 2016 年 4 月 28 日向大银镇政府发出检察建议书，督促其"及时纠正违法行为，并采取补救措施，消除其违法倾倒垃圾对周边环境和群众生产生活造成的影响"。大银镇政府虽作出书面回复，但并未积极履职，也未采取补救措施。毕节市人民检察院指定金沙县人民检察院管辖本案，金沙县人民检察院以大银镇政府不履行行政职权为由，向仁怀市人民法院提起行政公益诉讼。

【争议焦点】

1. 金沙县人民检察院是否为提起行政公益诉讼的适格主体？
2. 大银镇政府是否构成消极不作为？

【案件分析】

根据法律规定，检察机关在履行职责过程中发现在生态环境和资源保护等领域负有监督管理职责的行政机关违法行使职权或者不作为，造成国家和社会公共利益受到侵害，可以向人民法院提起行政公益诉讼。毕节市人民检察院指定金沙县人民检察院管辖本案符合法律规定。七星关区人民检察院向大银镇政府发出检察建议书，督促其纠正违法行为，采取补救措施，大银镇政府虽作出书面回复，但并未积极履职，也未采取补救措施，其构成消极的不作为。法院判决确认大银镇政府倾倒垃圾的行为违法；责令大银镇政府依法履行法定职责，采取补救措施弥补对环境造成的危害。

本案的典型意义在于，长江流域环境资源要素跨区域特征明显，要优化审判机制，打破行政区划的界限和壁垒。本案中，人民检察院跨行政区划提起环境行政公益诉讼，人民法院跨行政区划审理，具有较强的典型意义。毕节市人民检察院指定金沙县人民检察院跨区划管辖本案；遵义市所辖仁怀市人民法院根据贵州省高级人民法院《关于环境保护案件指定集中管辖的规定》审理本案，并依法对毕节市人民检察院指定金沙县人民检察院管辖本案予以确认，对于推动构建流域内环境公益诉讼等案件的集中管辖和探索重大环境资源行政案件在跨行政区划法院审理的专门管辖机制具有指导意义。另外，按照《环境保护法》第 37 条的规定，地方政府负有对生活废弃物分类处置的义务，大银镇政府虽然雇用了专人收集、清理固体废物，但没有完全履行固体污染物处置义务，给环境造成持续的污染，属于行政违法行为。本案公益诉讼对于督促行政机关积极开展农村人居环境整治，加强固体废弃物和垃圾处置具有指导作用。

3. 云南省剑川县人民检察院诉剑川县森林公安局怠于履行法定职责环境行政公益诉讼案①

【基本案情】

2013 年 1 月，剑川县居民王寿全受玉鑫公司的委托在国有林区开挖公路，被剑川县红旗林业局护林人员发现并制止，剑川县林业局接报后交剑川县森林公安局进行查处。剑川县森林公安局于 2013 年 2 月 20 日向王寿全送达了林业行政处罚听证权利告知书，并于同年 2 月 27 日向王寿全送达了剑川县林业局剑林罚书字（2013）第（288）号林业行政处罚决定

---

① 北大法宝。

书。行政处罚决定书载明：玉鑫公司在未取得合法的林地征占用手续的情况下，委托王寿全于2013年1月13日至19日，在13林班21、22小班之间用挖掘机开挖公路长度为494.8米、平均宽度为4.5米、面积为2226.6平方米，共计3.34亩。根据《中华人民共和国森林法实施条例》第43条第1款规定，决定对王寿全及玉鑫公司给予如下行政处罚：1. 责令限期恢复原状；2. 处非法改变用途林地每平方米10元的罚款，即22 266.00元。2013年3月29日玉鑫公司缴纳了罚款后，剑川县森林公安局即对该案予以结案。其后直到2016年11月9日，剑川县森林公安局没有督促玉鑫公司和王寿全履行"限期恢复原状"的行政义务，所破坏的森林植被至今没有得到恢复。

2016年11月9日，剑川县人民检察院向剑川县森林公安局发出检察建议，建议依法履行职责，认真落实行政处罚决定，采取有效措施，恢复森林植被。2016年12月8日，剑川县森林公安局回复称自接到《检察建议书》后，即刻进行认真研究，采取了积极的措施，并派民警到王寿全家对剑林罚书字（2013）第（288）号处罚决定第1项责令限期恢复原状进行催告，鉴于王寿全死亡，执行终止。对玉鑫公司，剑川县森林公安局没有向其发出催告书。

另查明，剑川县森林公安局为剑川县林业局所属的正科级机构，2013年年初，剑川县林业局向其授权委托办理本县境内的所有涉及林业、林地处罚的林政处罚案件。2013年9月27日，云南省人民政府《关于云南省林业部门相对集中林业行政处罚权工作方案的批复》，授权各级森林公安机关在全省范围内开展相对集中林业行政处罚权工作，同年11月20日，经云南省人民政府授权，云南省人民政府法制办公室对森林公安机关行政执法主体资格单位及执法权限进行了公告，剑川县森林公安局也是具有行政执法主体资格和执法权限的单位之一，同年12月11日，云南省林业厅发出通知，决定自2014年1月1日起，各级森林公安机关依法行使省政府批准的62项林业行政处罚权和11项行政强制权。

云南省剑川县人民法院于2017年6月19日作出（2017）云2931行初1号行政判决：1. 确认被告剑川县森林公安局怠于履行剑林罚书字（2013）第（288）号处罚决定第1项内容的行为违法；2. 责令被告剑川县森林公安局继续履行法定职责。宣判后，当事人服判息诉，均未提起上诉，判决已发生法律效力，剑川县森林公安局也积极履行了判决。

【争议焦点】

1. 剑川县森林公安局行使原来由剑川县林业局行使的林业行政处罚权是否是适格的被告主体？

2. 剑川县森林公安局行政处罚决定没有执行完毕的行为是否适当？

【案件分析】

法院生效裁判认为，公益诉讼人提起本案诉讼符合最高人民法院《人民法院审理人民检察院提起公益诉讼试点工作实施办法》及最高人民检察院《人民检察院提起公益诉讼试点工作实施办法》规定的行政公益诉讼受案范围，符合起诉条件。《中华人民共和国行政诉讼法》第26条第6款规定："行政机关被撤销或者职权变更的，继续行使其职权的行政机关是被告"，2013年9月27日，云南省人民政府《关于云南省林业部门相对集中林业行政处罚权工作方案的批复》授权各级森林公安机关相对集中行使林业行政部门的部分行政处罚权,因此,根据规定剑川县森林公安局行使原来由剑川县林业局行使的林业行政处罚权,是适格的被告主体。本案中,剑川县森林公安局在查明玉鑫公司及王寿全擅自改变林地的事实后,以剑川县林业局名义作出对玉鑫公司和王寿全责令限期恢复原状和罚款22 266.00元的行政处罚决定符合法律规定,但在玉鑫公司缴纳罚款后3年多时间里没有督促玉鑫公司和王寿全对破坏的林地恢复原状,也没有代为履行,致使玉鑫公司和王寿全擅自改变的林地至今没有恢复原状,且未提供证据证明有相关合法、合理的事由,其行为显然不当,是怠于履行法定职责的行为。行政处罚决定没有执行完毕,剑川县森林公安局依法应该继续履行法定职责,采取有效措施,督促行政相对人限期恢复被改变林地的原状。

本案的典型意义在于,环境行政公益诉讼中,人民法院应当以相对人的违法行为是否得到有效制止,行政机关是否充分、及时、有效采取法定监管措施,以及国家利益或者社会公共利益是否得到有效保护,作为审查行政机关是否履行法定职责的标准。

4. 吉林省汪清县人民检察院诉汪清县自然资源局、第三人汪清县某乙采石矿生态环境保护行政公益诉讼案①

【基本案情】

2009年11月4日,吉林省汪清县仲坪村某甲采石矿以"矿山生态环境恢复治理备用金"名义缴存了治理备用金116000元。2011年,魏某将某甲采石矿转让给钟某某,矿山名称变更为汪清县某乙采石矿。因汪清县某乙采石矿采矿权过期后,未履行矿山地质环境治理恢复义务,2014年7月14日,汪清县国土资源局作出《责令整改通知书》,要求钟某某履行矿山地质环境治理恢复义务,但汪清县某乙采石矿仍未履行。2018年8月14日,汪清县检察院向汪清县国土资源局发出检察建议书,后汪清县自然资源局(原汪清县国土资源局)向汪清县检察院书面作出《汪清县自然资源局关于汪清县人民检察院检察建议书回复函》,但仍未依法全面履行监管职责。因此汪清县人民检察院向吉林省汪清县人民法院提起生态环境保护行政公益诉讼。

【争议焦点】

1. 汪清县自然资源局在环境保护监管中是否构成消极履职?
2. 本案中生态环境修复责任主体如何确定?

【案件分析】

本案中魏某将采矿权转让给钟某某后,矿山地质环境保护与土地复垦的义务也同时转让。钟某某应当履行矿山地质环境保护与土地复垦的义务,自然资源主管部门应对其履行情况进行监督检查,履行监管职责。在钟某某采矿许可证期限届满、逾期不办理注销手续、将矿坑废弃的情况下,自然资源主管部门应当采取适当措施,责令其履行生态恢复和治理义务,在其不履行的情况下根据法律法规规定进行惩处。汪清县人民检察院要求汪清县自然资源局对上述区域履行矿山地质环境治理恢复和土地复垦的监管职责。汪清县自然资源局对此未提出异议,表示因24418平方米中只有8000平方米可以按照方案实施,其余部分需要重新编制方案或寻求第三方实施,该局将依照法律规定认真履行职责,把涉案

---

① 吉林法院环境资源典型案例,载于吉林省高级人民法院官网。

矿山治理恢复和复垦监管工作做好，在 2020 年 10 月末基本完成治理恢复和土地复垦的监管工作。汪清县人民检察院对该完成时间没有异议，表示愿意配合汪清县自然资源局完成。人民法院一审判决，责令汪清县自然资源局继续依法履行对汪清县某乙采石矿矿山地质环境治理恢复和土地复垦的监管职责，限于 2020 年 10 月 31 日前履行完毕。

本案的典型意义在于，本案涉及采矿权转让、采矿许可证到期、矿坑废弃后生态环境修复及行政机关监管职责的履行问题。自然资源主管部门负有对本行政区域内矿山地质环境保护和土地复垦工作进行监管的职责，其履行监管职责的方式有责令限期履行、现场检查、对违反规定的行为制止并依法查处、处以罚款、通过招标方式委托具有相应工程资质的企业代履行、责令缴纳土地复垦费、责令限期改正、代为组织复垦等。本案人民法院判决汪清县自然资源局限期履行监管职责，对促进行政机关全面履行矿区环境保护和土地复垦监管职责，实现矿坑废弃后的生态修复与重建，恢复自然生态具有积极意义。

5. 吉林省四平市铁东区人民检察院与四平市自然资源局行政公益诉讼案①

【基本案情】

2017 年至 2018 年，四平市国土资源局对四平市某食用菌生产有限公司数次下发《责令整改通知书》《行政处罚决定书》，责令该公司自行改正违法行为，恢复治理被其生产加工食用菌而破坏的耕地。因四平市某食用菌生产有限公司一直未能执行，四平市自然资源局向吉林省四平市铁东区人民法院申请对该公司破坏的耕地强制执行。2020 年 7 月 27 日，吉林省四平市铁东区人民检察院对此案进行复查，发现四平市某食用菌生产有限公司虽恢复了大部分耕地的种植条件，但仍存在部分厂房及硬化地面，没有恢复耕地状态，其违法占用的耕地耕作层和生产种植条件仍处在严重毁坏的状态。检察机关认为四平市自然资源局对该公司违法情况未采取措施正确履行职责，致使国家和社会公共利益处于受侵害状态，向法院提起行政公益诉讼。

【争议焦点】

1. 四平市自然资源局是否达到依法行政标准？
2. 生态环境的修复是否因行政、刑事责任的履行而停止？

【案件分析】

本案中，四平市某食用菌生产有限公司办理的设施农业用地备案手续于 2019 年 1 月 1 日到期，到期后未再办理设施农用地审批手续，四平市自然资源局有责任监督其全面复垦土地。四平市某食用菌生产有限公司存在将占用的农地用于非农生产的情形，四平市自然资源局也有责任进行查处。四平市自然资源局虽然对四平市某食用菌生产有限公司破坏耕地案进行了立案调查，并进行了查处，但未全面履行监管职责，致使国家农田仍处于受侵害状态，四平市自然资源局的行政行为不符合依法行政的要求，故法院判决四平市自然资源局依法全面履行责令四平市某食用菌生产有限公司对占用的耕地进行复垦的法定职责。根据《生态环境损害赔偿制度改革实施方案》的规定，赔偿义务人因同一生态环境损害行为需承担行政责任或刑事责任的，不影响其依法承担生态环境损害赔偿责任。四平市某食用

---

① 吉林法院环境资源典型案例，载于吉林省高级人民法院官网。

菌生产有限公司承担了相应的行政、刑事责任，如果受损环境没有得到有效修复，自然资源主管部门必须依法对环境污染的赔偿责任人进行监督和提起赔偿，因此本案中，四平市自然资源局构成消极履职。

本案的典型意义在于，本案系黑土地保护行政公益诉讼案件。包括耕地在内的自然资源一旦被破坏，再进行修复和恢复是一个漫长的过程，需要数年、数十年的努力。本案中，四平市某食用菌生产有限公司非法占用农用地，破坏耕地，改变其用途。虽然从2017年开始该公司被数次处以行政处罚，甚至其责任人被处以刑罚，但耕地的状态仍未得到有效恢复。自然资源主管部门对生态环境修复负有的监管职责，不能以行政案件、刑事案件、诉讼案件的终结而停止。本案人民法院依法判决四平市自然资源局全面履行监管破坏生态者耕地复垦的法定职责，对行政机关依法彻底履行生态保护和修复的监管职责具有积极意义，对社会公众的环境保护意识也具有深刻的教育和促进作用。

(二) 环境民事责任典型案例分析

1. 广东省广州市人民检察院诉广州市花都区卫洁垃圾综合处理厂、李永强固体废物污染环境民事公益诉讼案①

【基本案情】

2007年1月开始，李永强担任广州市花都区卫洁垃圾综合处理厂（以下简称卫洁垃圾厂）的实际投资人及经营者。2007年5月，李永强代表卫洁垃圾厂与广州市花都区炭步镇三联竹湖经济合作社先后签订土地租用协议、合作种植树木合同及补充协议，租用竹湖大岭北约400亩土地合作种植树木，卫洁垃圾厂可运送经筛选的垃圾上山开坑填埋、覆盖后种树。后李永强组织工人将未经处理的垃圾、垃圾焚烧后产生的炉渣堆放在后山，时间长达十年。经检测，卫洁垃圾厂倾倒垃圾的方量为407390.10立方米，质量为24.78万吨。经鉴定，服务功能损失费用为1714.35万元。广州市花都区人民政府成立工作小组对垃圾场进行前期整治，工程费用约348.60万元。在整治处理阶段，当地政府以政府采购的方式委托中标企业联合体于2020年9月底前完成清理整治主要工作，于2020年12月20日前完成全部清理整治工作并通过验收，工程费用为10995.57万元。生态环境修复费用合计11344.19万元，监测、鉴定、勘测费用合计44.89万元。广东省广州市人民检察院提起民事公益诉讼，请求卫洁垃圾厂赔偿上述费用，其实际投资人李永强在企业对上述费用不能清偿时承担赔偿责任。

【争议焦点】

1. 本案的赔偿范围是否符合法律规定？
2. 本案中的生态环境损害赔偿责任主体如何确定？
3. 实际投资人李永强是否应当承担补充责任？

【案件分析】

本案系涉农村固体废物污染的环境民事公益诉讼案件。根据《生态环境损害赔偿制度

---

① 2020年度人民法院环境资源典型案例，载于最高人民法院官网。

改革方案》的规定,生态环境污染的赔偿费用范围包括清除污染费用、生态环境修复费用、生态环境修复期间服务功能的损失、生态环境功能永久性损害造成的损失以及生态环境损害赔偿调查、鉴定评估等合理费用。本案中,卫洁垃圾综合处理厂等被告的行为对生态环境造成了严重的破坏,生态服务功能遭受了巨大的损失,因此在确定生态环境损害赔偿责任时,应当要求侵权人承担的责任范围达到救济受损生态环境的标准。作为经营生态保护和环境治理的卫洁垃圾厂受利益驱使,无视社会公共利益,恣意丢弃原生垃圾,造成生态环境在近十年时间里持续受损,受损的生态环境已无法在短期内恢复。卫洁垃圾处理厂应当承担生态环境损害的修复赔偿责任。李永强作为卫洁垃圾厂的法定代表人,在本案所涉环境污染行为中作为主要实施者,应当对上述债务承担补充清偿责任。法院判决卫洁垃圾厂支付涉案场地生态环境修复费用、服务功能损失费用、鉴定费及其他合理费用共计约1.31亿元,同时卫洁垃圾厂、李永强在省级媒体上公开赔礼道歉。

本案的典型意义在于,农村固体废物污染的环境民事公益诉讼案件中,生态环境污染的赔偿费用范围要依照《生态环境损害赔偿制度改革方案》的规定进行。对生态环境造成严重破坏的侵权人应确定为生态环境损害赔偿责任主体。侵权人的实际投资人应当承担补充责任。

2. 牛某某与山东通用航空服务股份有限公司、成武县林业局、单县林业局、山东凤凰通用航空服务有限公司环境污染责任纠纷案①

【基本案情】

2016年5月,成武县林业局和单县林业局为防治美国白蛾,通过招标分别确定山东通用航空服务股份有限公司(以下简称通用航空公司)在成武县进行飞防作业、山东凤凰通用航空服务有限公司(以下简称凤凰航空公司)在单县东部乡镇进行飞防作业。飞防期间,单县五个乡镇陆续出现大面积蚕死亡,经上海市农业科学院农产品质量标准与检测技术研究所检验涉案桑叶含有灭幼脲,灭幼脲对桑蚕有明显的毒害作用。蚕农牛某某提起诉讼要求赔偿桑蚕损失。

【争议焦点】

1. 通用航空公司在此案中有无法律责任?
2. 通用航空公司在此案中承担举证责任吗?

【案件分析】

本案系环境污染责任纠纷,依照侵权责任法相关规定,两航空公司对不承担责任或减轻责任的情形及其行为与损害之间不存在因果关系负有举证责任。两航空公司未严格按照法律规定要求到有关部门对其飞行轨迹进行备案,其提供的飞行轨迹存有疑点,两航空公司举证责任未完成,应承担对其不利后果。一审法院根据蚕农受害程度、影响程度态势图,结合单县与成武县的地势,认定通用航空公司承担的责任大于被告凤凰航空公司。同时,蚕农牛某某未采取相应措施防范损害的发生,具有一定过错。故判决通用航空公司赔偿牛某某损失6580元,凤凰航空公司赔偿牛某某损失3290元,驳回牛某某的其他诉讼请求。二审调解结案。

① 北大法宝。

本案的典型意义在于，本案系跨区域航空作业造成蚕农受损的环境污染案件。集中消杀美国白蛾是利民之事，但由于政府机关宣传不到位、沟通不畅等原因造成了此次蚕农受损事件的发生，政府机关、航空公司和蚕农对此均具有一定的过错，理应共同分担责任。案件最终4个被告与以牛某某为代表的蚕农达成和解，既维护了蚕农的合法权益，也使航空公司不因此事件步入困境，无法发挥其社会价值。同时，该案也让政府相关部门认识到作出行政决策时，要全面考虑其行为可能造成的环境污染风险及应采取的对策，同时要把宣传工作做得更好更细。

3. 江西星光现代生态农业发展有限公司诉江西鹰鹏化工有限公司大气污染责任纠纷案①

【基本案情】

2014年6月，江西鹰鹏化工有限公司(以下简称鹰鹏公司)在生产中因为设备故障，导致生产废气泄漏，致使江西星光现代生态农业发展有限公司(以下简称星光公司)的苗木叶面受损。星光公司根据会昌县林业局出具的《关于江西会昌县鹰鹏公司废气污染林业苗木受害情况调查报告》以及赣州金信资产评估事务依据林业部门出具的调查报告所作出的赣金信评字(2014)第08090号《核实资产价值项目资产评估报告》，后星光公司自行按相应比例计算自身所受损失为3742600.1元，鹰鹏公司认为星光公司的损失计算方式不符合法律规定，因星光公司委托资产评估机构所作的资产价格评估不属于损失鉴定，评估报告也未对其苗木损失作出鉴定意见，不能达到其证明损失数额的证明目的，因此计算损失的方法不准确。星光公司据此诉请判令鹰鹏公司赔偿苗木损失。

【争议焦点】

1. 赣州金信资产评估事务所赣金信评字(2014)第08090号《核实资产价值项目资产评估报告》可否作为认定损失的依据？

2. 星光公司因涉案污染事故造成的损失金额为多少？

【案件分析】

本案中，鹰鹏公司同意星光公司选择赣州金信资产评估事务所进行林业损失鉴定，资产评估总值为7492147元，该次评估的主要依据为林业部门出具的并经鹰鹏公司确认的《2014年鹰鹏污染事故林业苗木受损情况调查登记表》，赣州金信资产评估事务所作为有资质的资产评估机构根据国家机关出具的并经鹰鹏公司确认的材料出具的评估报告，可信程度较高，根据该评估报告给出的资产评估价值结合会昌县林业局出具的《关于江西会昌县鹰鹏公司废气污染林业苗木受害情况调查报告》可以计算出星光公司的受损价值金额，故赣州金信资产评估事务所赣金信评字(2014)第08090号《核实资产价值项目资产评估报告》可以作为认定损失的依据。

鹰鹏公司作为侵权人应当承担侵权责任，应当赔偿星光公司因此造成的损失。二审法院也认为，涉案资产评估报告可信程度较高，该评估报告虽未直接给出星光公司的受损价值金额，但根据该评估报告确定的资产评估价值，结合会昌县林业局出具的《关于江西会昌县鹰鹏公司废气污染林业苗木受害情况调查报告》，可以计算出星光公司的受损价值金额，据此改判由鹰鹏公司赔偿星光公司因废气污染造成的苗木损失1363217.29元。再审

---

① 人民法院环境资源审判保障长江经济带高质量发展典型案例，载于最高人民法院官网。

中最高人民法院认为，二审判决根据有资质机构作出的资产评估报告，以受损苗木的总资产价值 7492147 元为基础，酌定扣减涉案苗木的实际交易成本和税费，并参照林业局评估报告中林分受损等级划分标准，取 75%、35%、15% 3 个较低数值作为重度、中度、轻度 3 种损害程度的计算比值，得出星光公司苗木损失为 1363217.29 元，该计算方法公允、客观，事实依据充分。最高人民法院裁定驳回了鹰鹏公司的再审申请。

本案的典型意义在于，对环境民事侵权案件，人民法院在能动计算环境侵权损失数额方面进行了积极有益的探索。环境侵权诉讼具有举证难、损失鉴定难的特点，在环境侵权行为和损害已经实际发生，但受害人难以举证证明损失具体数额的情况下，法官应当注重适度发挥职权作用，根据已有证据进行认定，以救济受害人的合法权益，倒逼污染者强化环境保护意识，预防环境损害的发生。本案是在两次委托鉴定未果的情况下，二审法院根据评估机构的评估报告、林业部门的调查材料，秉持平衡双方当事人利益的理念确认星光公司受损金额，具有公平合理性。

4. 邓仕迎诉广西永凯糖纸有限责任公司等六企业通海水域环境污染损害责任纠纷案①

【基本案情】

2012 年 4 月 29 日至 5 月 25 日，广西横县郁江六景至飞龙河段连续发生多起网箱养殖鱼类死亡事故，邓仕迎是遭受死鱼事故的养殖户之一。事故河段是横县人民政府为保护重点流域水质和饮用水源安全而划定的禁止网箱养殖水域，邓仕迎未持有合法有效的《水域滩涂养殖许可证》。死鱼事件发生后，当地渔业管理部门和环境保护主管部门对死鱼原因开展调查，认为溶解氧偏低是主要原因。邓仕迎认为广西永凯糖纸有限责任公司等六企业所在的河岸位置均属其养殖河段的上游，且其排污管都是通向郁江，其排污行为直接造成郁江六景至飞龙河段溶解氧过低，从而导致其网箱鱼大量死亡，诉请法院判令六家企业连带赔偿其经济损失、人工费 114786 元、饲料鱼苗成本 302500 元，并共同承担本案的诉讼费用。

【争议焦点】

1. 邓仕迎的举证责任是否已经达到法定标准？
2. 原告非法养殖的收益是否应当受到法律保护？
3. 本案中污染行为与损害后果的因果关系如何确定？

【案件分析】

根据法律规定，环境污染侵权采取的是举证责任倒置的规则。本案中，邓仕迎已经举证证明永凯公司、祈顺公司和华鸿公司均排放了可能造成其养殖鱼缺氧致死的污染物，并且该污染物到达了损害发生地，而永凯公司、祈顺公司和华鸿公司未能举证证明其污染行为与邓仕迎的死鱼损害不存在因果关系，故应认定永凯公司、祈顺公司和华鸿公司的排污行为与邓仕迎的养殖损失存在因果关系。邓仕迎在死鱼事故发生时未依法取得养殖证，并不享有使用水域从事养殖生产的权利，其养殖收益不具有合法性，故养殖鱼价值构成中的利润部分及养殖人工费不受法律保护，但其购买的鱼苗、饲养鱼类必要的饲料等成本性投入属于合法民事利益，应当受到法律的保护。对于邓仕迎可受法律保护的养殖损失，强降雨导致各种污染源汇入郁江所输出的有机污染物与损害后果的原因力比例为 75%，沿江生

---

① 人民法院环境资源审判保障长江经济带高质量发展典型案例，载于最高人民法院官网。

产企业正常排放生产废水所输出的有机污染物与损害后果的原因力比例为25%。对于生产企业排污所造成的邓仕迎养殖成本损失23056.13元,永凯公司、祈顺公司和华鸿公司应平均承担赔偿责任。法院以行政部门记载的死鱼数据为依据,综合鱼种类、数量、鱼苗市场价格等各方面实际因素,对邓仕迎购买鱼苗的损失进行合理计算,对购买饲料的成本根据养殖惯例进行酌定,尊重客观事实且公平合理。邓仕迎未经相关行政主管部门许可使用全民所有的水域,对其非法占有水域进行养殖而取得的不正当收益损失部分法律不予保护,对其具体实施非法养殖行为所投入的人工费也不应支持,但其购买的鱼苗、饲料、鱼药等生产成本并无非法性,仍属于合法的民事权益,应予以保护。

本案的典型意义在于,该案系网箱养殖鱼死亡事件引发的环境污染损害赔偿诉讼。本案被诉排污企业较多,水体污染来源多样,甄别侵权责任主体及判定各主体责任比例是审理的难点。一审、二审法院依法适用环境污染侵权的无过错责任原则,认定被告企业的排污虽未超过国家和地方的污染物排放标准,但并不能直接免除其责任;正确分配举证责任,由原告对存在侵权行为、损害以及侵权行为和损害之间有一定关联性承担举证责任,被告对法律规定的不承担责任或者减轻责任的情形及其行为与损害之间不存在因果关系承担举证责任;准确认定责任比例,在数个企业分别排放污水,造成流域性溶解氧急剧下降的情况下,每个企业的污染行为都不足以造成全部损害,难以确定各自责任大小,判定平均承担赔偿责任。本案原告系无证在政府划定的禁止网箱养殖水域进行生产的养殖户,其主张的损失应否支持是本案审理的另一难点。一审、二审法院正确处理行政管理和保护合法民事权益的关系,对原告的损失进行细化定性,对不正当收益损失部分及其具体实施非法养殖行为所投入的人工费不予支持,对其购买鱼苗、饲料、鱼药等生产成本的损失赔偿请求予以支持。本案审理思路清晰,对水污染案件的审理具有一定示范意义。

5. 连州市连州镇龙咀村民委员会湟白水村民小组诉连南瑶族自治县市政局环境污染责任纠纷案①

【基本案情】

2007年10月,连州市连州镇龙咀村民委员会湟白水村民小组(以下简称湟白水村民小组)等与连南瑶族自治县市政局(以下简称连南市政局)签订《租赁荒地协议书》约定,连南市政局租赁湟白水村民小组的荒地建造垃圾处理场,如因垃圾填埋场造成污染,湟白水村民小组有权要求连南市政局做好环保工作,待处理好方可继续进行工作。此后,连南市政局运送大量垃圾至上述垃圾填埋场直接倾倒,导致所涉地块土壤和地下水资源污染。湟白水村民小组诉至法院,请求解除《租赁荒地协议书》,消除污染,恢复原状,赔偿损失17.21万元。一审审理中,湟白水村民小组提交村民小组会议决议,提出由连南市政局一次性赔偿8万元了结此事。

【争议焦点】

1. 连南市政局的环境侵权行为是否构成违约?
2. 涉案环境侵权纠纷是否能通过和解的方式解决?

---

① 2019年度人民法院环境资源典型案例,载于最高人民法院官网。

【案件分析】

本案系涉农村土壤及地下水污染的环境污染责任纠纷案件。连南市政局租用湟白水村民小组土地后,将大量垃圾直接倾倒在涉案垃圾填埋场,构成环境侵权,同时违反了双方签订的《租赁荒地协议书》中关于环境保护的条款,因此构成违约。鉴于涉案垃圾填埋场对湟白水村民小组的土地、饮用水等造成的污染损害结果将会在相当长的时期内存在,结合连南市政局已投入整治,湟白水村民小组铺设水管管道入户,解决食用饮水,以及湟白水村民小组诉讼中自愿要求连南市政局一次性赔偿8万元了结此事等情况,一审判决连南市政局赔偿8万元给湟白水村民小组。广东省清远市中级人民法院二审维持原判。

本案的典型意义在于,近年来,生活垃圾处理问题日益凸显,"垃圾围城"现象不仅严重影响城市生活,也是造成农村污染的重要因素之一。本案中,连南市政局租用湟白水村民小组农村荒地建造垃圾填埋场,本应严格遵循垃圾填埋场相关建设标准以及管理规程,却将生活垃圾直接倾倒堆放,造成农村土壤及地下水污染,严重影响了村民生产生活。涉案垃圾填埋场的污染问题成为中央环保督导组的督办案件。本案依法判决连南市政局承担环境侵权责任,对于规范垃圾填埋场的建设和管理行为,防范农村生态环境污染破坏,推动美丽乡村建设具有积极的示范意义。

(三)环境刑事责任典型案例分析

1. 被告单位浙江晋巨化工有限公司、被告人吴卫富等8人污染环境案①

【基本案情】

2017年12月,被告单位浙江晋巨化工有限公司(以下简称晋巨公司)将其硫酸厂产生的污泥渣拌入矿渣去湿,产生混合固体废物。被告人潘毅刚,系晋巨公司分管安全环保工作部副总经理,经环保部门约谈后,未采取整改措施。被告人吴卫富,系该公司安全环保工作部主管,将上述固体废物交由无资质的被告人黄石土等人处置。2018年1月,被告人黄石土、刘开友将2327.48吨混合固体废物运至浙江省江山市露天堆放。2018年2月至3月,刘开友等人将相关固体废物共计1924.48吨从浙江省衢州市运往福建省浦城县堆放、倾倒、填埋。后经应急处置,挖掘清运受污染泥土混合物共计4819.36吨,上述行为造成应急处置、监测、评估等各项费用损失共计307余万元。上述行为系2018年3月9日案发,环保部门经调查取证后,于2018年3月20日移送公安机关。

【争议焦点】

1. 黄石土、刘开友第一次堆放混合固体废物的行为是否构成犯罪?
2. 被告受到行政处罚是否会影响追究其刑事责任?
3. 晋巨公司和吴卫富是否构成污染环境罪?

【案件分析】

本案系跨省非法运输、倾倒固体废物的污染环境刑事案件。本案中关于第一起堆放的

---

① 2019年度人民法院环境资源典型案例,载于最高人民法院官网。

2327.48 吨是否应当认定为犯罪问题，指控堆放的固体废物渗滤液铜、镉含量超过国家排放标准 1049 倍和 19.6 倍，均超过国家污染物排放标准铜 10 倍以上、镉 3 倍以上，应当认定为严重污染环境的犯罪事实，辩护人提出渗滤液铜超标不能证明该堆放的固体废物为有毒废物的辩护意见与指控并不关联。同时，行政处罚并不影响追究刑事责任，辩护称该堆放行为已被行政处罚，不宜作为量刑评判的依据的辩护意见也不予采纳。关于浙江晋巨化工有限公司与吴富国是否构成污染环境罪的争议问题，经审理分析认为，本案证据证实，晋巨公司有授权安全环保工作部主管处置固废权限和签署合同的权限，吴卫富在处置固废的时候对外以单位的名义，谋取的是单位利益，目的是使硫酸厂生产正常进行。在案发之后晋巨公司对于非法处置固体废物的行为，也为认可单位行为，即以单位名义补签了工业品销售合同，以单位销售部名义与黄石土补签了处置协议。基于以上，应当认定浙江晋巨化工有限公司构成单位犯罪。吴卫富系晋巨公司安全环保工作部主管，硫酸厂刘某科长，负有硫酸厂环保管理、检查、监督职责，其违反本单位的固废污染防治管理规定，将固体废物交由无处置资质的黄石土等人处置，也未跟踪监督处置地点，对于可能会发生污染环境的危害行为，其主观上明知，客观上主动实施，从而导致黄石土、刘开友等人擅自跨省处置固体废物，严重污染环境，吴卫富应作为直接责任人员承担刑事责任，综上，晋巨公司和吴卫富均构成污染环境罪，一审法院以污染环境罪判处晋巨公司罚金 55 万元；判处吴卫富等 8 人有期徒刑三年六个月以下不等，并处罚金；以国有公司人员失职罪判处潘毅刚有期徒刑一年八个月，缓刑二年。

本案的典型意义在于，近年来，逃避本地监管查处，跨省转移危险废物犯罪高发频发，甚至形成犯罪利益链条。本案的审理，是行政执法与刑事司法相互衔接的有效实践。人民法院在本案中，依法加强与人民检察院、公安机关、环境保护主管部门之间的协调联动，形成打击生态环境违法犯罪的合力。同时，注重运用财产刑，加大对环境污染犯罪的经济制裁力度，提高跨界转移污染的违法成本。本案开庭审理时，邀请了省、市、县检察院、公安机关和生态环境局等 40 余人旁听，取得良好的社会效果。

2. 被告人田昌蓉、罗伟等 18 人走私废物案①

【基本案情】

自 2016 年始，被告人田昌蓉夫妇在缅甸小勐拉设立站点收购废塑料、废金属等物品，联系、安排被告人罗伟等人驾驶空货车出入境，装运其经简单清洗加工后的废物拉至指定地点，然后联系、安排边民通过边境小道将废物走私运输至境内，再驳装到罗伟等人货车上，最后由罗伟等人将上述废物送给国内买家进行销售牟利。经查证，田昌蓉、罗伟等人走私、运输、倒运、购买废塑料 913.40 吨、废金属 122.70 吨、废电瓶 2.47 吨。

【争议焦点】

1. 田昌荣等人走私的固体废品是否属于法律禁止的废物？
2. 田昌荣等人是否构成走私废物罪？

---

① 2019 年度人民法院环境资源典型案例，载于最高人民法院官网。

【案件分析】

本案系跨越国边境走私废物案件。根据《刑法》第 152 条的规定："走私废物罪，是指违反海关法规和国家关于固体废物、液态废物、气态废物管理的规定，逃避海关监管，将境外固体废物、液态废物、气态废物运输进境的行为。"本案中，被告人田昌蓉、罗伟等人违反海关法规，逃避海关监管，将境外 1038.57 吨固体废物运输进境，从事倒运、购买等行为，情节特别严重，构成走私废物罪。法院经审理判决判处被告人田昌蓉、罗伟等人有期徒刑九年至一年不等，并处罚金 60 万元至 2 万元不等。

本案的典型意义在于，2018 年 1 月起，中国全面禁止"洋垃圾"入境，大力推进固体废物进口管理制度改革，成效显著。但仍有部分企业、个人为谋取非法利益不惜铤而走险，"洋垃圾"非法入境问题时有发生。本案犯罪地点位于西双版纳国边境区域，被告人采取更为隐蔽的家庭小作坊式站点，通过边境小道违法走私固体废物入境后倒运、贩卖，增加了监管难度。人民法院充分利用刑罚手段，严厉打击走私、运输、倒卖"洋垃圾"等犯罪行为，彰显了将"洋垃圾"拒于国门之外的决心和力度，有利于强化国家固体废物进口管理制度，防治固体废物污染，促进国内固体废物无害化、资源化利用，有效维护国家生态环境安全和人民群众生命健康安全。

3. 上海印达金属制品有限公司及被告人应伟达等 5 人污染环境案[①]

【基本案情】

被告单位上海印达金属制品有限公司（以下简称印达公司），被告人应伟达系印达公司实际经营人，被告人王守波系印达公司生产部门负责人。印达公司主要生产加工金属制品、小五金、不锈钢制品等，生产过程中产生的废液被收集在厂区贮存桶内。2017 年 12 月，被告人应伟达决定将贮存桶内的废液交予被告人何海瑞处理，并约定向其支付 7000 元，由王守波负责具体事宜。后何海瑞联系了被告人徐鹏鹏，12 月 22 日夜，被告人徐鹏鹏、徐平平驾驶槽罐车至公司门口与何海瑞会合，经何海瑞与王守波联系后进入公司抽取废液，3 人再驾车至上海市青浦区白鹤镇外青松公路、鹤吉路西 100 米处，先后将约 6 吨废液倾倒至该处市政窨井内。经青浦区环保局认定，倾倒物质属于有腐蚀性的危险废物。

本案由上海铁路运输检察院于 2018 年 5 月 9 日以被告人应伟达、王守波等 5 人犯污染环境罪向上海铁路运输法院提起公诉。在案件审理过程中，上海铁路运输检察院对被告单位印达公司补充起诉。2018 年 8 月 24 日，上海铁路运输法院依法作出判决，认定被告单位印达公司犯污染环境罪，判处罚金十万元；被告人应伟达、王守波等 5 人犯污染环境罪，判处有期徒刑一年至九个月不等，并处罚金。判决已生效。

【争议焦点】

1. 印达公司是否构成污染环境罪？
2. 应伟达、王守波是否构成污染环境罪？

【案件分析】

本案中，被告人应伟达系印达公司实际经营人，决定非法处置废液，被告人王守波系

---

① 北大法宝。

印达公司生产部门负责人,直接负责废液非法处置事宜。本案中对被告单位印达公司及其直接负责的主管人员和其他直接责任人员被告人应伟达、王守波同时追究刑事责任,在准确认定单位犯罪并追究刑事责任方面具有典型意义。

本案的典型意义在于,准确认定单位犯罪并追究刑事责任是办理环境污染刑事案件中的重点问题,一些地方存在追究自然人犯罪多,追究单位犯罪少,单位犯罪认定难的情况和问题。司法实践中,经单位实际控制人、主要负责人或者授权的分管负责人决定、同意,实施环境污染行为的,应当认定为单位犯罪,对单位及其直接负责的主管人员和其他直接责任人员均应追究刑事责任。

4. 宝勋精密螺丝(浙江)有限公司及被告人黄冠群等 12 人污染环境案①

【基本案情】

2002 年 7 月,被告单位宝勋精密螺丝(浙江)有限公司(以下简称宝勋公司)成立,经营范围包括生产销售建筑五金件、汽车高强度精密紧固件、精冲模具等,该公司生产中产生的废酸液及污泥为危险废物,必须分类收集后委托具有危险废物处置资质的单位处置。被告人黄冠群自 2008 年起担任宝勋公司副总经理,负责公司日常经营管理,被告人姜家清自 2016 年 4 月起直接负责宝勋公司酸洗污泥的处置工作。

2016 年 7 月至 2017 年 5 月,被告单位宝勋公司及被告人黄冠群、姜家清违反国家关于危险废物管理的规定,在未开具危险废物转移联单的情况下,将酸洗污泥交给无危险废物处置资质的被告人李长红、涂伟东、刘宏桂进行非法处置。被告人李长红、涂伟东、刘宏桂通过伪造有关国家机关、公司印章,制作虚假公文、证件等方式,非法处置酸洗污泥。上述被告人通过汽车、船舶跨省运输危险废物,最终在江苏省淮安市、扬州市、苏州市及安徽省铜陵市非法倾倒、处置酸洗污泥共计 1071 吨。其中,2017 年 5 月 22 日,被告人姜家清、李长红、涂伟东伙同被告人汪和平、汪文革、吴祖祥、朱凤华、查龙你等人在安徽省铜陵市经开区将 62.88 吨酸洗污泥倾倒在长江堤坝内,造成环境严重污染。案发后,经鉴定评估,上述被告人非法倾倒、处置酸洗污泥造成环境损害数额为 511 万余元,产生应急处置、生态环境修复、鉴定评估等费用共计 139 万余元。

此外,2017 年 6 月至 11 月,被告人李长红、涂伟东、刘宏桂、吴祖祥、朱凤华、查龙你等人在无危险废物处置资质的情况下,非法收集 10 余家江苏、浙江企业的工业污泥、废胶木等有毒有害物质,通过船舶跨省运输至安徽省铜陵市江滨村江滩边倾倒。其中,倾倒废胶木 313 吨、工业污泥 2525 余吨,另有 2400 余吨工业污泥倾倒未遂。

【争议焦点】

1. 本案中被告是否构成污染环境罪?
2. 对于本案中被告的行为是否应当从重处罚?

【案件分析】

本案系非法倾倒、处置酸洗污泥引发的环境污染案件。经法院审理认定被告单位宝勋公司犯污染环境罪,判处罚金 1000 万元;被告人黄冠群犯污染环境罪,判处有期徒刑六

---

① 最高人民法院 2019 年发布环境污染刑事案件典型案例,载于最高人民法院官网。

年,并处罚金20万元;被告人姜家清犯污染环境罪,判处有期徒刑五年九个月,并处罚金20万元;判处被告人李长红等10人犯污染环境罪,判处有期徒刑六年至拘役四个月不等,并处罚金。一审宣判后,被告单位宝勋公司和被告人黄冠群等人提出上诉。2018年12月5日,安徽省芜湖市中级人民法院二审裁定驳回上诉,维持原判。判决已生效。

本案的典型意义在于,长江是中华民族的母亲河,也是中华民族发展的重要支撑。推动长江经济带发展是党中央作出的重大决策,是关系国家发展全局的重大战略。服务长江生态高水平保护和经济社会高质量发展,为长江经济带共抓大保护、不搞大开发提供有力保障,是公安司法机关肩负的重大政治责任、社会责任和法律责任。司法实践中,对发生在长江经济带十一省(直辖市)的跨省(直辖市)排放、倾倒、处置有放射性的废物、含传染病病原体的废物、有毒物质或者其他有害物质的环境污染犯罪行为,应当依法从重处罚。本案对办理长江经济带跨省(直辖市)环境污染案件,守护好长江母亲河方面具有典型意义。

5. 被告人易文发等非法生产制毒物品、污染环境案①

【基本案情】

2014年4月,被告人易文发等人在贵州省贵阳市租赁民房、废弃厂房等,利用非法购买的盐酸、甲苯、溴代苯丙酮等加工生产麻黄碱。2015年5月至2016年1月,被告人易文发等人在非法生产麻黄碱过程中,为排放生产废水,在厂房外修建排污池、铺设排污管道,将生产废水通过排污管引至距厂房约70米外的溶洞排放。2016年1月,公安机关在涉案加工点查获麻黄碱6.188千克、甲苯11700千克、盐酸3080千克、溴代苯丙酮13000千克。经鉴定,易文发等人生产麻黄碱所产生、排放的废水属危险废物。

【争议焦点】

1. 被告人易文发等是否构成非法生产制毒物品罪、污染环境罪数罪?
2. 被告人如果所犯数罪是否应当并罚?

【案件分析】

本案系非法生产制毒物品过程中引发的环境污染案件。贵州省清镇市人民法院一审认为,被告人易文发等人的行为均已构成非法生产制毒物品罪;将属于危险物质的生产制毒物品废水利用溶洞向外排放,严重污染环境,其行为同时构成污染环境罪,被告人行为构成数罪。关于对被告人犯罪行为从一重罪处罚或是数罪并罚的争议焦点,根据刑法规定,一个犯罪行为触犯数罪名,从一重罪处罚,本案中,被告人易文发等人虽然只有生产制毒物品罪一个行为,但实际上不仅具有生产制毒物品的犯罪故意,并且将生产麻黄碱过程中产生的废水排入溶洞属于污染环境的犯罪故意,因此,法院判决数罪并罚的法理基础是基于被告人易文发等人以一种犯罪行为实施多个犯罪目的。一审法院判处易文发等人八年至十年不等有期徒刑,并处罚金110000元至130000元不等,并对查扣的制毒物品、作案工具依法没收,予以销毁。贵阳市中级人民法院二审维持原判。

本案的典型意义在于,溶洞是可溶性岩石因喀斯特作用所形成的地下空间,在长江流

---

① 人民法院环境资源审判保障长江经济带高质量发展典型案例,载于最高人民法院官网。

域多有分布,蕴含着丰富的水资源。但岩溶生态系统脆弱,环境承载容量小,溶洞之间多相互连通,一旦污染难以修复治理。一审法院考虑到本案被告人犯罪行为的特殊性,根据受到侵害的法益不同,对被告人实施的不同行为单独定罪、数罪并罚,改变了过去忽视环境保护,对同类案件多采用择一重罪论处、仅以涉毒罪名予以打击的处理方式。本案以非法生产制毒物品罪和污染环境罪数罪并罚,既体现出人民法院始终坚持依法从严惩处毒品犯罪、加大对生产制毒物品犯罪的惩处力度,也体现出人民法院以零容忍态度依法维护人民群众生命健康和环境公共利益的决心。

三、拓展阅读

1.《中华人民共和国环境保护法》

第64条 因污染环境和破坏生态造成损害的,应当依照《中华人民共和国侵权责任法》的有关规定承担侵权责任。

2.《中华人民共和国民法典》

第1229条 因污染环境、破坏生态给他人造成损害的,侵权人应当承担侵权责任。

3. 中共中央办公厅、国务院办公厅发布的《生态环境损害赔偿制度改革方案》规定:环境有价,损害担责。体现环境资源生态功能价值,促使赔偿义务人对受损的生态环境进行修复。生态环境损害无法修复的,实施货币赔偿,用于替代修复。赔偿义务人因同一生态环境损害行为需承担行政责任或刑事责任的,不影响其依法承担生态环境损害赔偿责任。

4.《最高人民法院关于适用〈中华人民共和国民事诉讼法〉的解释》

第288条 人民法院受理公益诉讼案件,不影响同一侵权行为的受害人根据民事诉讼法第119条规定提起诉讼。

5.《中华人民共和国刑法》

第152条 走私废物罪,是指违反海关法规和国家关于固体废物、液态废物、气态废物管理的规定,逃避海关监管,将境外固体废物、液态废物、气态废物运输进境的行为。

6.《中华人民共和国水污染防治法》

第22条 向水体排放污染物的企业事业单位和其他生产经营者,应当按照法律、行政法规和国务院环境保护主管部门的规定设置排污口;在江河、湖泊设置排污口的,还应当遵守国务院水行政主管部门的规定。

7.《中华人民共和国行政处罚法》

第20条 行政机关依照法律、法规、规章的规定,可以在其法定权限内书面委托符合本法第21条规定条件的组织实施行政处罚。行政机关不得委托其他组织或者个人实施行政处罚。

8.《环境行政处罚办法》

第17条 县级以上环境保护主管部门管辖本行政区域的环境行政处罚案件。造成跨行政区域污染的行政处罚案件,由污染行为发生地环境保护主管部门管辖。

第八章 国际环境法

第一节 气候变化的国际法保护

一、主要知识点

(一)气候变化概述

气候是人类赖以生存的基本条件,气候变化直接影响人类赖以生存的自然环境,气候变化是目前人类所面临的最为严峻的环境问题。在气候科学中,气候变化是指气候平均状态和离差(距平)两者中的一个或两者一起出现了统计意义上的显著变化。《联合国气候变化框架公约》(以下简称《公约》)把气候变化界定为,气候变化指在类似时期内所观测的气候的自然变异之外,由于直接和间接的人类活动改变了地球大气的组成而造成的气候变化。联合国政府间气候变化专门委员会(Intergovernmental Panel on Climate Change,IPCC)对气候变化的界定,是指气候状态的变化,而这种变化能够通过其特性的平均值或变率的变化予以判别(如统计检验)。气候变化具有一段延伸期,通常为几十年或更长时间。气候变化究其原因可分为自然内部过程(如地球运动、地质结构、太阳辐射等)和外部强迫(如人类活动)。就目前而言,对气候系统产生扰动的主要驱动力是由于人类活动导致的温室气体浓度增加,其中主要是二氧化碳温室气体通过其温室效应促进了全球变暖。

(二)气候变化的国际法保护

20世纪70年代末,气候变化问题首次引起国际社会关注。1979年世界气象组织召开了第1届世界气候大会,在此次大会上来自世界各国的科学家、政府代表对以变暖为主要特征的气候变化予以高度关注。目前,国际气候治理路径主要依赖于谈判与合作,并签订相应的协定。1992年6月,《公约》在联合国环境与发展大会上签署。自《公约》生效以来,缔约方多次召开缔约方大会,并且通过了对全球气候治理具有重要作用的协定,如《京都议定书》《巴黎协定》等。

1.《联合国气候变化框架公约》

《公约》是世界上首个全面控制温室气体排放,以应对气候变化给人类经济社会带来不利影响且具有法律约束力的公约。同时,也是国际气候合作的基本框架。其包括序言、26条正文和2个附件。《公约》的核心内容主要为:第一,《公约》的目标。其第2条规定,公约的最终目的是将大气中温室气体的浓度稳定在防止气候系统受到危险的人为干扰水平上。第二,国际合作应对气候变化的基本原则。如共同但有区别和各自能力的原则、考虑发展中国家的具体情况原则、预防原则、可持续发展原则等。第三,对发达国家规定了特别的义务。如附件 2 所列发达国家缔约方和其他发达缔约方，应为发展中国家缔约方提供技术和资金支持。附件 2 所列发达国家缔约方应制定国家政策和采取相应的措施，通过限制其人为的温室气体排放以及保护和增强其温室气体库与汇等。第四，建立机构。《公约》第 7 条规定，缔约方会议为公约的最高机构。《公约》第 8 条规定设立秘书处，其职能在于负责日常工作。第五，资金机制。《公约》第 11 条规定，兹确定一个在赠予或转让基础上提供资金，包括用于技术转让的资金的机制。

2.《京都议定书》

《京都议定书》于 1997 年通过，2005 年正式生效。这是人类历史上首次以国际法的形式对特定国家的特定污染物的排放量作出的具有法律约束力的定量限制。《京都议定书》的主要内容为：一是允许采取四种减排方式。即发达国家之间的排放权交易、以"净排放量"计算温室气体排放量、绿色开发机制和"集团方式"。二是规定了 6 种主要的温室气体，即二氧化碳、甲烷、氮氧化物、氢氟烃、全氟化碳及六氟化硫。三是明确了发达国家第一承诺期的减排定量目标和时间表。如附件 1 国家在 2008—2012 年，温室气体排放量平均要比 1990 年的水平减少 25%。

3.《巴黎协定》

2015 年 12 月，在第 21 届联合国气候变化大会巴黎大会上，达成了新的全球气候协议，即《巴黎协定》。相较于《京都议定书》而言，《巴黎协定》的成功签署是国际气候治理的重要里程碑。其主要内容为：第一，在温控目标上。把全球平均气温升幅控制在工业化前水平以上低于 2℃ 之内，并努力将气温升幅限制在工业化前水平以上 1.5℃ 之内。第二，采用国家自主贡献的减排模式。《公约》第 4 条规定，各缔约方应编制、通报并保持它计划实现的连续国家自主贡献。缔约方应采取国内减缓措施，以实现这种贡献的目标。第三，引入"全球盘点"机制。定期盘点协定的履行情况，以评估实现协定宗旨和长期目标的集体进展情况。从时间上来看，每五年为一个周期。第四，构建透明度框架。《公约》第 13 条规定，为建立互信和信心并促进有效履行，兹设立一个关于行动和支助的强化透明度框架，并内置一个灵活机制，以考虑缔约方能力的不同，并以集体经验为基础。

4.《格拉斯哥气候公约》

2021 年 11 月 13 日，《公约》第 26 次缔约方大会签署了《格拉斯哥气候公约》。该公约要求各国加紧努力，逐步减少有增无减的煤电，也就是不使用技术控制二氧化碳排放的发电厂。它还呼吁结束低效的化石燃料补贴，但没有具体说明取消这类补贴的时间表。2021 年 12 月 20 日，"IPCC 第六次评估报告及《格拉斯哥气候公约》相继问世"入选 2021 年国外十大天气气候事件。

二、典型案例分析

（一）因纽特人诉美国气候变化政策侵犯人权案①

【基本案情】

因纽特人是北极地区的少数民族，总人口约 13 万人，其生活环境极其严酷，必须要

---

① 张建伟，2017. 环境资源典型案例分析[M]. 北京：人民法院出版社.

面对长达数月乃至半年时间的极夜环境，抵御零下几十摄氏度的严寒天气与暴风雪。自然环境的恶劣练就了该民族强悍与勇敢的民族性格，也形成了该民族独有的生活方式。然而，全球气候变暖正在改变着因纽特人的传统生活。随着北极地区的冰川融化，海豹和北极熊等动物由于不能适应气候变化而数量锐减，这一变化也在改变着因纽特人长期以来以海豹、驯鹿以及北冰洋鱼类为食物的生活习惯和狩猎方式。另外，气候变化也导致了因纽特人居住地的环境变化，由于冰层变薄导致他们不能安全地乘坐因纽特犬拉雪橇往来于不同的定居点之间，而不得不举家向南方迁徙。当地年轻人意识到父辈的生存方式难以为继，而选择离开自己的社区，到新的城市生活，这也导致因纽特人特有的民族文化受到严峻挑战。

2005年12月7日，美国和加拿大的因纽特人向国际组织美洲国家组织（Organization of American States，OAS）设立的美洲国家间人权委员会（Inter-American Commission on Human Rights，IACHR）提起诉讼。原告声称美国的气候变化政策侵犯了他们的环境权，要求美国从法律上规制温室气体减排。原告认为，美国缺乏有效的全球气候变化政策，拒绝为全球的温室气体减排作出积极努力，而全球气候变化的结果影响到了因纽特人。美国的气候变化政策违反了《人类权利与义务的美洲宣言》所包含的众多人权，侵犯了因纽特人有关生活、居住、活动的权利以及家园不容侵犯、健康之保有以及良好生活之权利等。2006年12月，美洲国家间人权委员会拒绝考虑该诉讼。但该案仍具有重要的意义，该案是第一个将人权和气候变化联系起来的案例，代表因纽特人起诉的国际环境法中心（Center for International Environmental Law，CIEL）因纽特人环极地委员会认为，诉讼的目的在于试图邀请美国政府与其对话，并且要考虑到全球气候变化与人权的关系等问题，该委员会声称其宣言或许不具有法律效力，但却有巨大的道德价值，即以诉讼教育和鼓励美国政府加入与气候变化作斗争的全球性努力之中。

【争议焦点】
1. 本案能否直接适用国际法条约？
2. 依条约作出的判决对非缔约国是否有效力？

【案件分析】
原告认为美国拒绝为全国温室气体排放作出努力，从而致使全球气候变暖。这一行为影响了因纽特人的正常生活，其主要法律依据是美洲的区域性人权保护法律机制。因纽特人提出的诉求为人权侵害，其主张包括：第一，美国的温室气体排放占据全球排放量的主要部分，然而美国却没有采取适当措施来规制排放活动；第二，由此产生的全球变暖对因纽特人产生重大影响；第三，这种影响违反了保护因纽特人人权的法律制度。诉状中同时强调，仅占世界5%人口的美国却造成了全球25%的温室气体排放，美国不仅拒绝加入《京都议定书》，还极力阻止全球采取共同行动的努力。

2006年11月16日，美洲国家间人权委员会举行听证会，要求三位申请人提供气候变化与人权关系的相关证据，但最终并没有对案件进行裁决。国际法的适用不同于国内法，一国适用国际法的包括两种情形，首先，一国缔结的国际条约对本国产生约束力；其次，本国缔结的国际条约必须通过国内立法机构通过必要的立法程序转化为国内法，国际法在部分情况下是不能直接适用的。在本案件中，由于美国本身没有加入《美洲人权公约》，美洲人权法院的判决事实上对美国是没有约束力的。

本案的典型意义在于，第一，诉讼旨在尝试与美国政府对话，鼓励美国政府积极加入全球气候变化的治理。第二，诉讼使得气候变化与人权议题渐受国际社会关注。2007 年，小岛屿国家联盟(Alliance of Small Island States, AOSIS)在马尔代夫，通过了关于气候变化对人类影响的《马累宣言》，呼吁联合国人权理事会以迫切的态度应对气候变化的人权影响问题。2008 年，在马尔代夫等国的要求下，联合国人权理事会通过了第 7/23 号决议，请求联合国人权事务高级专员办公室(Office of the High Commissioner for Human Rights, OHCHR)听取各国和其他利害关系方的意见，对气候变化与人权的关系做相应研究分析。2009 年，联合国人权事务高级专员办公室在综合各方意见的基础上，发布了关于气候变化与人权关系的报告。第三，体现了国际私法保护的局限性。基于国际司法程序启动的复杂性，依靠司法诉讼来推动国际气候变化治理并非一帆风顺。根本上还是需要各国密切、真诚合作，通过气候谈判推进各国国内立法进行解决。

(二)马萨诸塞州诉美国联邦环保局案[①][②]

【基本案情】

2003 年，美国马萨诸塞州等 12 个州、3 个城市和一些环保组织向美国环境保护署(Environmental Protection Agency, EPA)提起诉讼，声称大量排放的二氧化碳和其他温室气体已经对人体健康和环境造成损害，美国环境保护署应当按照《清洁空气法》第 202(a)(1)条之规定，制定规章，对新车排放二氧化碳和其他温室气体的事项进行管制。被告认为，原告所声称的遭受到的健康损害和利益损害与美国联邦环保署拒绝制定规章对新机动车二氧化碳排放标准进行管制，两者之间没有因果关系；而且原告所声称遭受到的损害，并不会因为环境保护署制定一个满足原告请求的规章就可以得到救济。2007 年 4 月 2 日，美国联邦最高法院的 9 名大法官以 5 票对 4 票的比例通过对该案的判决，认定：二氧化碳也属于空气污染物；除非美国环境保护署能够证明二氧化碳与全球变暖问题无关，否则就得予以监管；美国环境保护署未能够提供合理的解释，来说明拒绝管制新汽车的二氧化碳排放和其他有害气体排放的原因。因此，美国联邦最高法院判决：美国政府声称其无权管制新汽车和货车的废气排放并不正确，政府必须管制汽车的废气排放。

法院多数意见支持了马萨诸塞州和其他原告的诉讼请求，并且认定马萨诸塞州等原告符合环境公益诉讼原告资格的三个要件(the three-part standing test)：第一，马萨诸塞州面临重大的"伤害"。全球气候变暖带来了一系列环境的变化，如地球上海平面的上升，将会摧毁马萨诸塞州大部分的海岸财产。第二，因为美国环境保护署拒绝对汽车排放的二氧化碳进行管制，加速了马萨诸塞州的"伤害"，所以汽车向空气中释放了大量的二氧化碳废气。事实上，仅仅就交通排放出来的二氧化碳而言，美国已经成为世界上排名第三的二氧化碳排放国。第三，虽然管制汽车的废气排放，但不会消除全球的变暖现象，它会减缓全球变暖的速度。

---

① 杨兴，胡苑，2013. 马萨诸塞州诉美国联邦环保局案的述评[J]. 时代法学，11(03)：100-108.
② 马存利，2008. 全球变暖下的环境诉讼原告资格分析——从马萨诸塞州诉联邦环保署案出发[J]. 中外法学(04)：630-639.

【争议焦点】

1. 马萨诸塞州是否享有原告资格？
2. 联邦法院是否具有管辖权？

【案件分析】

通过分析案情可知，本案的诉讼焦点在于马萨诸塞州是否享有原告资格及联邦法院是否有管辖权。根据美国宪法第3条以及鲁坚诉野生生物保护者案确立的先例判决规则，原告的诉讼资格需要满足三大要件：①损害要件，是指诉讼原告方必须有"事实上的损害"即合法利益受到损害，这种损害是"具体"且"特定"的，并且是"已存在的"或"迫近的"。②因果关系要件，是指损害必须能够合理归因于被告之行为。③可救济性要件，即指这种损害必须能够通过法庭判决得到救济。

就管辖权而言。美国宪法第3条将联邦法院的管辖权限定在"案件"和"争议"方面，这就决定了联邦法院管辖的范围是"具有冲突性的，并且传统上可以通过审判程序加以解决的问题"。本案双方的争议涉及对议会制定的法律的解释，这非常适合在联邦法院予以解决。

就原告起诉资格而言。第一，就损害要件而言。法院认为马萨诸塞州已经受到了因气候变化所带来的不利影响。全球气候变暖的后果之一便是海平面的上升，这已经开始淹没马萨诸塞州的沿海地域并对其作为土地所有者的沿海产权造成了损害。暂且不论未来预期的海平面上升所带来的损害，仅原告目前所声称的救济费用就已高达数亿美元。第二，就因果关系而言。法院认为，美国环境保护署虽然并没有就温室气体排放和全球气候变暖之间的关系提出质疑，但其对温室气体排放拒绝立法的行为却对马萨诸塞州的损害起到了推波助澜的作用。第三，就可救济性而言。法院认为或许对机动车辆的温室气体排放进行立法并不能彻底扭转全球气候变暖，但这绝非意味着法院无权司法审查美国环境保护署是否有义务采取措施以减缓温室气体排放。在马萨诸塞州，和全球气候变暖相连的海平面上升已经并将持续损害其利益。该损害风险或许会比较遥远但却客观存在。如果原告能够得到他们所寻求的救济，则风险可得以消减。

本案的典型意义在于，联邦最高法院的判决及本案的社会影响，能促进联邦政府积极应对气候变化，以承担相应的减排责任。此外，该案确认温室气体属于《清洁空气法》的管辖范围，从而要求所有温室气体的排放都必须符合《清洁空气法》的规定。这意味着任何公民、团体或州在发现违法行为时，可以就任何温室气体排放源提起公民诉讼，这无疑为气候变化诉讼奠定了良好的基础。

(三)环保组织 Urgenda 诉荷兰案①②

【基本案情】

Urgenda 是在荷兰成立的一个致力于促进荷兰快速迈向可持续发展的环保组织。其愿

---

① 张忠利，2019. 应对气候变化诉讼中国家注意义务的司法认定——以"Urgenda Foundation 诉荷兰"案为例[J]. 法律适用(18)：99-111.

② 吴宇，2018. 论气候变化民事公益诉讼——兼评"环保组织 Urgenda 诉荷兰"案[J]. 私法研究，23(02)：199-223.

景之一就是促进社会对化石燃料的使用向对可持续能源使用的转型，并强调"不同的价值"与"为后代在一个舒适的地球上生存留下足够多的资源"。为了达成这个愿景，Urgenda 采取了诉诸司法的手段。

全球变暖将引发严重后果已成为普遍共识。在荷兰，非政府环保组织 Urgenda Foundation 认为荷兰政府现行到 2020 年的温室气体减排目标不足以体现其为应对气候风险而作出了充分努力。为此，2012 年 11 月该组织致信荷兰首相吕特要求其采取必要措施，确保荷兰到 2020 年的温室气体排放比 1990 年减少 40%，但该请求遭到荷兰政府的拒绝。

之后，2013 年 Urgenda Foundation 代表其自身及 886 名个人将荷兰（荷兰基础设施与环境部）诉至海牙地区法院。该组织认为，荷兰政府拒绝提高到 2020 年的温室气体减排目标违反其对荷兰公民应负之注意义务而构成违法行为，请求法院责令荷兰政府实现到 2020 年较 1990 年温室气体减排 25%~40% 的目标。2015 年 6 月，海牙地区法院作出判决，责令荷兰政府实现到 2020 年较 1990 年温室气体最低减排 25% 的目标，并于判决后 14 天支付 Urgenda 的诉讼费用，预计 13521.82 欧元。荷兰政府就此向海牙上诉法院提起上诉，2018 年 10 月 9 日海牙上诉法院作出了维持一审判决的决定。

【争议焦点】

1. 荷兰政府在温室气体减排方面是否有注意义务？
2. 是否意味着荷兰政府当前设定的到 2020 年的温室气体减排目标违反该注意义务而构成过失侵权行为？荷兰政府是否因此应提高其到 2020 年的温室气体减排目标？

【案件分析】

1. 一审法院裁判要旨

本案如依据荷兰现行法律规定、欧盟相关法律规定、气候变化国际公约等来看，荷兰政府并没有提高到 2020 年温室气体减排目标的实定法义务（statutory duties），也无法直接认定荷兰政府目前设定的到 2020 年温室气体减排目标构成过失侵权行为。此外，从欧洲人权法角度看，Urgenda Foundation 非《欧洲人权公约》第 34 条意义上的"受害者"，不能依据其第 2 条和第 8 条判定荷兰政府在控制温室气体排放方面应负之法律义务，更不能据此判断荷兰政府目前所设定的到 2020 温室气体减排目标之行为构成过失侵权的违法行为。但是，海牙地区法院依据《荷兰民法典》第 6 卷第 162 条规定，综合分析气候变化风险的当前情势、联合国政府间气候变化专门委员会的多份研究报告、《联合国气候变化框架公约》等相关文件、荷兰最高法院的以往判例、欧洲法的相关规定及国际法中的一致性解释原则等内容，认为荷兰政府目前设定的到 2020 年的温室气体减排目标因违反其对荷兰公民应负的注意义务而构成过失侵权行为，判决要求荷兰政府将其到 2020 年的温室气体减排目标提高到至少减排 25%。

2. 二审法院裁判要旨

海牙上诉法院认为，本案是 Urgenda Foundation 向荷兰法院提起诉讼，而《欧洲人权公约》第 34 条的适用对象是作为受害者的个人向欧洲人权法院提起的个人申诉。按照《荷兰宪法》规定，本案可以直接适用该公约第 2 条和第 8 条。对于该第 2 条和第 8 条所涉利益，荷兰政府不仅负有防御性消极义务，也负有采取相应措施的积极义务，包括采取切实措施避免在未来对这些利益造成侵害的义务(简称注意义务)。由于气候威胁将使荷兰的当代公民面临遭受生命损失与(或)家庭生活受到影响的严重风险,因此按该第 2 条和第 8 条规定,荷兰政府有义务采取措施保护公众避免该种真实威胁。为履行其在基本权利的保护义务,国家在保护措施方面应有最低标准。海牙上诉法院认为,要求荷兰政府到 2020 年至少实现 25%的减排目标,与其应负的注意义务相一致,即维持一审判决。

本案的典型意义在于,在应对气候变化领域,它是目前为止世界上首例由非政府组织以民事公益诉讼方式将国家诉至法院,请求法院责令其提高温室气体减排目标并获得法院支持的标志性案例。该案在国家应对气候变化注意义务的论证过程及其通过司法推动应对气候变化等方面值得研究和借鉴。

(四)美国康涅狄格州诉美国电力公司案[①]

【基本案情】

2004 年,康涅狄格州(Connecticut)、加利福尼亚州(California)、艾奥瓦州(Iowa)、新泽西州(New Jersey)、纽约州(New York)、罗得岛州(Rhode Island)、佛蒙特州(Vermont)和威斯康星州(Wisconsin)这 8 个州、纽约市以及 3 个非营利性的土地信托私人组织(Open Space Institute, Open Space Conservancy, Audubon Society of New Hampshire)对 American Electric Power Inc, American E-lectric Power Service Corporation, Southern Company, Tennessee Valley Authotity, Xcel Energy, Ciner-gy Corp 这 6 家公司根据美国侵权普通法以造成公共妨害为由提起诉讼,请求法院作出限制和减少这 6 家公司二氧化碳排放的判决。其中的 3 个非营利性土地信托私人组织原告还主张其所有的土地具有重大且敏感的生态价值并且是科学研究、教育及休闲、休息之处,而气候变暖导致的海平面上升,造成其土地淹没、湿地盐化,生物栖息地遭受破坏,土地生态价值丧失,因此根据联邦普通法以造成私人妨害和公共妨害为由要求损害赔偿。一审法院以"不可审理的政治问题"等为由驳回起诉。原告上诉,联邦第二巡回法院认为一审法院驳回原告诉讼适用法律错误,并在其法律意见中详细阐述了本案不属于"不可审理的政治问题"、本案原告是适格的诉讼当事人、本案适用联邦侵权普通法等重要问题,最终裁决撤销地区法院的判决,将案件发回重审值得注意的是,由于被告向第二巡回法院申请调卷令,该案经美国联邦最高法院审查,于 2011 年 6 月 20 日作出裁决,撤销第二巡回法院的判决并发回该案按照联邦最高法院的意见待审。联邦最高法院的意见指出,在马萨诸塞案判决后,作为对该案判决的回应,美国环境保护署已经开始着手对温室气体进行规制。

2009 年 12 月,美国环境保护署依据该判决承认,汽车中的温室气体排放"产生、促成了可以被合理地认为有害于公众健康及福利的空气污染"。美国环境保护署指出,尽管并非所有的科学家都同意地球温度上升与温室气体的因果关系,但"令人信服的"证据支持"观察到的气候变化归因于人为的"温室气体的排放。美国环境保护署承认,相应的温室气体的危险性包括与热量有关的死亡的上升;融化冰川导致的洪水及对沿岸的侵蚀;海平面

[①] 黄萍, 2014. 美国温室气体排放企业的气候变化侵权责任——以康涅狄格州诉美国电力公司案为例[J]. 南京大学学报(哲学·人文科学·社会科学版), 51(02): 44-51.

的上升；更频繁及强大的飓风；洪水和其他导致死亡和破坏基础设施的极端天气事件、山脉覆雪层减少和降水方式变化造成的干旱；支持动植物的生态系统的破坏和潜在的食品生产的巨大破坏。因此，美国环境保护署和运输部联合发布了一个规定轻型汽车排放的规定，美国环境保护署开始制定法案对新的、改造的和现存的化石燃料电厂的温室气体排放进行限制。根据2011年3月完成的一个方案，美国环境保护署已经承诺2011年7月前发布一个建议性规则，并且在2012年5月前发布一个正式规定。联邦最高法院认为，在《清洁空气法》及其授权的美国环境保护署措施缺位的情况下，原告有权依联邦普通法要求削减温室气体的排放，但任何这样的诉求都将被联邦立法授权的美国环境保护署规制二氧化碳排放措施所替代。因此，《清洁空气法》及其授权的美国环境保护署措施代替了任何依据联邦侵权普通法寻求削减使用化石燃料的电厂排放二氧化碳的权利。

此案可谓一波三折，从地方法院以"不可审理的政治问题"为由驳回起诉，到第二巡回法院对原告诉讼的支持，再到联邦最高法院以"《清洁空气法》及其授权的美国环境保护署已采取的措施取代了原告依据联邦侵权普通法的公共妨害寻求救济的权利"为由撤销了第二巡回法院的判决并将该案发回重审，目前此案仍处在悬而未决的状态。

【争议焦点】

1. 原告是否具备诉讼资格？
2. 本案是否属于法院管辖？

【案件分析】

从本案诉讼过程可看出，法院对案件处理主要存在四种处理意见：第一，以"不可审理的政治问题为由"驳回起诉；第二，以原告不具备诉讼资格为由驳回起诉；第三，支持原告诉讼请求；第四，以《清洁空气法》及美国环境保护署已采取的措施对温室气体排放的调整优先于公共妨害侵权普通法为由驳回起诉。目前，此案尚未有最终结论，不仅法院对此类案件有不同处理，美国国内理论界也存在不同意见。法院作出这样的处理，除了法律上的原因外，实际上也体现了美国司法部门对此类案件的谨慎态度。气候变化问题与经济、政治、外交政策、国家安全利益等都有密切相关。正如有法院指出的，以往因污染为由的公共妨害侵权案件，都不像此类案件涉及国家甚至国际政策的诸多领域。

本案的典型意义在于，在全球气候变暖的背景之下，美国启动的温室气体排放企业侵权诉讼对其他国家的环境政策、环境立法和侵权立法都具有重要启示意义。此外，也说明了在新的社会事实面前，部分传统的法律规则需作出调整或变革。我们还需认识到，气候变化诉讼只是人们应对气候变化所带来不利后果的措施之一，全球气候变暖还需要各国遵守国际公约，相互协作，共同但有区别地承担减排责任，以积极应对气候变化。

三、拓展阅读

1.《美洲人权公约》
2.《欧洲人权公约》
3. 佚名,《美洲人权公约》对人权作了哪些规定[N]. 人民日报, 2005-03-23.

4. 宋婧,2018. 二氧化碳的法律属性研究——兼论美国马萨诸塞州诉联邦环保署案[J]. 法律适用(司法案例)(08):100-105.

5. 李挚萍,2006. 美国环境法上公民的原告资格[J]. 环球法律评论(01):93-99.

第二节 生物多样性的国际法保护

一、主要知识点

(一)生物多样性保护概述

生物多样性支撑着人类的生存与发展,为人类提供食物、淡水、清洁空气、医药等。传统意义上,生物多样性仅指物种多样性。1992年,里约世界环境大会签署的《生物多样性保护公约》对生物多样性的界定为:所有来源的形形色色生物体,这些来源除其他包括陆地、海洋和其他水生生态系统及其构成的生态综合体,还包括物种内部、物种之间和生态系统多样性。我们不能简单地认为生物多样性仅在于追求生态系统内物种种内数量或物种种类的繁多,它还强调的是区域物种的多元、和谐及整体平衡。生物多样性的等级层次包括遗传多样性、物种多样性、生态系统多样性和景观多样性。

(二)生物多样性的国际法保护

生物多样性问题与气候变化问题具有相同的特征,即全球性。也就是说,应对诸如此类的环境问题需要依赖于世界各国真诚、紧密地合作。生物多样性的保护措施具有多元性,当前国际社会非常重视以法律规制的方式进行生物多样性保护。从历史演进的逻辑来看,生物多样性的国际法保护可分为3个时期,即萌芽期、发展期和成熟期。其一,萌芽期。这一时期的特点是保护的范围特定、手段单一及目的功利性。具有代表性的条约有1886年的《莱茵河流域捕捞大马哈鱼的管理条约》、1902年的《保护农业益鸟公约》、1933年的《保护天然动植物公约》、1946年的《国际捕鲸管制公约》等。其二,发展期。这一时期的特点是保护范围扩大、手段丰富及目的非功利性。具有代表性的条约有1971年的《关于特别是作为水禽栖息地的国际重要湿地公约》、1972年的《保护世界文化和自然遗产公约》、1973年的《濒危野生动植物物种国际贸易公约》、1982年的《世界自然宪章》等。其三,成熟期。这一时期的特点是保护的范围具有全球性或区域性,手段更加系统、完备及具体,理念体现可持续发展思想。具有代表性的条约有1990年的《〈加勒比地区海洋环境保护公约〉关于野生生物特别保护区的议定书》、1992年的《生物多样性保护公约》、1993年的《促进渔船在公海遵守国际养护和管理措施的协定》等。

1.《关于特别是作为水禽栖息地的国际重要湿地公约》(简称《湿地公约》)

湿地是地球最为重要的生态系统之一,被称为"地球之肾"。为加强湿地的保护,世界各国于1971年在伊朗的拉姆萨尔签订了《湿地公约》。其目标是通过国家行动和国际合作,保护和明智的利用湿地,并将其作为实现可持续发展的途径之一。其主要内容为:其一,对湿地予以界定。其二，规定了名册制度，即各缔约方应将其领域内适当的湿地列入国际湿地重要名册。其三，规定了缔约方会议制度，即缔约方应在必要时召集关于养护湿地和水禽的会议，并规定了缔约方会议的权利及代表制度和表决制度。其四，规定了执行机构，即世界自然保护联盟。目前，《湿地公约》有 159 个缔约方，中国于 1992 年加入《湿地公约》。

2.《濒危野生动植物物种国际贸易公约》

1973 年，首个濒危物种领域限制国际贸易的公约《濒危野生动植物物种国际贸易公约》在美国华盛顿通过，1975 年 7 月 1 日生效。该公约的目标是通过国际合作，确保野生动植物物种的国际贸易不致威胁相关物种的野外生存，并通过进出口许可证制度保护某些濒危物种，使之"不致由于国际贸易而遭到过度开发利用"。其主要内容涉及以下几方面：其一，贸易许可证制度。公约依据野生动植物资源及其受贸易影响的状况建立了 3 个附录，并采取差异化的管理措施。其二，缔约方的义务。该义务主要涉及的内容有采取相应措施、禁止违反该公约规定的标本贸易、在活标本被没收时应采取的措施等。其三，公约的决策机构和执行机构。公约的最高权力机构为缔约方大会，公约秘书处负责日常工作。到目前为止，该公约有 183 个缔约国，中国于 1980 年加入该公约。

3.《生物多样性保护公约》

《生物多样性保护公约》于 1992 年在内罗毕获得通过，并于 1993 年开始生效。该公约的目标在于保护生物多样性、持久使用其组成部分及公平合理地分享由利用遗传资源而产生的惠益。其主要核心内容为：第一，原则。各国具有按照其环境政策开发其资源的主权权利，同时也负有责任，确保在它管辖或控制范围内的活动，不致其他国家的环境或国家管辖范围以外地区的环境造成损害。第二，保护措施。主要涉及就地保护、移地保护、制定相关国家战略或计划，对保护和持久使用生物多样性产生或可能产生的影响进行监测等。第三，遗传资源的取得。确认各国对其自然资源拥有的主权权利，因而可否取得遗传资源的决定权属于国家政府，并依照国家法律行使。第四，技术和科学合作。缔约国应促进生物多样性保护和持久使用领域的国际科技合作。第五，资金。缔约国承诺依其能力为那些旨在根据其国家计划、优先事项和方案实现本公约目标的活动提供财政资助和鼓励。截至 2010 年，该公约有缔约方 193 个，中国于 1992 年签署该公约。

二、典型案例分析

(一)虾龟案[①]

【基本案情】

海龟是一种珍稀的迁徙性海洋生物，广泛分布于世界各大洋。由于历史上长期的商业性捕捞和交易，加之捕虾作业中的误杀，海龟的生存环境急剧恶化，导致其濒临灭绝。国际社会对于海龟的保护始于 20 世纪 70 年代，1973 年的《濒危野生动植物物种国际贸易公

---

① 万霞，2011. 国际环境法案例评析[M]. 北京：中国政法大学出版社.

约》(Convention on International Trade in Endangered Species of Wild Fauna and Flora, CITES, 1973)将其作为"受到或可能受到贸易的影响而有灭绝危险的物种",列为一级保护对象。

在猖獗的非法物种贸易得到严格有效的控制之后,渔业捕杀,特别是捕虾作业,构成了对海龟物种资源的最大威胁。由于海龟需要经常浮到水面上来换气,如果不慎陷入捕虾船拖网,就会因长时间困在水中而溺死。据世界野生动物基金会(World Wildlife Fun)估计,若不采取任何保护措施,每年将有逾12.5万只海龟葬身虾网,这样海龟保护的重心就逐步转移到消除拖网在捕虾作业中因附带捕捞对其所造成的误杀上。

美国于1973年制定了《濒危物种法》(Endangered Species Act),将出没于其管辖海域的海龟列为保护对象,并将一切占有、加工以及加害为捕虾网所误捕或者误杀海龟的行为均视为非法。与此同时,美国科学家研制开发出一种名为TED的海龟隔离器装置,将这种带有栅格的装置安装于拖网上,体型较小的海虾将滑过栅格在网尾就擒,而不慎闯入的海龟则能轻易逃生。据美国国家科学院1993年的报告显示,轻便、廉价的TED是防止海龟被误捕的有效方式,其分离率高达97%。

1989年,美国国会修改其《濒危物种法》,增加了609条款,旨在推动其他国家使用TED。该条的主要内容为:①授权国务卿与有关国家磋商关于海龟保护的国际条约,并定期向国会汇报谈判情况;②授权国务院制定措施,以禁止所有不符合TED使用要求,未达到其海龟保护标准的国家或地区捕捞的野生虾及虾制品进入美国市场。1991年,美国国务院在其颁行的609条款实施细则中规定,禁止进口令先在加勒比及大西洋西区14国家实行,并且给这些国家3年过渡期以逐步同美国国内的海龟保护水平相协调。

1995年12月29日,美国国际贸易法院(Court of International Trade, CIT)作出判决:国务院应自1996年5月1日起在全球适用609条款。针对美国的这一做法,印度、巴基斯坦、马来西亚和泰国于1996—1997年间相继向WTO争端解决机构提出申诉,要求成立专家组以审查美国按其《濒危物种法》的609条款所采取的限制进口措施,及相关条例和司法判决是否符合其依照《1994年关税与贸易总协定》(General Agreement on Tariffs and Trade 1994, GATT 1994)所应承担的义务。专家组审理后作出的裁决认为,609条款违背了WTO自由贸易的规则,对多边贸易体制构成了威胁,并且构成了在条件相同各国间"无端的歧视",因此不属于GATT 1994第20条"一般例外"的规定。

1998年7月13日,美国就专家组报告中的一些法律问题和法律解释提出上诉。上诉机构以费里沙诺为首的3名成员组成的复审组进行了复审,并于1998年10月12日提出了报告。上诉机构最终裁决:①推翻专家组关于接受从非政府来源的未经请求就提供的资料不符合《关于争端解决规则与程序的谅解书》(以下简称DSU)规定的裁决;②推翻专家组关于该美国措施不属于GATT 1994第20条引言所允许措施范围的裁决;③作出如下结论:美国措施虽有资格引用第20条第(g)项,但未满足第20条引言的要求,因此不符合第20条的规定。

另外,鉴于上诉机构最终认定的美国国务院在贯彻实施609条款过程中存在的失当和缺陷,争端解决机构(以下简称DSB)要求美国尽快采取相应措施以同WTO的一般原则相适应。目前,美国已推出再度修改后的新版TED实施细则,以"逐船逐案认证制"取代原有的"逐国逐年认证制"。

【争议焦点】
1. 海龟是否属于可用竭的自然资源？
2. 例外条款如何适用？

【案件分析】
第一，依据 GATT 1994 第 20 条第(g)项来考察 609 条款的合法性。

根据 GATT 1994 第 20 条第(g)项的规定，贸易措施援引环保例外，必须证明该措施符合以下条件：①措施所实行的政策属于与可能用竭的自然资源有关的政策；②违反 GATT 1994 的措施与养护可能用竭的自然资源有关；③争议措施与对国内生产或消费(可能用竭自然资源)的限制共同生效；④争议措施的执行不违反第 20 条前言的要求。判断 609 条款是否属于第 20 条第(g)项意义上的需要养护的"可用竭的自然资源"，首先应对"自然资源""可用竭"和"与养护有关的"等关键性概念进行界定和分析。

(1) 自然资源。发达成员方认为，对于"自然资源"应做扩张性解释，它应该包括经人类的活动传入一个新的地区，并且能够在新的环境下自然繁衍的物种，以及没有人类的帮助就不能自我繁衍下去的物种。

(2) 可用竭的。传统观点认为，可用竭的自然资源即不可更新的非生物资源。因此，在 WTO 协议生效之后，许多成员方仍坚持认为 GATT 1994 第 20 条第(g)项应限定于有限的无生命的资源，如石油、煤炭、铁矿石等。

上诉机构认为第 20 条第(g)项应不限于养护"矿产品"或"无生命的"自然资源。因为活的物种虽然从理论上说是可以再生的，但在某种情况下特别是在人类活动的影响下确实是可能耗尽、用竭并灭失的。因此，活的资源和矿产及其他非生命资源一样，也是"有限的"。上诉机构还指出，鉴于国际社会对采取双边或多边协同行动以保护活的自然资源的认知和 GATT 1994 的序言中明确要求成员方承认可持续发展的目的，不应把第 20 条第(g)项理解为仅指养护可用竭的矿产或无生命的资源。上诉机构在参阅了一系列国际条约，如《联合国海洋法公约》《生物多样性公约》《21 世纪议程》等之后，得出这里涉及的海龟，是 GATT 1994 第 20 条第(g)项所指的"可用竭的自然资源"的结论。

(3) 与养护有关的。GATT 1994 第 20 条第(g)项并未明确要求贸易措施需要与养护可能用竭的自然资源相关联的程度，直到"加拿大鲜鱼案"的专家小组报告中才明确表示：该条款主要为保护可能用竭的自然资源而设立。而虾龟案的上诉机构则将"与养护有关的"解释为：第 20 条第(g)项要求有资格引用者应是"关系到"养护可用竭的自然资源的措施。

美国《濒危物种法》609 条款对禁止进口规定了两个基本例外，即"在不伤及海龟条件下"所捕捞的海虾以及"在正常情况下无海龟出没海域"所捕捞的某几种海虾被排除在进口禁令之外。上诉机构在对 609 条款规定的证书等制度进行审查的基础上，认为 609 条款在总体构思与结构上，并非不顾捕捞方式是否会伤及海龟，而简单的一律禁止海虾进口。609 条款及其实施细则在关系到保护与养护几种海龟的政策目标时，在适用范围上并非不讲分寸。在原则上是合理地联系着目的的。鉴于此，上诉机构认为 609 条款是 GATT 1994 第 20 条第(g)项意义上的"关系到养护"可用竭的天然资源的一种措施。

(4)与国内生产和消费措施相结合。根据第 20 条第(g)项采取的措施应与国内限制生产和消费的措施相结合,这主要是为了防止用于限制国际贸易的措施伪装成第 20 条第(g)项的措施。在本案中需要审查 609 条款对进口海虾所施加的限制是否也施加于美国捕虾拖网船所捕捞的海虾。在考察了美国制定《濒危物种法》的历史发展后,上诉机构认为 609 条款是同限制国内捕虾一道实行的,因此符合第 20 条第(g)项要求的措施。

第二,以第 20 条引言为标准审议 609 条款。

GATT 1994 第 20 条引言主要包含两个条件:①根据第 20 条采取的措施不应对情况相同的成员构成无端的或不正当的歧视,这主要是针对明的歧视;②有关的措施不能构成对国际贸易的变相限制,这条则主要针对暗的歧视。引言要求一项措施不以这种方式来实行,即会构成"在条件相同各国间的任意的或无端的歧视"或者"对国际贸易的伪装的限制的手段"。显然,引言主要是用来防止对一般条款的滥用。

(1)无端地歧视。609 条款及其实施细则要求 WTO 其他成员方必须采取与美国捕虾拖网船相同的管理办法,美国官员则据此决定是否给别国开具证明。另外,只要一国是从未获得证明的国家水域捕捞的海虾,即使捕捞的方法与美国相同,也会被排除在美国市场之外。上述做法显然很难与养护海龟的政策目标相一致,已经构成了无端的歧视。而美国未与其他国家就保护与养护海龟的方法问题进行双边或多边磋商的行为,则更加重了歧视的无端性。

(2)任意的歧视。如前所述,609 条款要求其他国家采取一种与美国国内相同的综合管理办法,而不顾该办法是否符合出口国的实际情况。美国官员根据这些规定决定是否开具证明时,也缺乏一定的灵活性。上诉机构认为,这种严格和缺乏灵活性的做法同样构成了第 20 条引言意义上的"任意的歧视"。

本案的典型意义在于,第一,协调了环境措施与贸易规则之间的冲突;第二,增加了争端解决机制乃至整个 WTO 的透明度;第三,对生产工艺与方法的宽容态度显示了 WTO 倾向于环境保护的信息。

(二)蓝鳍金枪鱼案[①]

【基本案情】

全球金枪鱼捕捞量近年来逐渐增加,一些备受欢迎的金枪鱼种群已经面临濒临灭绝的危险。据日本水产厅统计,日本每年消费北部、南部和太平洋 3 种蓝鳍金枪鱼约 6 万吨,占全球年度捕捞量的 3/4 以上。2007 年 1 月,大西洋金枪鱼保护国际委员会在日本首都东京召开由 43 个国家和地区参加的国际会议,决定在 2010 年前将大西洋和地中海地区的金枪鱼捕捞量减少 20%。国际组织的这一决定在日本民众当中引发了对金枪鱼短缺的担忧,导致 3 种最走俏的蓝鳍金枪鱼的价格节节攀升。据日本水产厅统计,自 2006 年初以来,进口冷冻北部金枪鱼和太平洋金枪鱼的价格已经上涨超过 1/3,达到每磅(约 454 克)13 美元。据悉,除了日本,美国、韩国、中国和俄罗斯也同样陷入金枪鱼荒。在我国广州的多家超市和黄沙水产品市场里,金枪鱼由于品种、规格乃至切割部位不同,售价从最高上千

---

① 万霞,2011. 国际环境法案例评析[M]. 北京:中国政法大学出版社.

元/公斤至百元/公斤不等，即便是超市里普通的小金枪鱼方块肉价格也高达 80～200 元/公斤。

日本属于世界金枪鱼消耗大国，近年来由于金枪鱼被持续捕捞，数量大为减少。国际上呼吁对金枪鱼种群进行保护，但是日本为了满足自己国内的需求，仍然对于公海的金枪鱼进行大肆捕捞，引起新西兰、澳大利亚等国家的不满，对其发起诉讼。

【争议焦点】

1. 《联合国海洋法公约》在本案应当如何解释及适用？
2. 日本的行为是否违反了国际法中的预防原则？

【案件分析】

本案中澳大利亚和新西兰都主张依据预先防范原则，它们有权采取措施保护南方蓝鳍金枪鱼数量，禁止日本在毗连澳大利亚和新西兰的海域捕捞金枪鱼或进行所谓科学研究类捕捞。《联合国海洋法公约》第 64 条规定了日本作为远洋捕鱼国，应当与沿海国澳大利亚和新西兰合作，完成养护高度洄游鱼类的义务，以及《联合国海洋法公约》在 116～119 条规定了各国应当在对公海生物资源决定可捕获量和制定其他养护措施时采取措施，使捕捞的鱼种数量维持在或恢复到能够生产最高持续产量的水平。本案中日本单方面从事实验捕鱼的行为违反了《联合国海洋法公约》规定义务。最终，法庭作出了有利于澳大利亚和新西兰的初步意见。此后，在国际海洋法法庭的积极主张下，澳大利亚、新西兰及日本已就相关问题达成协议。尽管国际海洋法法庭并未明确地阐述预先防范原则在国际环境法中的地位，但是，法庭认为，在欠缺科学证据时，缔约国仍然需要非常明确谨慎地确保其所要采取的措施，能有效地防止南方蓝鳍金枪鱼数量不适当地减少。

本案的典型意义在于，在 20 世纪 90 年代初期，蓝鳍金枪鱼出现过度捕捞现象，1996 年捕捞量达到 5.6 万吨。1999 年在国际海洋法法庭处理了蓝鳍金枪鱼案之后，蓝鳍金枪鱼捕捞量开始稳步减少，使得蓝鳍金枪鱼的数量保持在合理的稳定水平之上。

(三) 智利与欧洲共同体箭鱼纠纷案[1][2]

【基本案情】

箭鱼，又称青箭鱼，是一种价值较高的经济性鱼类。因其上颌向前延伸呈剑状而得名，属鱼纲、鲂形目、箭鱼科的一种飞鱼。其产地分布于印度洋、大西洋和太平洋。《联合国海洋法公约》附件 1 将箭鱼列为高度洄游鱼类。

几乎同一时期，大西洋沿岸的箭鱼产量也正日趋萎缩，1989 年，大西洋金枪鱼保护国际委员会为此制定了该海域箭鱼捕捞量限制，使得长期在此海域从事箭鱼捕捞的西班牙船只效益锐减。然而，国际市场对箭鱼的需求量却依然如故，在贸易需求的驱动之下，一些西班牙船只借着欧共体委员会的补贴支持，逐渐把捕捞区域转至太平洋东南海域。1990 年，即在实施捕捞数量限制的第二年，有 4 艘船只在该海域捕捞箭鱼，1992 年达到 11 艘

---

[1] 万霞，2011. 国际环境法案例评析[M]. 北京：中国政法大学出版社.
[2] 张建伟，2017. 环境资源典型案例分析[M]. 北京：人民法院出版社.

之多，之后几年始终保持在47艘的水平上。

可以想象，正致力于保护太平洋箭鱼资源的智利政府对于西班牙船只转移捕捞海域的做法甚为不满。然而碍于海洋法的有关规定，智利无法禁止外国船只在公海海域从事的捕捞行为。但是，智利政府显然不可能对西班牙船只的做法听之任之，不闻不问。智利的做法很巧妙，它依据《智利渔业法》第165条，禁止一切捕捞行为不符合智利法律的船只在智利港口转运或停泊，矛头直指在公海捕捞箭鱼的西班牙船只。

一石激起千层浪。西班牙船只无法在最为便利的智利港口停靠以补充燃料与供给，成本大增，损失不菲，因而怨声不绝。据欧洲共同体（以下简称欧共体）单方统计的数字，欧共体船只为此每年损失高达700万欧元。欧共体声称，智利这一"保障措施"不仅使得欧共体国家无法出口箭鱼到智利，还使其无法转运出口到美国。而在另一方面，智利则坚称第165条是既必要且公平的环境措施，且完全是出于保护太平洋东南海域的箭鱼资源以及海洋渔业生态环境的唯一目的。

在此后的10年之中，欧共体、智利曾数度接触，就箭鱼捕捞进行谈判及磋商，希望达成共识，妥善解决争端。无奈因双方想法大相径庭，所有的努力都以失败而告终。欧共体与智利互相指责是对方的原因导致了这一局面。在智利方面，始终坚持双方首先应在捕捞数量限制上达成一致，而后才能涉及港口准入的问题。而欧共体的想法则恰恰相反。如此年复一年，箭鱼争端年长日久，而双方的分歧也变得越来越难以调和，双边会谈陷入僵局。2000年4月，迫于西班牙方面的压力，欧洲联盟（以下简称欧盟）开始寻求在WTO框架下解决争端。根据乌拉圭回合《关于争端解决规则与程序的谅解》第4条，以及GATT 1994第23条，欧盟请求与智利进行磋商，此请求同时抄送DSB（争端解决机构）主席。2000年6月，双方在瑞士日内瓦举行了磋商，但未能成功。在2000年11月17日DSB会议上，欧盟请求成立专家组。在2000年12月的下一次DSB会议上，根据DSB"反向协商一致"决策原则，专家组自动成立。在专家组成立之时，澳大利亚要求保留其作为第三方的权利，稍后，新西兰、加拿大、厄瓜多尔、印度、挪威、冰岛以及美国也提出了同样的要求。

在WTO争端解决机制框架下，此案焦点在于市场准入及对可用尽自然资源的保护问题。欧盟诉称《智利渔业法》第165条港口限制违反了GATT 1994第5条关于过境自由的规定以及第11条关于普遍取消数量限制的规定。智利则在抗辩中援引了GATT 1994第20条一般例外规定中B款与G款的规定。

智利显然并未将仝部希望寄托在对抗欧盟的WTO诉讼之上。2000年，智利出人意料的根据《联合国海洋法公约》第15部分"关于争端的解决"之规定，将同一争端提交国际海洋法庭。正是这一另辟蹊径的举动，使得箭鱼争端自此变得非同寻常，引起了普遍关注。

《联合国海洋法公约》框架下的争端解决机制有其鲜明的特点，即它允许成员自行选择争端解决程序。其第287条1款规定："一国在签署、批准或加入本公约时，或在其后任何时间，应有自由用书面声明的方式选择下列一个或一个以上方法，以解决有关本公约的解释或适用的争端：（1）按照附件6设立的国际海洋法法庭（International Tribunal for the Law of the Sea，ITLOS）；（2）国际法院；（3）按照附件7组成的仲裁法庭；（4）按照附件8组成的处理其中所列的一类或一类以上争端的特别仲裁法庭。"

经过与欧盟的三轮会谈，2000年12月18日，智利致函国际海洋法庭书记官，提议智利与欧盟之间关于南太平洋箭鱼资源保护及可持续性开发的争端应交由根据《国际海洋法庭规约》第 15 条第 2 段成立的特别分庭来处理。次日，欧盟也致函国际海洋法庭书记官，确认其接受智利信中关于请求成立特别分庭的内容。

2000 年 12 月 20 日，国际海洋法庭发布第 2000/3 号命令，就解决上述争端组成特别分庭。这是在国际海洋法庭首次根据争端双方协议而成立的特别分庭。根据《国际海洋法庭规约》第 15 条的规定，这一特别分庭由 5 名成员组成，即 1 名庭长，3 名法官，以及 1 名由智利根据《国际海洋法庭规约》第 17 条特别选派的法官组成。

第 2000/3 号命令指出，特别分庭将根据《联合国海洋法公约》，就双方举出的一系列争议事项作出裁决：

一方面，从智利的角度：欧盟是否履行了《联合国海洋法公约》第 64 条（要求在高度洄游鱼类资源保护上合作）、第 116~119 条（关于公海生物资源保护）、第 297 条（关于争端解决）、第 300 条（要求诚实信用，不滥用权利）的义务。

另一方面，从欧盟的角度：智利是否违反上述《联合国海洋法公约》第 64 条，第 116~119 条和第 300 条，以及第 87 条（关于公海自由，包括基于资源保护的捕鱼自由）、第 89 条（禁止任何国家将公海的任何部分置于主权管辖之下）。

同一命令还规定双方可在程序开始后 90 天内提出异议，在接到异议之后 6 个月内提交抗辩书，并在接到对方抗辩书后 3 个月内提交反抗辩书。

2001 年 1 月 25 日，欧盟与智利宣布就解决双方之间的"箭鱼争端"达成一项协议，该协议立足于以下三个方面：其一，双方将恢复双边科学技术委员会（BSTC）框架下箭鱼储量问题的会谈；其二，从 2001 年 3 月 1 日起，双方开展一项联合项目，采集数据对东南太平洋箭鱼储量联合作出科学评估，在项目开展过程中，智利允许 4 艘欧盟的船只（总共可载 1000 吨以下的箭鱼）在 3 个智利港口转船或停泊，智利本身的船只也适用此定额；其三，双方同意建立东南太平洋箭鱼保持与管理多边机制。此外，协议还特别指出，双方保留各自按照己方意愿重新启动争端解决程序的权利。此后，欧盟于 2001 年 3 月 23 日通知 WTO 总干事以及 DSB 主席，双方同意中止专家组组成程序，2001 年 3 月 9 日，欧盟与智利通知 ITLOS 已就争端达成临时性安排，并请求中止了在 ITLOS 的争端解决程序。

2003 年 11 月 12 日，争端当事方通知 DSB 主席，双方同意将中止延续下去。2004 年 1 月，双方再次向 ITLOS 确认中止继续延期 2 年，至 2006 年 1 月。最新消息表明，双方围绕箭鱼争端的谈判仍在继续，按照 ITLOS 的程序，2006 年 1 月应是双方提出初步反对意见的最后限期。而在 WTO 的争端解决机制方面，争端双方于 2005 年 12 月 21 日通知 DSB，他们维持中止专家组组成程序，迄今仍继续中止。

在 WTO 与 ITLOS 两个争端解决机制之外，欧盟、智利于 2001 年 1 月 25 日所达成的上述协议执行进展较为顺利。双边已在 BSTC 框架下开展了 4 次会谈，主要围绕箭鱼储量保护，特别是以下几个方面的内容进行：交换各方在箭鱼储量和捕捞活动方面的信息，评估储量状况以及监控捕捞趋势。

【争议焦点】

1. 如何协调国际环境资源保护与自由贸易间的冲突问题？
2. 国际争端解决机构的管辖权冲突如何解决？

【案件分析】

结合本案来看，双方分别向两个不同的国际争端机构（WTO 和 ITLOS）提出了解决争端的申请，并且这两个不同的争端机构分别受理了。尽管双方最后都没有通过争端机构加以解决，而是选择了协商谈判，但此案引发了国际社会对国际争端管辖权的一系列思考。

在海洋环境保护领域，1982 年的《联合国海洋法公约》第 15 部分和 4 个附件中规定的海洋环境争端解决机制，除了鼓励各国按照《联合国宪章》第 33 条规定的方式解决相关争端，还在双方自愿选择的争端解决方法无效的情况下，强制性地提供了如国际海洋法法庭、仲裁法庭等 4 种可选择的争端解决方式。值得强调的是，公约允许各个当事国选择和平解决争端的方法，如谈判和调解；通过选择的方式无法解决争端时，可以诉诸公约下的强制性争端解决机制。同时公约下的强制性解决机制也是具有选择性的，当事国可以通过事先声明的方式选择接受一种或者几种强制性的方式。需要提及的是，公约没有规定对海洋环境争端的强制性管辖权，即公约不排除其他争端解决机制对统一争端的管辖权。也就是说，当某个纠纷可以被当作是公约下的适用对象时，并不排除该纠纷也是其他条约争端解决机制的适用对象，因此，就出现了管辖权冲突问题。

就该案涉及的 WTO 争端解决机制来说，首先，适用"反向一致"原则，对国际贸易的争端案件拥有强制管辖权。根据《关于争端解决规则与程序的谅解》的规定，当争端一方提出成立专家组的申请，只要在下一次会议上没有全部反对，则专家组自动成立，争端他方就需要应诉。由此可以看出，只要是诉诸 WTO 争端解决机制的案件，WTO 就会获得管辖权；其次，WTO 争端解决机制几乎涵盖了所有与贸易有关的争端，使得与贸易相关的争端都可以在 WTO 争端解决机制下解决。

总的来说，《联合国海洋法公约》的争端解决机制主要解决保护海洋环境的争端，而 WTO 的争端解决机制则涵盖了几乎所有的与贸易相关的争端。表面上看，两者不会产生冲突。但随着国际环境问题与贸易问题的相互渗透，两者就会产生冲突。双方管辖权的冲突主要出现在当一个争端既涉及海洋环境保护也涉及自由贸易的因素时，双方各自对管辖权的规定导致两个争端解决机制的管辖权发生冲突。然而，《联合国海洋法公约》和《关于争端解决规则与程序的谅解》都只是规定了各自的管辖权，对拥有平行效力的国际公约的效力先后都没有制定规则。这会导致争端各方依据各自利益的需求，诉诸不同的争端解决方式以期获得对己方最为有利的争端处理结果，如同本案一样。

本案的典型意义在于，首先，引发了国际社会环境保护与贸易自由的思考。其次，随着国际环境法的发展，国际争端解决机构对环境纠纷管辖权的冲突问题已不容忽视。鉴于纠纷的解决为管辖权冲突的解决提供了一种可行的方案，除了各当事国合作协商，应当完善国际争端解决机制的规则，开创环境与贸易争端解决机制的新形式。

(四)澳大利亚诉日本捕鲸案[①]

【基本案情】

为了对鲸实施适当的保护以便使捕鲸业有秩序发展，《国际捕鲸管制公约》设立了国际

---

① 史学瀛，2017. 环境法案例教材[M]. 天津：南开大学出版社.

捕鲸委员会。1982年，国际捕鲸委员会出台了"商业捕鲸禁令"，但是将"维持生活的土著捕鲸"和"以科研为目的的捕鲸"排除在外。因此包括澳大利亚和日本在内的绝大多数的公约缔约国都被要求停止商业捕鲸活动。在日本无力抵制"商业捕鲸令"生效之后，推出了以"科研"为目的、以特别许可证的方式批准捕鲸计划"GARPA Ⅰ"（日本鲸鱼研究方案第一阶段），随后日本又批准了该计划的第二个阶段"GARPA Ⅱ"，主要捕杀、击获南极小须鲸、长须鲸、座头鲸及其他南大洋保护区内的鲸类种群。在第二阶段计划中，2005—2006年度的可能性研究期内，日本击杀、捕获南极小须鲸1364头、长须鲸13头。在2007—2008年度项目的全面展开期间，击杀、捕获551头南极小须鲸，而680头南极小须鲸和1头长须鲸在2008—2009年度被杀。

基于上述日本的捕鲸活动，澳大利亚于2010年5月31日向国际法院提交了起诉日本的起诉书。澳大利亚在起诉书中宣称，日本第二阶段计划中所实施的捕鲸活动从数量和规模上与科学研究并不具有相关性，通过日本对捕杀的鲸鱼的后续处理可以判断日本在进行变相的商业捕鲸，违反了《国际捕鲸管制公约》《濒危野生动植物物种国际贸易公约》以及《生物多样性公约》的义务。就《国际捕鲸管制公约》，澳大利亚认为：①日本违反了公约第10条e款遵守公约关于商业捕鲸"零捕捞限制"的计划；②日本违反了公约第7条所规定的在南大洋鲸鱼保护区内克制对长须鲸的捕捞的义务；③日本违反了公约第8条规定的善意行使权力并每年向国际捕鲸委员会提交研究成果的义务。就《濒危野生动植物物种国际贸易公约》，澳大利亚认为日本没有遵守公约第2条关于公约附录Ⅰ和附录Ⅱ所列鲸类标本贸易的义务，以及第5条第5款附录Ⅱ所列鲸类标本再出口管理所承担的义务。就《生物多样性公约》，澳大利亚认为日本违反了公约第3条关于不得造成跨界环境损害的义务、第5条国际合作的义务以及第10条b款中确保资源持久使用的义务。

据此，澳大利亚要求国际法院作出判决：日本在南极实施第二阶段的计划违反了其应当承担的国际法义务；停止日本第二阶段计划的实施；日本须撤销允许本起诉书所指控的捕鲸活动的授权、批准和许可证；承诺和保证不再进行第二阶段计划的下一步行动或类似GARPA Ⅱ的计划直到其程序符合国际法义务的要求。

日本反对澳大利亚的所有的指控，并认为其"特许南极鲸类研究项目"第二阶段的捕鲸行为具有正当性。日本主要从《国际捕鲸管制公约》第8条寻找法律依据，主张其捕鲸行为属于"科研捕鲸"活动。日本水产厅官员森下丈二就解释说："国际捕鲸委员会终止捕鲸的原因是科学界尚不能够确定鲸类的数量。终止捕鲸即终止数据收集，我们需要进行科研捕鲸来收集更多的数据。采用致死性取样的主要目的是计算小须鲸的群体参数和进行摄食生态学的研究。在鲸类的胃样中，发现了大量经济价值较高的鱼类，座头鲸、小须鲸等群体的膨胀会影响蓝鲸的种群恢复，因此需要通过选择性地减少某些物种的数量来保护渔业资源，促进一些经济价值更高的种类(如蓝鲸)的恢复"。可以说，澳大利亚和日本争议的焦点就在于日本推行的捕鲸行为是否符合"科研目的"，日本是否在滥用"科学捕鲸"豁免条款。

2014年3月31日，国际法院对澳大利亚诉日本捕鲸案作出最终判决，法院判定日本在南极的捕鲸活动并非是科学研究活动，违反了《国际捕鲸管制公约》。国际法院同时判令日本停止核发在南极捕鲸的许可证明。澳大利亚和日本双方都表示将接受判决结果。

【争议焦点】

1. 日本在南极地区的捕鲸行为的性质是"商业性质"还是"科研性质"？
2. 《国际捕鲸管制公约》第 8 条是如何解释的？

【案件分析】

由案情可知，案件的主要焦点是日本在南极地区捕鲸行为的性质，即是商业性质的还是科研性质的，而这个问题的解决涉及《国际捕鲸管制公约》第 8 条的解释①。但是公约本身并没有对何谓"科学研究"作出明确的界定，那么国际法院的主要任务则是查明并确定日本"特许南极鲸类研究项目"第二阶段是否属于"科学研究"的范围。

对如何认定"科学研究"，澳大利亚认为《国际捕鲸管制公约》背景下的"科学研究"应当包括四个基本特征，其分别为：①明确可完成的目标，该目标必须能对维护和管理鲸类的储量提供知识；②适当的方法，当其他方法不能实现研究目的时可以采用致命性的方法；③同行审查；④避免对鲸类的储存量产生不利影响。澳大利亚提出以下理由主张日本"特许南极鲸类研究项目"第二阶段所实施的捕鲸行为并不具有科学相关性：①日本捕鲸的数量和规模已经远远超过正常科学研究所需要的鲸鱼的数量；②如今的科学技术允许在不杀死鲸鱼的情况下获取相关信息，而日本却采用致命性的方法；③日本实施科研后并没有大量的科学成果寄送至国际捕鲸委员会科学委员会；④日本并未将捕获的鲸鱼放置于实验室，而是放于市场销售，甚至有的用于出口。因此，澳大利亚认为很容易看出日本捕鲸的目的并不是科学研究，而是变相进行商业捕鲸。

日本并没有对"科学研究"提出认定标准，但日本主张根据《国际捕鲸管制公约》第 8 条第 1 款的规定，来主张日本政府可以根据需要自行批准科研项目，并决定项目研究的区域、鲸类的种群、所需的数量和研究方法等，日本认为这是其政府的权利。根据第 8 条的规定，日本主张其对国际捕鲸委员会仅有通知的义务。

法院最终作出裁决，认为日本在"特许南极鲸类研究项目"第二阶段所颁发的可以对鲸类捕杀、加工处理的特别许可证并不符合公约第 8 条所规定的"以科学研究为目的"。其理由为：使用致命性方法进行捕鲸本质上符合"特许南极鲸类研究项目"第二阶段的有关研究目的，但是就实现有关捕鲸项目的目标而言，第二阶段中规定的目标样品数量并不合理。法院认为"特许南极鲸类研究项目"第一阶段和第二阶段的目标很大程度上是重合的，而日本并没有提供证据说明为什么在第二阶段的研究计划中大幅度增加捕获鲸类的数量。同时日本对计划中设置的每年可以捕捞 850 头的样品数量的决定缺少恰当解释，日本用来确定捕捞数量的程序也缺少透明度。有证据表明，应当调整一些项目来减少所需要的捕捞数量，但是日本并没有采取减少措施。所以，法院最终认定日本"特许南极鲸类研究项目"第二阶段中的捕鲸数量并不符合"以科学研究为目的"的规定。

本案的典型意义在于，尽管法院的判决没有对"科学研究"进行界定及提供一个可行的标准，但是本案是提交国际法院的涉及国家捕鲸法律责任问题的"第一案"，在某种程度上

---

① 《国际捕鲸管制公约》第 8 条第 1 款规定：缔约政府对本国国民为科学研究的目的而对鲸进行捕获、击杀和加工处理，可按该政府认为适当的限制数量，发给特别许可证。按本条款的规定对鲸的捕获、击杀和加工处理，均不受本公约的约束。

会对今后国际社会解决捕鲸争端乃至海洋渔业资源保护都有一定指导意义。此外，也引发国际社会如何界定"科学研究"进行思考。

三、拓展阅读

1. 周艳丽，2008. 论GATT第20条(g)款的适用及发展——以虾龟案为视角[J]. 科协论坛(下半月)(05)：138-139.
2. 成红，李兴华，2003. 对自由贸易与环境保护的法律思考——以"金枪鱼案""海虾-海龟案"为例[J]. 扬州大学学报(人文社会科学版)(05)：83-85.
3. 张晨阳，2016. 澳大利亚诉日本捕鲸案的国际环境法评析[J]. 广西政法管理干部学院学报，31(06)：106-111.
4.《联合国海洋法公约》
5.《国际捕鲸管制公约》

第三节 外层空间的国际法保护

一、主要知识点

(一)外层空间概述

继陆地、海洋及大气之后，外层空间被称之为人类的第四环境。随着科学技术的发展，人类对外层空间的认识逐渐深化。在这样的背景之下，人类活动的范围逐渐从陆地、海洋、大气层到外层空间延伸。对外层空间的界定，从空间科学的学理出发，是指地球表面上大气层以外的整个宇宙空间。从国际法意义而言，是指地球以外的整个空间，分为空气空间和外层空间两个区域，各受不同法律制度的调整，在法律上则一般是指国家主权范围以外的整个空间。

(二)外层空间的国际法保护

1957年，人类第一颗人造卫星升空，而后国际社会对外层空间利用问题予以高度关注。1958年，联合国大会通过决议，其目的在于确认外层空间是人类的共同利益，人类只能基于和平目的使用外层空间。当前涉及外层空间的国际公约有：①1967年的《关于各国探索和利用外层空间包括月球和其他天体在内外空间活动的原则条约》(简称《外空条约》)；②1968年的《营救宇宙航行员、送回宇宙航行员和归还发射到外层空间的物体的协定》(简称《营救协定》)；③1972年的《空间物体造成损失的国际责任公约》(简称《责任公园》)；④1975年的《关于登记射入外层空间物体的公约》(简称《登记公约》)；⑤1979年的《指导各国在月球和其他天体上活动的协定》(简称《月球协定》)。这些条约组成了外空活动的基本法律框架，并形成了外空营救制度、损害赔偿制度、空间物体登记制度和月球探测制度共四项外空基本法律制度。此外，联合国大会还通过了一些涉及外空活动的具有建议性的决议，如1963年的《各国探索和利用外层空间活动的法律原则宣言》、1992年的《关于在外层空间使用核动力源的原则》。

1.《关于各国探索和利用外层空间包括月球和其他天体在内外层空间活动的原则条约》（简称《外空条约》）

《外空条约》对外层空间的法律地位做了明确的规定，即外空不得据为己有，外层空间由各国在平等基础上自由的探索和利用，探索和利用外层空间必须为全人类谋福利与利益。其中与环境保护有关的有：第一，要求缔约国承诺不在外层空间放置核武器或任何大规模毁灭性武器。第二，各缔约国对本国在外层空间包括月球或其他天体在内的活动应负国际责任，无论这类活动是否由政府机构实施。第三，发射物体进入外层空间的缔约国，以及以其领土或设备供发射物体用的缔约国，对于物体及其组成部分在地球、大气空间和外层空间对另一缔约国或其自然人或其法人造成的损害承担国际责任。

2.《空间物体造成损害的国际责任公约》（简称《责任公约》）

《责任公约》对宇航器发射国的空间物体对有关国家、人员等造成损害所应当承担的国际法律责任予以了规定。其规定了两种责任制度，即"绝对责任"制度和"过错责任"制度。宇航器发射国的空间物体对他国造成损害的责任制度之内容主要有：①如发射物在地球表面或对飞行中的飞机造成损害的，发射国应负赔偿的绝对责任。②发射物在地球表面以外的其他任何地方（主要指外层空间）给他国的空间物体、宇航员或其他财产造成损害的，发射国应负赔偿的过失责任等。③甲国发射物体在地球表面以外的地方（主要指外层空间）对乙国的空间物体造成损害，并因此对地球表面的丙国人员财产，包括飞行中的飞机造成损害的，甲乙两国对丙国承担绝对责任。

3.《关于登记射入外层空间物体的公约》（简称《登记公约》）

《登记公约》规定了登记国的主要义务，其规定了两种登记制度，即自愿登记制度与强制登记制度。前者的执行依赖于各缔约国对外层空间法和联合国大会决议的遵守，后者则是基于国际条约的约束力。公约规定，发射国在发射空间物体时，先应在国内进行登记，再在联合国秘书长的总登记册中登记。登记的项目包括：发射国或各发射国的国名；空间物体的适当标志或其登记号码；发射日期、地区或地点；基本的轨道参数，包括周期、倾斜角、远地点、近地点；空间物体的一般功能。若一国欲与其他国家共同发射卫星等空间物体，应与其他国家共同决定由其中某国进行登记。如果该空间物体已经不在轨道上存在，应尽快通知联合国秘书长。

二、典型案例分析

（一）"宇宙954号"案[①]

【基本案情】

1978年，一颗苏联核动力海洋监测卫星——"宇宙954"号从轨道脱落，在加拿大领

---

① 朱文奇，2009. 国际法学原理与案例教程[M]. 北京：中国人民大学出版社.

空坠入加拿大境内，其放射物散落在一大片区域内，造成了核动力问题源问题。加拿大向苏联提出了 600 万加元的赔偿请求，用于清理受污染的地区。三年后加拿大和苏联签订了一份协议，协议同意苏联支付 300 万加元用以解决此问题，但不再承担其他法律责任。

【争议焦点】

1. 本案中加拿大向苏联提出的赔偿要求是否合理？
2. 本案中如何确定苏联赔偿责任的范围？

【案件分析】

依据《责任公约》，发射国对其空间物体在地球表面，或给飞行中的飞机造成损害，应负有赔偿的绝对责任。根据《责任公约》，加拿大的索赔只包括使领土恢复至领土损害前的状态而发生的费用。在计算索赔时，加拿大适用了国际法一般原则规定的标准。同时，依据《外空条约》规定，苏联有义务向加拿大承担卫星侵入加拿大领空和放射性碎片对加拿大带来的后果。此外，加拿大又使用了规定在《责任公约》中的关于使用核能的绝对赔偿责任标准。因此，苏联的损害赔偿责任范围为 6041174.70 加元。然而最后双方协议，苏联肯定了在加拿大境内的空间碎片来源于"宇宙 954 号"卫星，只赔偿 300 万加元。

本案的典型意义在于，引起了国际社会对外层空间使用核动力问题源问题的严重关切，促使国际社会制定了相关原则，如《关于在外层空间使用核动力源的原则》。

(二) 美俄卫星相撞事件[①][②]

【基本案情】

2009 年 2 月 11 日北京时间零时 55 分，美国 1997 年发射的一颗通信卫星"铱 33"与俄罗斯一颗 1993 年发射的、现已报废的卫星相撞，地点位于西伯利亚上空，这是人类历史上首次卫星相撞事故。事故发生后，包括美俄两国在内的多国政府、航天科技专家对事故的发生原因、事故责任处理以及该事故可能带来的后续影响等问题表示关注。相撞事件发生后，美国和俄罗斯相互指责。美国指责俄罗斯卫星失控，俄罗斯则指责美国宇航局没有做好预警工作。

【争议焦点】

1.《责任公约》对本案是否适用？
2. 本案适用《责任公约》中的"过错责任"，还是"绝对责任"？

【案件分析】

《责任公约》对宇航器发射国的空间物体对有关国家、人员等造成损害所应当承担的国际法律责任予以了规定。《责任公约》的适用范围为缔约国之间，即只有损害方和被损害方都是缔约国的情况下才可适用。发生在缔约国和非缔约国之间或双方都不是缔约国时的空

[①] 李滨, 2011. 美俄卫星相撞事件中的国际法问题探析[J]. 北京航空航天大学学报(社会科学版), 24(04): 33-37.

[②] 薄守省, 2009. 美俄卫星相撞的法律责任分析[J]. 哈尔滨工业大学学报(社会科学版), 11(04): 73-77.

间物体损害事件不能自动适用公约，除非当事国达成一致选择适用。本案中俄罗斯、美国都是责任公约的缔约国，应当适用《责任公约》。

根据《责任公约》，空间物体造成损害的责任可分为过错责任和绝对责任。过错责任适用于空间物体在地球表面以外的其他地方给他国的空间物体或人员、财产造成的损害。从本案案情来看，其责任基础是过错责任。当前的外层空间法虽没有明确规定发射国对报废卫星或产生的碎片进行回收的义务，但基于卫星都在外空运行，其有义务对他国卫星等外空物体安全给予考虑。因此，俄罗斯有义务对其报废卫星进行监管和控制。而事实上俄罗斯已经放弃了对该卫星的监管没有尽到其监管义务，这可以看作是一种过错。

本案的典型意义在于，美俄卫星相撞事件是人类历史上首次完整卫星的在轨相撞，为《责任公约》的适用及检视提供了一个平台。

三、拓展阅读

1. 《关于登记射入外层空间物体的公约》
2. 《指导各国在月球和其他天体上活动的协定》
3. 《关于各国探索和利用包括月球和其他天体在内外层空间活动的原则条约》
4. 《空间物体造成损害的国际责任公约》

第四节 危险废物的国际法管理

一、主要知识点

（一）危险废物概述

科技的发展带来了许多新产品的问世，人类在生产和消费这些新产品的过程中产生了大量的危险废物，这些危险废物恶化了人类健康及生存环境。从国际视角而言，发达国家每年把大量的危险废物转移至发展中国家，这对发展中国家的环境及国民健康造成了严重破坏。因此，危险废物已经成为一个普遍关注的全球性环境问题。通常，危险废物是指对人类、动植物和环境的现在和将来会构成一定危害，没有特殊的预防措施不能进行处理或处置的废物。《控制危险废物越境转移及其处置巴塞尔公约》（简称《巴塞尔公约》）第2条第1款将"废物"定义为"处置或打算处置的或按照国家法律规定必须加以处置的物质或物品"。《巴塞尔公约》第2条第1款a项定义了"危险废物"，包括易爆、易燃的液体或固体，有机过氧化物，有毒或者易传染的物质和腐蚀性物质等，只要其具有附件3所描述的特征，且为《巴塞尔公约》附则4中详述的作业所处置。

（二）危险废物的国际法管理

从国际法而言，国际危险废物的法律规制可为危险废物的跨境转移规制、处置和海上危险废物的规制。前者主要依据的是《巴塞尔公约》，后者可以通过《联合国海洋法公约》得以实现。如1982年《联合国海洋法公约》第194条第3(a)款、第207条第5款将有毒有害或有碍健康的物质，特别是持久不变的物质定义为危险或有毒物质。公约还规定运载危险或有毒物质的船舶必须在指定的航道上通过，且有义务携带文件和遵守国际协定制定的特别预防措施。本节主要阐述规制危险废物跨境转移的公约，即《巴塞尔公约》。

《巴塞尔公约》于1989年在联合国环境规划署领导下通过，并于1992年生效。它是世界上第一个管控危险废物跨境转移和处置的国际协议，为有效控制危险废物的跨境转移奠定了法律基础。其主要内容：第一，目的。公约序言规定，"意识到危险废物和其他废物及其越境转移对人类和环境可能造成的损害，铭记着危险废物和其他废物的产生、其复杂性和越境转移的增长对人类健康和环境所造成的威胁日益严重"。即公约的目的是保护人类健康和环境。第二，一般义务。如各缔约国应采取适当的法律、行政和其他措施，以期实现本公约的各项规定，包括采取措施以防止和惩罚违反本公约的行为。缔约国应不许可将危险废物或其他废物从其领土出口到非缔约国，也不许可从一非缔约国进口到其领土。每一缔约国应规定，拟出口的危险废物或其他废物必须以对环境无害的方式在进口国或他处处理等。第三，国际合作。各缔约国应相互合作，以便改善和实现危险废物的环境无害化处理。第四，建立实施机构。缔约国大会和秘书处，分别为公约的权力机构和执行机构。我国政府于1990年3月22日签署了《巴塞尔公约》，1994年9月4日批准该公约。

二、典型案例分析

（一）尼日利亚科科港等事件[①]

【基本案情】

1988年6月初，尼日利亚报道了一条非官方获得的消息，意大利一家公司分5条船将大约3800吨的有害废物运进了本德尔州的科科港，并以每月100美金的租金堆放在附近一家农民的土地上。这些有害废物散发出恶臭，并渗出脏水，经检验，发现其中含有一种致癌性极高的化学物——聚氯丁烯苯基（$C_4H_7ClC_6H_5$）。这些有害废物造成很多码头工人及其家属瘫痪或被灼伤，有19人因食用被污染了的米而中毒死亡。经过调查核实后，尼日利亚政府采取了果断的措施，疏散了被污染地的居民，逮捕了十余名与此案有关的搬运人员，并将此事上升为外交问题，从意大利撤回了大使。经过交涉，意大利政府将所投弃的有害废物和被污染的土壤进行处理，将其运回意大利。但由于意大利的各个港口拒绝其进港，欧洲各国也拒绝其入境，只好长期停留在法国外公海上。

【争议焦点】

1. 国际法上如何规制发达国家向发展中国家进行危险废物跨境转移？
2. 本案如何适用《巴塞尔公约》？

---

① 史学瀛，2017. 环境法案例教材[M]. 天津：南开大学出版社.

【案件分析】

18世纪以来,随着西方发达国家工业化的完成,特别是化学工业的发展,产生了大量的危险废物。基于发达国家国内法规对废物的严格规制,发达国家开始向环境法规、标准相对较为宽松的发展中国家进行危险废物转移,本案便是典型案例之一。从本案可以看出,危险废物的跨境转移给尼日利亚带来了严重的环境损害、人员伤亡。但就当时而言,并没有存在完善的可以用来调整危险废物跨境转移的国际法律文件。对于该问题,在国际社会的广泛推动之下,联合国开始着手制定相关的国际规范。1989年,联合国环境规划署在瑞士巴塞尔召开会议,116个国家代表应邀出席,会议经过紧张讨论与会下磋商,终于一致通过了《巴塞尔公约》。此后,又陆续签订了一些国际法律文件,如1999年的《危险废物越境转移及其处置所造成损害的责任和赔偿问题议定书》(简称《巴塞尔责任与赔偿议定书》)、1989年第四个《洛美协定》、1991年的《禁止向非洲进口危险废物并在非洲内管理和控制危险废物越境转移的巴马科公约》(简称《巴马科公约》)等。

本案的典型意义在于,国际条约的产生与国际社会发生的严重事件密切相关,本案尼日利亚科科港事件,直接导致了第一个禁止危险废物转移的全球性公约,即《巴塞尔公约》的产生,这对国际环境立法的发展具有重要意义。

(二)爱尔兰诉英国核废料处理案[①]

【基本案情】

位于爱尔兰海沿岸的英国核燃料公司(British Nuclear Fuels Plant,BNFP)从1993年开始在英国东北部的谢拉菲尔德运营一个示范性核设施,每年生产8吨左右用于轻水反应堆的MOX燃料。1994年,BNFP开始运营热氧化再处理工厂,处理核反应堆产生的用过的核燃料。BNFP计划建设一座新的工厂,用于MOX燃料的商业生产。

1993年10月,BNFP发表了关于新建MOX核工厂的环境声明,该声明解释了新建MOX核工厂,并着重指出将检验MOX核工厂建设计划所产生的影响。爱尔兰政府一直以来就特别关注BNFP核材料可能造成的环境污染,尤其是担心核物质以及相关的材料被倾倒进爱尔兰海,从而对爱尔兰造成环境污染。1994年,爱尔兰政府向英国政府提出申明,认为其环境声明和环境评估程序未能对建设MOX核工厂造成的环境影响进行正确的评估,并且环境报告没有提供MOX核工厂运营期间释放的对爱尔兰社会公众产生影响的辐射剂量的信息、环境监测计划、遇到恐怖袭击时的应急措施和预防性手段。

环境声明公布后,英国相关机构批准了MOX核工厂的建设计划并于1996年完成了核工厂的建设。但是由于数据失误等原因以及要等待运营批准,MOX核工厂建成后5年多的时间内并没有投入生产。在此期间爱尔兰政府也一直声明反对在靠近爱尔兰地区和爱尔兰海域兴建并运营MOX核工厂。BNFP于1996年建成MOX核工厂后,一直寻求希望包括英国环境署等在内的英国相关机构能够批准MOX核工厂的运营。

根据欧盟法律,英国政府有义务在发放MOX核工厂运营执照前确保其经济上的"合理

[①] 史学瀛,2017. 环境法案例教材[M]. 天津:南开大学出版社.

性",也就是说要证明 MOX 核工厂的经济效益超过其经济成本,也包括环境成本。1997年 4 月至 2001 年 8 月,为了评估各项收益和风险的关系,英国政府组织了专项研究,并且形成了两份专业报告。虽然两份报告都对公众公布了,但是其中一些信息,诸如核物质处理量、核工厂运营寿命、放射性物质跨界转移量等信息,在公布的时候被英国政府删除了。爱尔兰政府曾经要求英国政府公开全部报告,但是遭到了英国政府的拒绝。

1994 年至 2001 年 6 月,爱尔兰政府数次对英国政府环境声明的准确性提出质疑,并且也提出了英国政府根据《联合国海洋法公约》应该履行的义务,指出英国政府没有考虑自 1993 年以来英国国内法、欧盟法律以及相关国际法中的有关规定,也没有对核物质泄露可能造成的海洋环境影响进行准确的评估。尽管如此,爱尔兰政府仍然没有得到任何回应。

爱尔兰和英国都是《东北大西洋环境保护公约》的缔约国,因此爱尔兰政府在争取英国提供相关资料的努力未果之后,于 2001 年 6 月 1 日根据该公约向英国政府提起仲裁程序。为了评估建造核工厂带来的风险,爱尔兰根据该公约第 9 条的规定要求英国政府向其披露上述两份报告的全部内容。爱尔兰对要求披露的信息开出了一张清单,这张清单包括核材料的售价、销售量、核材料工厂的设计运行年限、工厂产量、在核材料工厂原材料的供应是否是长期供应合同等 14 项内容,遭到了英国政府的拒绝。仲裁庭通过对《东北大西洋环境保护公约》第 9 条的解释,否定了爱尔兰的主张。

2001 年 10 月 3 日,英国政府认定了 MOX 核工厂的经济合理性,并于 2001 年 11 月 23 日左右正式批准 MOX 核工厂的运营。2001 年 10 月 25 日,爱尔兰根据《联合国海洋法公约》第 287 条,书面通知英国提出将双方关于 MOX 核工厂及放射性物质跨界转移可能引起海洋环境污染的争端提交《联合国海洋法公约》附件 7 规定的仲裁程序。2001 年 11 月 9 日,爱尔兰请求国际海洋法法庭在仲裁程序开始前判令就该争端采取临时措施。2001 年 11 月 15 日,英国向国际海洋法法庭提交书面答辩意见,质疑法庭对此案的管辖权和爱尔兰有关临时措施的请求。法庭于 2001 年 11 月 19 日至 20 日举行公开听证会,并于 12 月 3 日就是否采取临时措施作出裁定。

爱尔兰主张,请求国际海洋法法庭判令英国采取临时措施。爱尔兰认为,英国政府根据 1993 年的"环境声明"和环境标准批准建设 MOX 核工厂,而未开展进一步的环境评估,违反了《联合国海洋法公约》。一旦 MOX 工厂投入运营,势必会导致核材料向环境的泄露,造成对包括爱尔兰海洋环境在内的环境污染,所以在英国根据《联合国海洋法公约》全面履行其义务前,如果通过了 MOX 工厂的运营决定,爱尔兰政府根据《联合国海洋法公约》所应当享受的权利必然遭到侵犯。因此,爱尔兰要求在仲裁程序开始前国际海洋法法庭判令英国采取如下措施:

(1)立即中止于 2001 年 10 月 3 日发布的对 MOX 核工厂的运营批准令,立即采取必要措施阻止 MOX 核工厂投入运营。

(2)立即保证没有任何产生于 MOX 核工厂的运营或其准备活动的放射性物质、材料或废弃物在英国所享有主权或行使主权权利的水域移进或移出。

(3)保证不采取使所提交争端加剧、扩大或使争端解决更为困难的任何行动。

(4)保证不采取有可能妨碍爱尔兰执行仲裁法庭任何裁决的权利的行动。

爱尔兰政府要求仲裁法庭作出如下裁决:

(1)英国违反《联合国海洋法公约》第192、193、194、207、211、213条,未能采取必要措施防止、控制和减轻由于 MOX 核工厂排放、跨境转移或意外泄漏放射性物质及废料对海洋环境可能造成的污染。

(2)英国违反了《联合国海洋法公约》第206条,在1993年 MOX 核工厂"环境声明"中未能适当全面地评估 MOX 核工厂运作、放射性物质跨界转移以及如遭遇恐怖袭击对爱尔兰海洋环境的潜在影响,其后也未能根据新的事实和法律依据作出新的"环境声明"。

(3)英国违反了《联合国海洋法公约》第192、193、194、207、211、213条,未能全面评价核工厂及其放射性物质跨界转移对海洋环境的影响,包括对应付潜在恐怖袭击引起风险的评估,也未能就此制定和准备综合应对策略或计划。

(4)英国违反《联合国海洋法公约》第123和197条,未能与爱尔兰就海洋环境保护与保全进行合作,包括拒不提供有关海洋信息资料。

(5)英国应当撤回对核工厂的批准令,中止 MOX 核工厂的运营以及放射性物质跨界转移或其他运营准备活动,直到完成对核工厂运营及放射性物质跨界转移的适当环境影响评价证明不会有放射性物质直接或间接地排入爱尔兰海域,双方达成防止、控制放射性物质跨界转移造成环境污染以及防范恐怖袭击的全面策略及计划。

(6)英方承担爱尔兰的仲裁费用。

英国主张,根据《联合国海洋法公约》第290条第5款的规定,英国政府坚持认为在组成附件7仲裁法庭之前,第5款中规定的"情况紧急"和"必需"情况在本案争端中并不存在,并举出如下理由:

(1)英国希望与爱尔兰就在短时间内组成附件7仲裁法庭取得一致意见,而且该仲裁法庭建成时间不得迟于2002年2月6日。

(2)按计划在2001年12月20日左右通过使用核燃料的决议,然而该决议并不是"不可挽回"的,即在通过使用核材料的决议后还可以撤销该决议,这样做会使 BNFP 公司承受经济上的损失。

(3)英国政府认为从公共健康的角度看,兴建 MOX 核工厂并不会对环境产生重大的负面影响。

(4)在成立附件7仲裁法庭之前,在爱尔兰海及其他海域没有海洋运输核燃料,到2002年夏天以前,也没有计划出口 MOX 核工厂的核燃料。

(5)英国政府已经在该地区采取了广泛的安全预防措施。

(6)爱尔兰政府没有提供令人信服的并能为其结论提供合理基础的证据。

(7)除了目前的状况外,爱尔兰政府采取的措施也可能产生相反的作用。它们可能还会威胁到 MOX 核工厂未来的发展,这样无论对 BNFP 公司还是对当地经济都将产生严重的财政后果。

(8)生产 MOX 核燃料的过程也有安全、稳妥的优点,否则这些有用的核燃料将白白失去。

(9)英国政府认为紧急状况并不是简单地通过展现一些具体发生的事件就可以认定,它必须具备三个条件:第一,必须是某一特定事件对某一当事方的权利产生损害或是对海洋环境产生严重的影响;第二,必须有危害发生的真正危险;第三,必须在附件7仲裁法庭发挥作用以前，确实有严重事件发生的风险存在。

根据上述原因，英国向国际海洋法法庭提出如下要求：

(1) 反对爱尔兰政府提出的临时措施的请求。

(2) 要求爱尔兰政府承担英国在整个诉讼程序中的全部费用。

法庭判决如下：法庭记录并强调，英国保证2002年夏天，即使通过了MOX核工厂的运营，也不会有运进或运出谢拉菲尔德的放射性物质的海上运输。法庭认为，根据《联合国海洋法公约》第290条第5款，如果法庭认为紧急状况存在，则将同意执行临时措施。而根据本案具体情况，法庭发现爱尔兰要求的紧急情况并不存在，没有必要在附件7仲裁法庭成立前采取临时措施。

最后法庭认为，根据《联合国海洋法公约》第12部分和其他国际法，在防止海洋环境污染的过程中，当事双方的"协调"是一项基本原则。法庭认为，爱尔兰和英国应该抱着慎重、严谨的态度，就MOX核工厂运营带来的影响，以及在处理核物质过程中的有关问题交换意见并进行合作，因此附件7仲裁法庭作出如下判决。

爱尔兰与英国双方应该在下述方面积极合作，展开协商：

(1) 就MOX核工厂运营将对爱尔兰海造成的可能后果，双方要进一步深入地交换意见。

(2) 监测MOX核工厂运营对爱尔兰海产生的影响和危险。

(3) 采取适当的方法和措施防止因MOX核工厂运营对爱尔兰海可能造成环境污染。

【争议焦点】

1. 国际合作原则在本案中如何适用？

2. 本案在国际合作原则下应遵循什么义务？

【案件分析】

本案是国际合作原则在环境领域运用的重要案例，国际海洋法法庭将国际合作原则作为基本判案依据，为国际合作原则在实践中的直接应用提供了范例。合作义务的履行是MOX核工厂案件的核心，案件审理过程中，爱尔兰一度主张英国在海洋环境保护方面未能遵守国际合作，如爱尔兰主张英国未能采取必要的措施防止、减轻和控制跨境环境污染；英国的环境声明在评估MOX核工厂的各类环境影响时未能提供充分的信息等。这些主张要求分别体现了爱尔兰就国际合作义务的履行对英国的控诉。

就爱尔兰和英国各自的主张，国际海洋法法庭最后主要根据《联合国海洋法公约》第12部分中的海洋环境的保护与保全的规定，以及一般国际法基本原则，认为在防止海洋环境污染过程中双方当事国进行国际合作是一项基本原则。法庭认为，双方应当以谨慎和严谨的态度，就有关问题交换意见。附件7仲裁法庭对于爱尔兰和英国合作的内容都给予了明确裁决，包括双方当事国要对MOX核工厂的运营可能对爱尔兰海造成的后果交换意见；双方通过合作与协商监测MOX核工厂的运营对爱尔兰海产生的影响与危险等。仲裁法庭在就合作协商内容作出裁决后，同时要求爱尔兰和英国各自于2001年12月17日前就协商的情况向法庭提交报告，并且授权法庭庭长在这之后可以进一步要求双方提交有关的报告或信息。

信息披露是国际环境合作的一项基本内容。2001年6月,爱尔兰曾依据《东北大西洋环境保护公约》第9条规定的信息披露义务向英国政府提起仲裁程序,两国将纠纷提交给了国际常设仲裁法庭。在仲裁过程中,争议的焦点问题是爱尔兰主张其应当知悉的14项信息是否属于《东北大西洋环境保护公约》第9条第2款的范围之内。仲裁庭严格按照第9条字面意思将第2款的信息分成了3类:关于海域现状的信息;对海域造成或者可能造成损害活动或措施的信息;根据公约规定进行的活动或措施的信息。爱尔兰希望对第9条第2款作宽泛的解释,使其不仅仅包括与环境相关的信息;英国则认为《东北大西洋环境保护公约》目的旨在保护海洋环境,所以第9条第2款的"环境"应当与环境直接相关,不能任意扩大公约的范围。仲裁庭严格解释了所涉信息的含义,因此驳回了爱尔兰的主张。

本案的典型意义在于,第一,爱尔兰和英国MOX核工厂案充分展现了国际合作原则在国家环境案件中的应用;第二,反映了国家环境合作原则在实践中所存在的局限性。

(三)韩国有害废物非法进入我国境内案①

【基本案情】

1993年9月25日,一艘由韩国某产业株式会社雇用的"石堡"货轮装载6440个黑色铁桶共计1283吨的所谓"其他燃料油"货物,停泊在××港区上元门码头。9月29日卸货时,海关在审查双方供货合同中发现疑点,随即请进出口商品检验局(以下简称商检局)进行检验。商检局于10月4日和7日两次对该货物打开140桶取样检验,发现实际进口的并不是燃料油,而是形态各异、成分混杂、具有危害性的化工废弃物。其中部分是整桶污水,大部分是固体不明物质,而且出现强酸性、强碱性和强烈的腐蚀性及刺激性气味。同时,部分铁桶内压很大,已造成包装铁桶变形,开桶时,液体或固体物质立即喷(漏)出,随时都有可能引发爆炸等环境灾害事故的危险。10月8日,海关宣布查封此货,并将有关情况通知了某省环境保护局。

据查,这批货物是由交通部实业公司委托中国对外贸易开发总公司下属甲进出口公司进口的。1993年9月1日,甲进出口公司受交通部实业公司委托,与外商乙国际有限公司签署了为其代理进口20万吨其他燃料油(燃烧用油)的买卖合同。货物分A类和B类两种规格,A类27美元/吨,B类8美元/吨。同时甲进出口公司也与交通部丙公司签订了代理合同。9月27日,北京中贸发进出口公司为委托人中领了1500吨成品油的进口许可证,并以中国××对外贸易开发总公司的名义委托××公司代甲进出口公司办理该许可证及进口合同项下有关1500吨燃料油进口的有关事宜。但是,1993年9月25日,该合同的第一批货物就已到港。海关所存合同副本比合同正本中的卖方增加了一个韩国产业株式会社。当首批货物被查封后,××公司要求乙国际有限公司给予回复或派员解决问题;××公司先是承认首批货物因装船公司工作失误造成装错货物,商请中方原谅,并愿意提供费用请中方就地处理,后又表示同意该批货物近期内收回;甲进出口公司则称"很可能是有人篡改甲的外贸合同和冒用其许可证,有预谋地以他人的提单进口他人的货物及此事件中的化工废

---

① 李艳芳,2003. 环境保护法典型案例[M]. 北京:中国人民大学出版社.

料"。并表示该公司不应负任何法律责任。

该省和市环境保护局接到事件发生的报告后,立即赶赴现场进行了调查,责令事主用泥沙堵塞铁桶破损处,妥善清除已泄漏的废液废渣。国家环境保护局也于1993年10月16日作出《关于韩国有害废物非法进入我国境内事件的处理决定》,要求限期将这批有害废物全部退运出境;对合同中的其余部分,立即停止运输,禁止再次进入我国境内;有害废物在退运出境之前,要在原地封存,并采取一切防范措施,防止发生污染事故。同时,新闻媒介对这一事件进行了广泛的报道,引起了社会的强烈反响和国务院的重视。但由于进出口各方当事人相互推诿责任,使该废物的退运一拖再拖。1994年年初,国家环境保护局、对外贸易经济合作部、交通部等部门召开联席会议,研究对策,并通过外交途径与韩国方面交涉。终于在1994年3月2日下午使退运废物的"金龙"号货船抵靠上元门码头。3月5日下午该船载着全部废物,在两艘港监快艇的跟随监督下驶出码头。

【争议焦点】

1. 违法将危险废物转移至我国境内,能否科以法律制裁?
2. 如能科以法律制裁,适用什么国际法规则?

【案件分析】

从本案可以看出,这是一起国外危险废物向我国转移的事件。对于危险废物的越境转移,《巴塞尔公约》对其作了严格的规定。我国于1990年批准该公约,并承诺对公约所载一切规定完全遵守。国家环境保护局和海关总署还于1991年3月7日联合发出了《关于严格控制境外有害废物转移到我国的通知》,禁止含氰废物、含多氯联苯废物等23类废物进入我国境内倾倒、处置,其中也包括废油和废有机溶剂。对于作为原料、能源或再利用的废物的进口,必须经环境保护部门审查批准后方可进口。本案中的韩国化工废料,未经任何部门的审批,冒充燃料油转移到中国,不仅直接违反了《巴塞尔公约》,而且也直接违反了我国对于有害废物进口管理的规定,理应受到查处。

但是,在本案中,对违法者越境转移危险废物,仅限于在发现后将其退运出境,并没有对其进行其他法律制裁,这主要是因为这起案件发生在1994年,而遍查我国当时的法律、法规,除了"责令进口单位将废物退运出境"这一带有行政措施性质的法律责任外,很难找到可直接适用于追究越境转移危险废物者法律责任的具体条款,就连《环境保护法》这种综合性的法律,也没一项条款规定危险废物越境转移问题,更不用说以刑事手段对此予以制裁了。为了加强对固体废物的管理,1995年10月30日,全国人大常务委员会通过了《中华人民共和国固体废物污染环境防治法》,从而改变了有关固体废物规定零散、不全面、不系统的落后面貌,将固体废物污染环境防治进一步纳入法治化的轨道。尤其重要的是,该法第66条规定,"违反本法规定,将中国境外的固体废物进境倾倒、堆放、处置,或者未经国务院有关主管部门许可擅自进口固体废物用作原料……逃避海关监管,构成走私罪的,依法追究刑事责任"。这一规定第一次明确指出进境倾倒、堆放、处置境外固体废物的行为为犯罪行为,它无疑为打击该类犯罪提供了刑法武器。修订后的《刑法》吸收了《固体废物污染环境防治法》的有关规定,明确将违反国家规定,将进境倾倒、堆放、处置境外固体废物的行为规定为独立的犯罪,不再按走私罪处理,以便于实践中更好地操作。

本案的典型意义在于，本案发生后，纵观我国当时法律，很难找到可直接适用于追究越境转移危险废物者法律责任的具体条款。这促进了我国对《中华人民共和国固体废物污染环境防治法》的出台，弥补了这方面的不足。

(四)科特迪瓦毒垃圾事件①②

【基本案情】

2006年8月下旬，一艘外国货轮通过代理公司在科特迪瓦经济首都阿比让十多处地点倾倒580吨有毒工业垃圾，引发严重环境污染。据统计，毒垃圾排出的有毒气体造成7人死亡，3.6万人出现不良症状，并引发科特迪瓦国内的严重骚乱，其过渡政府也因此集体辞职。

据报道，这些垃圾最早是在清洗一艘希腊货轮的油箱时产生的。2006年7月底，世界上最大的期货公司之一荷兰托克有限公司租借一艘巴拿马货船将其运往荷兰的阿姆斯特丹，由荷兰APS公司对这些工业垃圾进行处理。

托克公司声称这些工业垃圾是"汽油、水和腐蚀性洗涤液的混合物"。但APS公司对这些垃圾取样分析后，发现其成分与托克公司的说法完全不符，而且发出难闻的"臭鸡蛋气味"，因此拒绝对其进行处理。此后，荷兰另一家公司在抽样测试后也拒绝对这些垃圾进行处理。于是，装有垃圾的货船几经辗转来到科特迪瓦，当地的一家承包商将这些重达数百吨的垃圾倾倒在阿比让的居民区附近，酿成环境悲剧。

事情的最终处理结果是，托克公司将向科方一次性提供1000亿西非法郎，其中730亿西非法郎将用于向污染事件受害者个人提供赔偿，220亿西非法郎用于支付有毒垃圾排放点的清污费用，其余50亿西非法郎用于在阿比让地区兴建垃圾处理中心。

托克公司在一份声明中说，公司和科特迪瓦政府在毒垃圾事件中都不承担任何法律责任。托克公司认为其倾倒垃圾的行为属于合法，因为他们委托了科特迪瓦一家企业来处理。

出席谅解备忘录签署仪式的科特迪瓦总统劳伦·巴博在接受媒体采访时说："这是一份很好的协议，有助于国家补偿事件受害者的损失。"作为回应，科特迪瓦政府承诺放弃一切针对托克公司的诉讼，并不再提出其他赔偿要求。

【争议焦点】

1. 本案应适用什么国际法规则？
2. 荷兰公司是否在本案中承担危险废物跨境转移的国际法律责任？

【案件分析】

1995年，《巴塞尔公约》修正案指出，各缔约方"确认危险废物向发展中国家越境转移，其危险率高，不能构成危险废物的无害环境管理"。根据该修正案规定，经济合作与发展组织(Organization for Economic Co-operation and Development, OECD)和欧洲共同体

---

① 李静云，2006. 严重的国际环境违法事件——科特迪瓦毒垃圾事件的国际法分析[J]. 世界环境(05)：19-22.
② 王睿，2007. 越境污染治理的法律分析与对策探讨[D]. 上海：华东政法大学.

(European Community，EC)成员国，应当承担两项国际条约义务：第一，对于准备转移的危险废物，如果预定在发展中国家不能以资源回收、再循环、直接再利用的方式得到安全处置，必须一律禁止转移；第二，对于准备转移的危险废物，即使预定在发展中国家能够以资源回收、再循环、直接再利用的方式得到安全处置，也必须在1997年12月31日之前逐步减少，并自该日以后，一律禁止向发展中国家越境转移。

1999年，第五次缔约国大会通过了《危险废物越境转移及其处置所造成损害的责任和赔偿问题议定书》，具体规定了危险废物越境转移和处置过程中的环境损害的国际赔偿责任问题。根据该责任和赔偿问题议定书，如果有关方面特别是出口方违反了危险废物越境转移的条约规定并由此造成损害，那么出口国就应当承担退运、赔偿损失等责任。根据议定书的规定，"损害"的范围包括五个方面：①生命丧失或者人身伤害；②财产损失或者损坏；③可得经济收益的损失；④已实际采取或者将要采取的环境恢复措施所涉费用；⑤预防措施所涉费用。

对于危险废物及其他废物在缔约国之间的越境转移，《巴塞尔公约》设定了具体的程序，其核心就是确立了"预先知情同意"制度(Prior Informed Consent，PIC)。它是指在酝酿进行危险废物的越境转移时，必须将有关危险废物的详细资料通过出口国主管部门预先通知进口国和过境国的主管部门，以便有关主管部门对危险废物转移的风险进行评价。未经进口国指定的国家主管机关的同意或违反其决定时，就不得进行危险废物的越境转移。

欧盟于1994年批准该公约，荷兰作为欧洲共同体(现为欧盟)成员国和经济合作与发展组织成员国，其有义务遵守该公约所确定的国际义务。荷兰有关公司向科特迪瓦倾倒有毒废物的行为，由于完全没有履行基本的事先知情同意程序，公然违反了关于控制危险废物越境转移的国际环境法，是典型的国际不法行为。此外，由于这起危险废物非法越境转移已经造成严重人身伤亡、财产损失以及环境损害，非法输出和倾倒废物的荷兰公司和有关方面应当承担清理废物、运回废物产生国、赔偿损害等相应的国际法责任。

本案的典型意义在于，其促使了发展中国家进一步加强危险废物进口的环境管理。

三、拓展阅读

1.《巴塞尔公约》
2.《联合国海洋法公约》
3.《中华人民共和国固体废物污染环境防治法》
4. 佚名，2007. 科特迪瓦"毒垃圾"事件[J]. 环境保护(15)：80-81.
5. 陈娜，2008. 谈危险废物跨境转移——以科特迪瓦毒垃圾事件为例[J]. 科技创新导报(05)：165-166.

参考文献

蔡守秋，2009．环境法案例教程[M]．上海：复旦大学出版社．
曹明德，2020．环境与资源保护法[M]．4版．北京：中国人民大学出版社．
车辉，2011．非财产损害赔偿问题研究[M]．北京：法律出版社．
陈冬，2008．气候变化语境下的美国环境诉讼——以马萨诸塞州诉美国联邦环保局案为例[J]．环球法律评论(05)：84-90．
国家气候变化对策协调小组办公室，中国21世纪议程管理中心，2004．全球气候变化：人类面临的挑战[M]．北京：商务印书馆．
韩德培，2018．环境保护法教程[M]．8版．北京：法律出版社．
金瑞林，2016．环境法学[M]．4版．北京：北京大学出版社．
金瑞林，2006．环境与资源保护法学(2006年版)[M]．北京：北京大学出版社．
刘长兴，2021．超越惩罚．环境法律责任的体系重整[J]．现代法学，43(01)：191．
吕忠梅，2017．环境法原理[M]．上海：复旦大学出版社．
钱光人，2004．危险废物管理[M]．北京：化学工业出版社．
秦天宝，2013．环境法——制度·学说·案例[M]．武汉：武汉大学出版社．
沈德咏，2016．最高人民法院侵权责任纠纷司法解释理解与适用[M]．北京：人民法院出版社．
史学瀛，2017．环境法案例教材[M]．天津：南开大学出版社．
汪劲，2018．环境法学[M]．4版．北京：北京大学出版社．
王利明，2018．债法总则研究[M]．北京：中国人民大学出版社．
王泽鉴，2015．不当得利[M]．北京：北京大学出版社．
韦贵红，2011．生物多样性的法律保护[M]．北京：中央编译出版社．
于文轩，2013．生物多样性政策与立法研究[M]．北京：知识产权出版社．
原田尚彦，1999　环境法[M]　于敏，译．北京：法律出版社．
张璐，2018．环境与资源保护法学[M]．3版．北京：北京大学出版社．
张新宝，2012．精神损害赔偿制度研究[M]．北京：法律出版社．
周珂，2005．环境法[M]．2版．北京：中国人民大学出版社．
周珂，孙佑海，王灿发，等，2019．环境与资源保护法[M]．4版．北京：中国人民大学出版社．
朱忻艺，2020．外层空间环境保护国际法问题研究[D]．上海：华东政法大学．